LETTRES AMÉRICA

D'ALEXANDRE DE HUMBOLDT

1798 - 1807

PRÉCÉDÉES D'UNE NOTICE DE J.-C. DELAMÉTHERIE

ET SUIVIES D'UN CHOIX DE DOCUMENTS

EN PARTIE INÉDITS

PUBLIÉES AVEC UNE INTRODUCTION ET DES NOTES

PAR LE

Dʳ E. T. HAMY

Membre de l'Institut et de l'Académie de Médecine,
Professeur au Muséum,
Président de la Société des Américanistes de Paris.

LIBRAIRIE ORIENTALE & AMÉRICAINE

E. GUILMOTO, Éditeur

6, Rue de Mézières, PARIS

Lettres américaines

D'ALEXANDRE DE HUMBOLDT

Lettres américaines

D'ALEXANDRE DE HUMBOLDT

(1798-1807)

*Précédées d'une Notice de J.-C. Delamétherie
et suivies d'un choix de documents en partie inédits.*

PUBLIÉES AVEC UNE INTRODUCTION ET DES NOTES

PAR LE

D' E. T. HAMY

*Membre de l'Institut et de l'Académie de Médecine,
Professeur au Muséum, Président de la Société
des Américanistes de Paris.*

LIBRAIRIE ORIENTALE ET AMÉRICAINE

E. GUILMOTO, Éditeur

6, RUE DE MÉZIÈRES, PARIS

Aux Membres

du XIV Congrès International

des Américanistes.

Stuttgart, août 1904.

INTRODUCTION

C'est au cours du dernier Congrès des Américanistes, et comme nous célébrions le centenaire du retour d'Amérique de Humboldt et Bonpland en août 1804, que, dans une conversation échangée entre plusieurs collègues de nationalités diverses, fut exprimé le désir de voir disposer en une suite aussi complète que possible toute la *Correspondance* rédigée au sujet de son voyage par l'illustre chef de cette inoubliable exploration.

On rappela très justement que les plus importantes de ces lettres de Humboldt, accueillies avec tant de curiosité par tous les lecteurs instruits, sont cependant demeurées dispersées dans les recueils français, allemands ou espagnols, où son frère et ses amis les avaient fait successivement paraître. On ajoutait qu'il s'en était depuis retrouvé d'autres, que d'autres encore étaient demeurées inédites. Et tout le monde tomba d'accord sur l'intérêt considérable que devait offrir cette *Correspondance* ainsi complétée, disposée dans l'ordre chronologique et présentée au public avec les annotations nécessaires.

Ce n'était point que les lecteurs dussent rencontrer dans une telle collection des choses bien nouvelles sur une entre-

prise aussi notoire que le *Voyage aux Régions Équinoxiales du Nouveau Continent* et sur un personnage
aussi universellement connu et apprécié que le savant encyclopédiste qui la conduisit à bonne fin. Mais on est de plus
en plus avide aujourd'hui de pénétrer dans l'intimité d'un
homme de génie. On veut suivre les développements de sa
pensée, noter ses sentiments, recueillir ses impressions avant
même qu'il leur ait donné la forme sous laquelle il les produira
en public. Et ce sont les *lettres* écrites, chemin faisant, au
hasard de la plume, sous l'action immédiate des événements
qu'elles rapportent ; ce sont les lettres seules qui peuvent
satisfaire pour une certaine part cette curiosité naturelle des
esprits.

Or les lettres qu'on va lire, relatives au Nouveau-Monde, —
moins nombreuses qu'on ne pouvait l'espérer, — ces lettres,
dis-je, extrêmement variées, rentrent pour une large part
dans les conditions qui viennent d'être énoncées. Un certain
nombre sont de science pure et didactiquement ennuyeuses,
mais on y voit l'explorateur développer le vaste programme
qu'il s'est tout d'abord proposé. Nul n'ignore que Humboldt
a eu pour principal objet dans toute sa longue carrière de
fonder sur des bases solides ce que l'on appelle aujourd'hui
la *physique du globe*, et qu'il n'a cessé de recueillir dans ce
but les données les plus précises sur les positions des points
les plus remarquables de la surface terrestre en longitude et
en latitude, sur leur élévation, l'inclinaison de l'aiguille aimantée, l'action des forces magnétiques, etc., en même temps
qu'il mesurait le degré d'humidité, la température, l'état
électrique et la transparence de l'air, la phosphorescence de
la mer, l'intensité de la lumière astrale, etc., etc. Humboldt
n'étudiait pas avec moins de zèle la superposition des
couches terrestres et les fossiles qui les caractérisent, les
relations des groupes végétaux avec le sol, l'altitude relative
des roches et des plantes, les formes et les aspects du paysage,
le climat et son influence sur les êtres vivants. Il s'efforçait

enfin de préciser les modifications imposées ainsi par les milieux à tous les êtres organisés, depuis le végétal jusqu'à l'homme.

Les premiers résultats de ces recherches, si nouvelles et si intéressantes, apparaissent déjà dans quelques-unes des lettres que l'on va lire. Humboldt y parle aussi des collections qu'il a formées sur sa route avec son fidèle et laborieux compagnon, Aimé Bonpland : roches pour Madrid et Berlin, graines et plantes sèches pour le Muséum de Paris, etc., etc.

Mais ces études sévères, ces descriptions d'objets ne sont pas toute la *Correspondance* et les lecteurs constateront avec un véritable plaisir qu'on trouve souvent sous la plume de l'auteur la chaude expression d'un ardent enthousiasme pour les beautés de la nature tropicale. Il décrit d'ailleurs l'épisode et conte l'anecdote avec une *humour* très personnelle et ses ironies ne sont pas toujours sans piqûre.

La plus grande partie de ces lettres, les plus volumineuses et les plus importantes, ont été écrites en français ; c'est la langue dont se servait tous les jours Humboldt avec son compagnon qui comprenait à peine quelques mots d'allemand. Le chef de l'expédition, qui descend par sa mère d'une famille de réfugiés de l'édit de Nantes, a d'ailleurs appris le français dès sa première enfance et il s'en sert avec une certaine dextérité. De cette habitude découle la nécessité d'employer notre langue d'un bout à l'autre de l'édition en intercalant à leur place, au milieu des lettres françaises, les traductions d'autres lettres recueillies en Allemagne, en Espagne ou ailleurs.

C'est ainsi qu'avait procédé La Roquette dans son Recueil beaucoup plus général de 1864, qu'il faut bien d'ailleurs se garder de prendre pour modèle. Tout est à reviser, en effet, dans cette publication, œuvre d'un vieillard fort âgé ; à la fois très incomplète, pleine de fautes de détail et n'ayant d'autres notes que de sommaires biographies accumulées à la fin des volumes.

Après mûre réflexion, je me suis résolu à tenter l'entreprise dont mes collègues proclamaient si unanimement l'urgence, et je me suis mis à compulser les recueils français de l'époque, politiques, scientifiques et littéraires : le *Moniteur*, le *Journal de Physique*, les *Annales de Chimie*, les *Annales du Muséum*, le *Magasin Encyclopédique*, la *Décade philosophique*, le *Bulletin de la Société Philomatique*.

J'ai formé ainsi une première série, composée d'une douzaine de morceaux, quelques-uns fort développés et qui me donnaient déjà un ensemble à peu près continu. C'étaient les lettres — quelques-unes célèbres jadis, — adressées à Delamétherie, à Lalande, à Fourcroy, à Delambre, à l'Institut de France, etc.

Puis ce furent les lettres écrites aussi en français au baron de Forell, d'une part, à M. A. Pictet de l'autre, les premières publiées par M. E. Lentz (1) pour la Société de géographie de Berlin, les secondes éditées par M. Rilliet, petit-fils de Pictet, pour la Société de géographie de Genève (2) et que ces deux savantes compagnies voulurent bien m'autoriser à reproduire en leur entier.

J'y ajoutai successivement une lettre à Baudin publiée dans la correspondance de Vernhagen et sur l'importance de laquelle je reviendrai plus loin (3) ; trois lettres fort curieuses à Cuvier, découvertes dans les papiers de l'illustre naturaliste à la Bibliothèque de l'Institut (4), deux lettres à Bonpland, copiées dans le manuscrit Cayrol à la Bibliothèque

(1) E. Lentz. *Alexander von Humboldts'Aufbruch zur Reise nach Süd-Amerika nach ungedruckten Briefe A. v. Humboldt's an Baron v. Forell* (Zeitschr. der Gesellsch für Erdkunde zu Berlin, Bd. XXXIV, s. 355, 1899, et *Wissenschaftliche Beitrage zum Gedachtniss der hundertjahrigen Wiederker des Antritt von Alex. von Humboldt's Reise nach America am 5 Juni 1799*. Berlin 1899, in-8, s, 3-54, f. sim.

(2) Cf. *Le Globe. Journal de la Société de géographie de Genève*, t. VII, p. 137-204, 1868.

(3) Lettre XXXIII.

(4) Lettres LV, LVIII, LIX.

de La Rochelle ; une lettre à Raffeneau Delile communiquée
par M. le professeur Christophe, de Toulouse (1).

Les *Anales de Historia natural* de Madrid m'ont donné
les lettres en langue espagnole à Clavijo et à Cavanilles (2).
Humboldt assurait en 1805 que cette langue était alors celle
qu'il écrivait le plus couramment (3) ; je n'ai pourtant retrouvé en dehors de ces deux missives que la lettre déjà
connue à Guevara Vasconcellos, de la collection Rojas (4).

J'ai recueilli, par contre, dans les *Allgemeine Geographische Ephemeriden* du baron de Zach, le *Neue Berlinische Monatsschrift* de Biester, les *Annalen* de Gilbert,
la *Spenersche Zeitung*, enfin l'*Intelligenzblatt* une douzaine de lettres en allemand à Wilhelm de Humboldt, à
Willdenow, à de Zach, auxquelles j'ai pu joindre, grâce à
la bienveillante autorisation des héritiers de Brühns et de
l'éditeur M. Brockhaus, quelques morceaux empruntés aux
travaux de Löwenberg et d'Avé-Lallemant dans la belle
monographie humboldtienne publiée à Leipzig en 1872 (5).
Ce sont des fragments de lettres à Freiesleben, Friedlander,
de Moll, Künth, Karsten, Willdenow, patiemment rassemblés par Brühns et ses savants collaborateurs (6).

Aucune de ces lettres n'avait été publiée en français. J'ai
pu joindre aux traductions attentives que j'en donne ici un
autre document épistolaire particulièrement précieux. C'est
la lettre écrite en allemand par Humboldt au roi de Prusse

---

(1) J'ai vainement tenté de retrouver les papiers de Vauquelin, de Chaptal,
de Pommard, de Sieyès auxquels Humboldt avait écrit pendant son absence.
Les papiers de Desfontaines, conservés dans sa famille, ne contiennent pas
les lettres qu'il doit avoir reçues du grand voyageur.

(2) Lettres XXV et XXXVIII.

(3) Voy. plus loin, Lettres XXX, XXXI, etc. — Cf. *Relat. hist.*, t. III, p. 532.

(4) Lettre XXX.

(5) Lettres X, XI, XII, XLI, XLII, XLIX, L, etc.

(6) I. Lowenberg. *Alexander von Humboldt, seine Jugend und ersten Man-
nesjahre* (K. Bruhns. *Alex. von Humboldt ; eine wissenschaftliche Biographie*
Leipzig-Brockhaus, 1872 Bd. I. s. 274, etc.; s. Avé-Lallemant : *Alexander von
Humboldt, Seine Aufenthal in Paris* (1808-1826), (*Ibid.*, Bd. II, s. 7, etc.)

Frédéric-Guillaume III et dont le texte est encore inédit (1).
La chancellerie prussienne a bien voulu mettre à ma disposition des copies de cette missive et de la réponse du Roi.

Toutes ces lettres se suivent assez bien pendant la première partie du voyage. Malgré les vaisseaux ennemis dont *les mers sont couvertes* (2), malgré la perte d'un brick qui portait en France les premiers documents envoyés à l'Institut (3), *quatorze dépêches*, quelques-unes très volumineuses, ont pu parvenir à leur adresse, du 5 juin 1799, date du départ de La Corogne au 6 février 1800, jour où Humboldt et Bonpland quittent Caracas pour gagner l'intérieur.

« La mer pullule de pirates... on respecte aussi peu les passeports que les navires neutres » et bien des lettres ont disparu (4) qu'auraient dû recevoir l'Institut et le Muséum, Delambre et Lalande, Pommard et Baudin, Forell et Vasconcellos, Willdenow et W. de Humboldt. Mais l'illustre voyageur, quoique sans secrétaire (5), est dès lors *l'épistolier* infatigable qu'il demeurera pendant toute sa longue carrière, et s'il renonce à « copier, *comme on fait ici*, jusqu'à quatre fois la même lettre », il ne néglige aucune occasion de communiquer avec ses amis d'Europe.

Si, pendant les huit mois qui s'écoulent entre mars et octobre 1800, on n'a point de ses nouvelles, c'est qu'il poursuit pendant ce temps avec une persévérance admirable et un merveilleux succès, l'entreprise de l'Orénoque et du Rio Negro, qui a marqué une date mémorable dans l'histoire de la géographie.

Rentré à la côte après ce voyage de 1.300 lieues, et Bonpland guéri du mal dangereux qui avait menacé ses jours,

---

(1) Lettre XLIV.
(2) Lettre XXIV.
(3) Lettre XXI.
(4) Lettres XXIII, XXVIII, XXXI. — On compte ici, écrivait de Cumána Humboldt à de Zach (Lettre XX), que sur quatre lettres qu'on envoie en Europe trois seront perdues.
(5) Lettre XXIV.

Humboldt va reprendre le fil de sa correspondance et son frère d'une part, de l'autre Fourcroy, Delamétherie et Delambre seront bientôt en mesure de rassurer tous ceux qui en Allemagne ou en France s'intéressent aux intrépides voyageurs, en publiant les lettres savantes et curieuses qui leur parviennent de Cumana ou de la Nouvelle Barcelone (1).

Le séjour à Cuba, le pénible retour à Carthagène des Indes ne sont représentés dans la correspondance que par deux lettres seulement (2) mais ces lettres ont de l'importance. On voit, en effet, s'y dessiner le projet, réalisé peu après, de chercher à rejoindre à Lima les navires de Baudin, projet qui a exercé une influence si considérable sur la suite du voyage.

Dès le commencement de 1799, le Directoire ayant pris la résolution de faire exécuter un voyage autour du monde par le capitaine Baudin qui avait mené à bonne fin, en l'an VI, une mission scientifique aux Antilles, Humboldt avait été invité à s'associer à cette intéressante entreprise, et l'on peut lire dans la lettre à Willdenow que j'ai traduite sous le numéro VIII (p. 12-13) un récit animé de ses espérances et de ses déceptions, lorsque cette tentative qui a pour lui tant d'attrait se voit ajournée à cause de la rupture des préliminaires de Rastadt.

Même lorsqu'il est en Espagne et que ses nouveaux projets vont aboutir, grâce à Forell et Urquijo, il a encore les regards tournés vers la France et il envoie son frère se renseigner chez Antoine-Laurent de Jussieu avant de se décider à embarquer pour les Canaries et la Terre-Ferme (3).

Deux ans se passent, Humboldt a exploré d'immenses territoires à peu près inconnus entre la côte, l'Orénoque et le Rio Negro et le souvenir de ses « espoirs trompés » (4), l'a

(1) Lettres XXVI à XXIX.
(2) Lettres XXXI et XXXII.
(3) Appendice II.
(4) Voy. plus loin, p. 119.

poursuivi au milieu de ses travaux et de ses découvertes. Il arrive de la Nouvelle Barcelone à la Havane (19 décembre 1800) ; il apprend la nouvelle du départ de l'expédition de Baudin et aussitôt de modifier ses plans de fond en comble. Il devait gagner le Mexique et les Philippines, mais comme Baudin, *qu'il croit en route vers le Cap Horn*, relâchera à Valparaiso, à Lima et à Guayaquil (1), il part sur un petit *pilot boat* pour chercher à rejoindre les Français dans la Mer du Sud. Mais un malheureux passage de vingt et un jours de la Havane à Carthagène, l'a empêché de prendre la direction de Panama et de Guayaquil et il va continuer son chemin par la Magdalena, Santa-Fé et Quito, où il attendra la nouvelle de l'arrivée de l'expédition à Lima. C'est en ce sens qu'il écrit le 12 avril 1801 à Baudin de Carthagène des Indes la lettre si intéressante qu'il a retrouvée plus tard à Lima, où ne sont jamais venus les navires français dont l'itinéraire avait été complètement modifié depuis son départ de Paris.

Une lettre de l'Institut de France le rencontre à Quito, il apprend ainsi que les navires qu'il voulait rejoindre ont tourné par le Cap vers la Nouvelle-Hollande et il se détermine à poursuivre « sa propre expédition », se consolant assez facilement d'avoir été ainsi conduit à tenter vers le sud une exploration qui devait être si glorieuse et si féconde.

La suite du voyage à travers l'Amérique du sud est racontée dans une suite de lettres à W. de Humboldt et à Delambre, datées de Quito, de Cuenca et de Lima, dont de longs extraits répandus par les soins des destinataires, avec le concours de Cuvier et de Herrgen, dans la presse française, allemande et espagnole, sont venus tranquilliser après un anxieux silence les amis des voyageurs.

On sait combien ce pénible itinéraire, poursuivi pendant près de dix-huit mois avec une persévérance et un courage dignes d'admiration, a contribué au progrès de la géographie

---

(1) Voy. plus loin, p. 119.

physique. Les lecteurs trouveront dans la suite de ce Recueil,
la narration de quelques-uns des épisodes les plus émouvants
de cette partie du *Voyage aux Terres Equinoxiales* et notamment celle de l'ascension restée fameuse de l'immense
Chimborazo (1).

Humboldt est demeuré à Lima jusqu'au 9 janvier 1803 ; il
s'est alors embarqué pour Guayaquil et Acapulco, où il par-
vint le 23 mars suivant. Il explora pendant toute une année
les provinces de la Nouvelle-Espagne (23 mars 1803-
7 mars 1804). Mais soit que les communications fussent plus
rares encore et plus difficiles avec l'Europe dans cette partie
des possessions espagnoles, soit que Humboldt se trouvât
plus absorbé qu'il ne l'avait été jusque-là par la recherche
des matériaux du célèbre ouvrage paru en 1811 sous le titre
d'*Essai politique sur la Nouvelle Espagne ;* sa correspondance devient très rare et je n'ai pu grouper qu'un petit nombre
de lettres écrites pendant tout ce temps de Guayaquil, puis
de Mexico, à l'Institut de France, à Cavanilles, à Willdenow
et à Delambre (2).

C'est pour suppléer à cette insuffisance des documents
épistolaires pendant les derniers temps du voyage de
Humboldt et de Bonpland, que je me suis décidé à reproduire, immédiatement à la suite de cette *Introduction,* l'excellente notice rédigée au retour de nos voyageurs à Paris par
Delamétherie pour les lecteurs de son *Journal de Physique.*
Cette notice, que Humboldt signale comme « *très exacte* »
dans une de ses lettres à Pictet (3) et qui a été rédigée à
l'aide de lettres aujourd'hui disparues et des notes fournies
par le voyageur lui-même à Delamétherie, est le meilleur

(1) La *Relation historique,* où Humboldt a surtout donné la mesure de sa
puissance intellectuelle en commentant d'une manière si brillante et si exer-
cée ses journaux et ses notes, cette relation, dis-je, s'arrête malheureusement au tome III (tome X de l'édit. in-8°) à la date du 20 avril 1801, c'est-
à-dire au moment où le voyageur s'embarque sur la *Magdalena* à Barrancas-
Nuevas.

(2) Lettres XXXVII à XL.

(3) Voy. plus loin, p. 244.

résumé qui ait jamais été présenté de l'œuvre américaine de
Humboldt et de Bonpland. Elle complète fort avantageuse-
ment, surtout pour les dernières années, l'histoire de cette
grandiose exploration.

Rentrés en Europe (3 avril 1804) après cinq ans et deux mois
d'absence, Humboldt et Bonpland trouvent à Paris un accueil
particulièrement sympathique. Humboldt siège pour la première fois à la Classe des Sciences de l'Institut de France
sur le banc des Correspondants où un vote unanime venait de
lui faire place (6 février 1804) et les deux explorateurs sont
cordialement reçus par les professeurs du Jardin des Plantes
enrichi par eux de collections précieuses et variées. Humboldt
a retrouvé avec bonheur à peine modifiés ces milieux parisiens
où il se plaisait tant en 1798, et au sein desquels le prestige
dont l'entoure son magnifique voyage, lui a préparé une place
tout à fait à part. Il est l'homme du jour, tout le monde
se le dispute et sept mois durant, retenu par la crainte d'un
hiver à passer en Prusse qui pouvait détruire sa santé
« habituée à la chaleur tropicale » (1), il demeure l'hôte pri-
vilégié des salons de Paris, l'orateur préféré des Académies
et des sociétés savantes.

. Cependant Bonpland a trié les collections du voyage et
particulièrement un herbier de plus de six mille espèces,
offert au Muséum le 18 décembre 1804, (2) et Humboldt a
jeté avec les éditeurs français et allemands (3), les bases
de l'immense ouvrage sur l'Amérique espagnole auquel travaillent dès lors avec les deux voyageurs Oltmans et Willdenow, Cuvier et Latreille. *L'Essai sur la géographie des
plantes* a paru au commencement de 1805 en même temps
que deux cahiers des *plantes équinoxiales* et le premier
cahier des *Observations de Zoologie et d'Anatomie comparée* (4).

(1) Lettre XLIV.
(2) Lettre XLV.
(3) Lettres XLVI, XLVIII, XLIX.
(4) Lettres XLVII, XLVIII, XLIX.

Le 12 mars 1805 Humboldt s'est décidé à aller voir son frère à Rome en utilisant de son mieux son itinéraire dans les Alpes et en Italie, pour les recherches qu'il poursuivait en compagnie de Gay-Lussac sur le physique du globe. Et de Rome il passe à Berlin le 16 novembre 1805, où il arrive toujours accompagné de l'illustre physicien. Un accueil exceptionnel l'attendait à la Cour de Prusse ; le roi fit frapper une médaille à son effigie et le nomma Chambellan, tandis que l'Académie des Sciences tenait en son honneur une séance de gala où vint assister toute la Cour (13 février 1806).

Mais au milieu de tous ces hommages, Humboldt, tombé malade des suites de son voyage (1), demeure triste et préoccupé ; sa perspicacité toujours en éveil lui a fait entrevoir les abîmes et il ne dissimule pas à ses amis de Paris ses angoisses et ses désillusions.

J'ai poursuivi la correspondance de l'illustre encyclopédiste jusqu'aux premiers jours de 1807 qui ouvrent dans sa vie une période nouvelle ; dans une lettre touchante à Gérard qui termine cette série (2), il annonce son projet de rentrer bientôt à Paris, projet qu'il réalisera aussitôt que la *délicatesse* et ses devoirs vont le lui permettre.

A ces soixante-trois lettres américaines d'Alexandre de Humboldt, j'ai ajouté un certain nombre d'*Appendices*. Ce sont d'abord deux fragments autobiographiques extrêmement intéressants, empruntés aux publications déjà mentionnées de MM. Lentz et Rilliet, puis trois lettres inédites de Wilhelm de Humboldt à Jussieu et à Cuvier et une lettre de Delambre relatives au voyage d'Amérique ; toutes les pièces relatives aux collections offertes au Muséum de Paris par Humboldt et Bonpland ; la réponse du roi Frédéric-Guillaume III ; enfin une longue suite d'extraits de la correspondance du voyageur relative à ses ouvrages sur le Nouveau Monde et aux projets

(1) Lettres LVII, LVIII.
(2) Lettre LVIII.

b

qu'il médite ur. instant d'aller s'installer au Mexique ou dans
l'Amérique du Sud. Ces morceaux, au nombre de cinquante-
cinq, sont empruntés à des sources très diverses et datés
de 1808 à 1826 et comprennent par conséquent toute la durée
du séjour que l'*Aristote moderne* a fait à Paris pour rédiger
ses grands ouvrages américains.

La dernier de ces extraits renferme les adieux à Guizot de
Humboldt « quittant bientôt la France » où pendant dix-huit
ans, écrit-il, il a *joui d'une si noble hospitalité.*

Un dernier appendice groupe divers passages des *Mémoires* récemment parus de J.-B. Boussingault, relatifs à
Alexandre de Humboldt (1821-1822). Boussingault, enrôlé
par Zea pour faire partie d'une mission destinée à fonder
dans la nouvelle république de Colombie un grand établissement scientifique, avait sollicité les conseils de Humboldt.
L'illustre voyageur devait nécessairement s'intéresser à
une expédition qui allait parcourir de nouveau les contrées
qu'il avait longuement visitées vingt ans plus tôt. Boussingault plut à Humboldt qui rédigea pour lui des instructions,
lui donna des instruments, lui en démontra l'usage, et bientôt
le maître et l'élève se lièrent d'une amitié que la mort a seule
pu interrompre. Boussingault a tracé un portrait vivant de
Humboldt que liront avec grand plaisir tous ceux que les
Lettres américaines auront intéressé.

Je dois remercier particulièrement, en terminant cette
courte introduction, les Sociétés de Géographie de Paris, de
Berlin, de Genève, du concours empressé qu'elles ont bien
voulu donner à mon travail. En Allemagne, MM. E. Lentz,
Von Hellmann, à Berlin, Mme Bruhns, M. Sachse à Dresde,
MM. Freiesleben à Leipzig, Von Stockmayer, à Stuttgart,
MM. les éditeurs Brockhaus de Leipzig et Cotta de Stutt-
gart; en Suisse, MM. de Claparède et de Candolle; en
France, MM. Pierre Laugier, H. Dehérain, Farges, à Paris;
G. Musset, à La Rochelle; Jacob Holtzer, à Unieux; Chris-

tophe, à Toulouse, ont favorisé de leur mieux mon entreprise et je leur en exprime ici toute ma reconnaissance.

Je dédie ce recueil au Congrès international des Américanistes au sein duquel il a pris naissance, lorsque nous célébrions en août dernier, le centenaire de ce long voyage où, suivant l'expression de Biot « par une réunion bien rare le talent du géographe et de l'astronome s'est trouvé exister dans la même personne avec celui de naturaliste, de physicien et de voyageur. »

E. T. Hamy.

Muséum, 22 juin 1905.

NOTICE

D'UN VOYAGE AUX TROPIQUES

EXÉCUTÉ PAR MM. HUMBOLDT ET BONPLAND

en 1799, 1800, 1801, 1802, 1803 et 1804

Par J.-C. DELAMÉTHERIE

L'intérêt que le monde savant prend avec tant de raison au voyage de MM. Humboldt et Bonpland, ainsi que l'amitié qui m'unit à eux, m'imposent la douce obligation de présenter aux lecteurs de ce journal (1) un précis de tous les renseignemens que j'ai pu obtenir, soit de leur correspondance publique et particulière, soit des mémoires qu'ils ont lus à l'Institut. Cet exposé sera court, mais exact.

Après avoir fait des recherches physiques depuis huit ans en Allemagne, en Pologne, en Angleterre, en France, en Suisse et en Italie, M. Humboldt vint à Paris en 1798, où le Musée national lui procura des facilités de faire le voyage autour du monde avec le capitaine Baudin. Sur le point de partir pour le Havre avec Alexandre-Aimé Goujaud Bonpland (2) (élève à l'École de Médecine et au Jardin des Plantes de Paris), la guerre qui recommença

(1) *Journ. de Phys.*, messidor an XII, t. LIX, p. 122-139.
(2) Je reproduis le texte de Delamétherie sans autres changements que quelques corrections d'orthographe des noms propres : Goujaud pour Goujou, Skjoldebrand pour Sezioldebrandt, etc.

avec l'Autriche et le manque de fonds engagèrent le Directoire à
remettre le voyage de Baudin pour une époque plus favorable.
M. Humboldt qui, depuis 1792, avoit conçu le projet de faire, à ses
propres frais, une expédition aux Tropiques, entreprise pour le
progrès des sciences physiques, M. Humboldt prit dès lors la résolution de suivre les savans de l'Égypte ; la bataille d'Aboukir
ayant interrompu toute communication directe avec Alexandrie,
son plan étoit de profiter d'une frégate suédoise qui menoit le
consul M. Skjöldebrand à Alger, de suivre de là la caravane de La
Mecque, et se rendre, par l'Égypte et le golfe de Perse aux Grandes-
Indes ; mais la guerre qui éclata d'une manière inattendue en octobre 1798 entre la France et les puissances barbaresques, et les
troubles de l'Orient, empêchèrent M. Humboldt de partir de Marseille où il attendoit vainement pendant deux mois ; impatient de
ce nouveau retard, mais toujours ferme dans le projet de rejoindre
l'expédition d'Égypte, il partit pour l'Espagne, espérant passer
plus facilement sous pavillon espagnol de Carthagène du Levant à
Alger ou à Tunis, il prit la route de Madrid, par Montpellier, Perpignan, Barcelone et Valence. Les nouvelles de l'Orient devenoient
de jour en jour plus effrayantes ; la guerre s'y faisoit avec un
acharnement sans exemple ; il fallut enfin renoncer au projet de
pénétrer par l'Égypte à l'Indoustan : un heureux concours de
circonstances dédommagea bientôt M. Humboldt de l'ennui de tant
de retard. En mars 1799, la Cour de Madrid lui accorda la permission la plus ample de passer aux Colonies espagnoles des deux
Amériques, pour y faire toutes les recherches qui pourroient être
utiles aux progrès des sciences : permission donnée avec une
franchise qui fait le plus grand honneur aux idées libérales du
gouvernement. Sa Majesté catholique daigna marquer un intérêt
personnel pour le succès de cette expédition, et M. Humboldt,
après avoir résidé quelques mois à Madrid et à Aranjuez, partit de
l'Europe en juin 1799, accompagné de son ami Bonpland qui
réunit des connoissances distinguées en botanique et en zoologie,
à ce zèle infatigable et à cet amour pour les sciences qui fait supporter avec indifférence toutes sortes de privations physiques et
morales.

C'est avec cet ami que M. Humboldt a exécuté, pendant cinq
ans et à ses propres frais, un voyage dans les deux hémisphères ;

voyage de mer et de terre de près de 9.000 lieues, et des plus grands que jamais particulier a entrepris. Ces deux voyageurs, munis de recommandations de la Cour d'Espagne, partirent avec la frégate le *Pizarro* de la Corogne, pour les îles Canaries ; ils touchèrent à l'île de la Graciosa près de celle de Lancerotte et à Ténériffe, où ils montèrent jusqu'au cratère du pic de Teyde, pour y faire l'analyse de l'air atmosphérique et les observations géologiques sur les basaltes et les schistes porphyritiques de l'Afrique. Ils arrivèrent au mois de juillet au port de Cumana, dans le golfe de Cariaco, partie de l'Amérique méridionale célèbre par les travaux et les malheurs de l'infatigable Löffling. Ils visitèrent dans le cours de 1799 et 1800, la côte de Paria, les missions des Indiens Chaymas et la province de la Nouvelle-Andalousie, pays des plus chauds mais des plus sains de la terre, quoique déchiré par des tremblemens de terre affreux et fréquens ; ils parcoururent la province de la Nouvelle-Barcelone, Venezuela et la Guyane espagnole. Après avoir fixé la longitude de Cumana, de Caraccas et de plusieurs autres points par l'observation des satellites de Jupiter ; après avoir herborisé sur les cimes de Caripe et de la Silla de Avila couronnée de *befaria*, ils partirent de la capitale de Caraccas en février 1800, pour les belles vallées d'Aragua, où le grand lac de Valence rappelle le tableau de celui de Genève, mais embelli par la majesté de la végétation des Tropiques.

Depuis Portocaballo ils se portèrent au sud, pénétrant depuis la côte de la mer des Antilles jusqu'aux limites du Brésil, vers l'équateur, ils traversèrent d'abord les vastes plaines de Calabozo, d'Apure et du Bas-Orinoco, les Llanos, déserts semblables à ceux d'Afrique, où par la réverbération de la chaleur obscure, mais à l'ombre, le thermomètre de Réaumur monte à 33 ou 37° et où le sol brûlant, à plus de 2.000 lieues carrées, n'offre que cinq pouces de différence de niveau. Le sable, semblable à l'horizon de la mer, y montre partout les phénomènes de réfraction et de soulèvement les plus curieux. Sans graminées dans les mois de sécheresse, il cache des crocodiles et des boas engourdis.

Le manque d'eau, l'ardeur du soleil et la poussière soulevée par les vens brûlans, fatiguent tour à tour le voyageur, qui se dirige avec sa mule par le cours des astres ou par quelques troncs épars de *mauritia* et d'*embothrium* que l'on découvre de trois à trois lieues.

. A Saint-Fernando d'Apure, dans la province de Varinas, MM. Humboldt et Bonpland commencèrent une navigation pénible de près de 500 lieues nautiques; exécutée dans des canots, et levant la carte du pays à l'aide des montres de longitude, des satellites et des distances lunaires. Ils descendirent 'e Rio Apure, qui débouche sous le 7° de latitude dans l'Orénoque. Echappés aux dangers imminens d'un naufrage près de l'île de Pananuma, ils remontèrent ce dernier fleuve jusqu'à la bouche du Rio Guaviare, passant les fameuses cataractes d'Atures et de Maypure, où la caverne d'Ataruipe renferme les momies d'une nation détruite par la guerre des Caribes et des Maravitains. Depuis la bouche du Rio Guaviare qui descend des Andes de Nouvelle-Grenade et que le père Gumilla avait faussement pris pour les sources de l'Orénoque, ils abandonnèrent celui-ci et remontèrent les petites rivières d'Atabapo, Tuamini et Temi.

De la mission de Javita, ils pénétrèrent par terre aux sources du Guainia, que les Européens nomment Rio Negro, et que La Condamine (qui ne le vit qu'à son embouchure dans la rivière des Amazones) nomma une mer d'eau douce. Une trentaine d'Indiens portèrent les canots par des bois touffus de *hevea*, de *lecythis*, et de *laurus cinnamomoïdes* au Caño Pimichin. C'est par ce petit ruisseau que nos voyageurs parvinrent à la Rivière Noire qu'ils descendirent jusqu'à la petite forteresse de S. Carlos qu'on a faussement cru placée sous l'Équateur et jusqu'aux frontières du Grand-Para, capitainerie générale du Brésil. Un canal du Temi au Pimichin, très praticable par la nature du terrain uni, présenteroit une communication intime entre la province de Caraccas et la capitale du Para, communication infiniment plus courte que celle de Casiquiare. C'est par ce canal encore (telle est l'étonnante disposition des rivières dans ce nouveau continent) que depuis le Rio Guallaga, à trois journées de Lima ou de la mer du sud, on pourroit descendre en canot par l'Amazone et le Rio Negro, jusqu'aux bouches de l'Orénoque vis-à-vis l'île de la Trinité, navigation de près de 2.000 lieues. La mésintelligence qui régnoit alors entre les cours de Madrid et de Lisbonne empêcha M. de Humboldt de pousser ses opérations au delà de Saint-Gabriel de las Cachuelas, dans la capitainerie générale du Grand-Para.

La Condamine et Maldonado ayant déterminé astronomiquement la bouche du Rio Negro, cet obstacle étoit moins sensible et
il restoit à fixer une partie plus inconnue, qui est le bras de
l'Orénoque appelé Casiquiare, qui fait la communication entre
l'Orénoque et l'Amazone, et sur l'existence duquel on a tant disputé il y a 50 ans. Pour exécuter ce travail, MM. Humboldt et
Bonpland remontèrent depuis la forteresse espagnole de S. Carlos,
par la Rivière Noire et le Casiquiare, à l'Orénoque, et sur ce dernier jusqu'à la mission de la Esmeralda, auprès du volcan Duida
ou jusqu'aux sources du fleuve.

Les Indiens Guaïcas, race d'homme très blanche, très petite,
presque pigmée, mais très belliqueuse, habitent le pays à l'Est du
Pasimoni, et les Guajaribes, très cuivrés et plus féroces, et anthropophages encore, rendent inutile toute tentative de parvenir aux
sources de l'Orénoque même, que les cartes de Caulin, d'ailleurs
pleines de mérite, placent dans une longitude infiniment trop
orientale.

Depuis la mission de l'Esmeralda, cabanes situées dans le coin le
plus reculé et le plus solitaire de ce monde indien, nos voyageurs
descendirent 340 lieues à l'aide des hautes eaux, c'est-à-dire tout
l'Orénoque jusque vers ses bouches, à Saint-Thomas de la Nueva
Guayana ou à l'Angostura, repassant une seconde fois les cataractes, au sud desquelles les deux historiographes de ces contrées,
le père Gumilla et Caulin, n'étoient jamais parvenus.

C'est dans le cours de cette longue et pénible navigation que le
manque de nourriture et d'abri, les pluies nocturnes, la vie dans
les bois, les *mosquitos* et une infinité d'autres insectes piquans et
vénéneux, l'impossibilité de se rafraîchir par le bain à cause de la
férocité du crocodile et du petit poisson caribe, et les miasmes
d'un climat brûlant et humide exposèrent nos voyageurs à des
souffrances continuelles. Ils retournèrent de l'Orénoque à Barcelone et Cumana par les plaines du Cari et les missions des Indiens
Caribes, race d'hommes très extraordinaires, et après les Patagons, peut-être la plus haute et la plus robuste de l'univers.

Après un séjour de quelques mois sur la côte, ils se rendirent à
la Havane par le sud de Saint-Domingue et de la Jamaïque. Cette
navigation exécutée dans une saison très avancée, fut aussi longue
que dangereuse, le bâtiment manquant de se perdre la nuit sur

des écueils situés au sud du banc de la Vibora, dont M. Humboldt a fixé la position par le moyen du chronomètre. Il séjourna
trois mois dans l'île de Cuba, où il s'occupa de la longitude de La
Havane, et de la construction d'une nouvelle espèce de four dans
les sucreries, construction qui s'y est soutenue et très généralement répandue. Il étoit sur le point de partir pour la Vera Cruz,
comptant passer par le Mexique et Acapulco aux îles Philippines
et de là (s'il était possible) par Bombay, Bassora et Alep, à Constantinople, lorsque de fausses nouvelles sur le voyage du capitaine
Baudin l'alarmèrent et le firent changer de plan. Les gazettes américaines annoncèrent que ce navigateur partiroit de France pour
Buenos-Ayres, et qu'après avoir doublé le cap Horn, il longeroit
les côtes du Chili et du Pérou.

M. Humboldt, lors de son départ de Paris, en 1798, avoit promis
au Musée et au capitaine Baudin que quelque part qu'il se trouvât
sur le globe, il tâcheroit de rejoindre l'expédition française dès
qu'il sauroit qu'elle auroit lieu; il se flattoit que ses recherches
et celles de Bonpland seroient plus utiles aux progrès des sciences
s'ils unissoient leurs travaux à ceux des savans qui devoient accompagner le capitaine Baudin et toutes ces considérations engagèrent M. Humboldt d'envoyer ses manuscrits des années 1799 et
1800 directement en Europe et de fréter une petite goelette au
port de Batabano, pour passer à Carthagène des Indes, et de là
le plus vite possible par l'isthme de Panama à la mer du Sud; il
espéroit trouver le capitaine Baudin à Guayaquil ou à Lima et
visiter avec lui la Nouvelle-Hollande et ces îles de l'Océan Pacifique, aussi intéressantes par la richesse de leur végétation que
sous les points de vue moraux.

Il paroissoit imprudent d'exposer les manuscrits et collections
déja ramassés aux dangers de ces longues navigations. Les manuscrits, sur le sort desquels M. Humboldt est resté dans une
cruelle incertitude pendant trois ans, jusqu'à son arrivée à Philadelphie, ont été sauvés; mais un tiers des collections a été perdu
en mer par un naufrage; heureusement que cette perte, en outre
des insectes de l'Orénoque et du Rio Negro, n'a frappé que des
doubles: mais il périt en ce naufrage un ami auquel M. Humboldt
avoit confié ses plantes et ses insectes, fray Juan Gonzalez, moine
de Saint-François, jeune homme plein d'activité et de courage

qui avoit pénétré dans ce monde inconnu de la Guyane espagnole, bien au delà de tout autre européen.

M. Humboldt partit de Batabano en mars 1801, longeant le sud de l'île de Cuba, et déterminant astronomiquement plusieurs points dans ce groupe d'îlots nommés les Jardins du Roi et les abordages du port de la Trinité. Les courans prolongèrent une navigation, qui ne devoit être que de treize, quinze jours au delà d'un mois. Les courans portèrent la goelette trop à l'Ouest au delà des bouches de l'Atrato. On relâcha au Rio-Sinu, où jamais botaniste n'avoit herborisé ; mais l'attérrage à Carthagène des Indes fut très pénible à cause de la violence des brises de Sainte-Marthe. La goelette manqua de chavirer près de la pointe du Géant ; il fallut se sauver vers la côte pour se mettre à l'ancre, et ce contre-temps procura à M. Humboldt l'avantage de faire l'observation de l'éclipse de lune du 2 mars 1801. Malheureusement on apprit sur cette côte que la saison étoit déjà trop avancée pour la navigation de la mer du Sud, depuis Panama à Guayaquil ; il fallut abandonner le projet de traverser l'isthme ; et le désir de voir de près le célèbre Mutis et d'observer ses immenses richesses en histoire naturelle, détermina M. Humboldt à passer quelques semaines dans les forêts de Turbaco, ornées de *Gustavia*, de *Toluifera*, d'*Anacardium caracoli* et de *Cavanillesia* des botanistes péruviens, et à remonter en trente-cinq jours la belle et majestueuse rivière de la Madeleine, dont il esquissa la carte malgré les tourmens des mosquitos, tandis que Bonpland en étudioit la végétation riche en *Heliconia*, *Psychostria*, *Melastoma*, *Myrodia* et *Dychotria emetica*, dont la racine est l'*ypicaccuana* de Carthagène.

Débarqués à Honda, nos voyageurs se rendirent à mules (seul mode de se transporter dans toute l'Amérique méridionale) et par des chemins affreux, à travers des forêts de chênes, de mélastoma et de cinchona à Santa-Fé de Bogota, capitale du royaume de la Nouvelle-Grenade, située dans une belle plaine élevée de 1360 toises au-dessus de la mer, et cultivée à la faveur d'une température perpétuelle de printemps. en froment d'Europe et en sesame d'Asie. Les superbes collections de Mutis, la grande et imposante cataracte du Tequendama, chute de 98 toises d'élévation, les mines Mariquita de Santa-Ana et de Zipaguira, le pont naturel d'Icononzo (deux rochers détachés qu'un tremblement de

terre a disposés de manière à en soutenir un troisième suspendu
en l'air), tous ces objets curieux occupèrent nos voyageurs à
Santa-Fé jusqu'en septembre 1801.

Dès lors quoique la saison pluvieuse rendît les chemins pres-
qu'impraticables, ils entreprirent le voyage de Quito ; ils redes-
cendirent par Fusagasuga, dans la vallée de la Madeleine, passèrent
les Andes de Quindiu, où la pyramide neigée de Tolima s'élève au
milieu des forêts de styrax, de passiflores en arbres, de bambusa
et de palmes à cire. Il fallut se traîner treize jours dans des boues
affreuses ; et coucher (comme à l'Orénoque), à la belle étoile, dans
des bois sans traces d'hommes. Arrivés pieds nus et excédés des
pluies continuelles dans la vallée de la rivière Cauca, ils s'arrê-
tèrent à Carthago et à Buga et longèrent la province du Choco,
patrie du platine qui s'y trouve entre des morceaux roulés de basalte remplis d'olivine et d'augite, de roche verte (le *grünstein*
de Werner) et de bois fossile.

Ils montèrent par Caloto et les lavages d'or du Quilichao, à Po-
payen, visité par Bouguer lors de son retour en France, et placé
au pied des volcans neigés de Puracé et Sotara ; situation des
plus pittoresques et dans le climat le plus délicieux de l'univers,
le thermomètre s'y soutenant constamment de 17 à 19° de Réaumur. Après être parvenus, avec beaucoup de peine au cratère du
volcan de Puracé, bouche remplie d'eau bouillante, qui au milieu
des neiges jette, avec un mugissement effrayant, des vapeurs
d'hydrogène sulfuré, nos voyageurs passèrent depuis Popayan par
les Cordillères escarpées d'Almaguer à Pasto, évitant l'atmosphère infecté et contagieux de la vallée de Patia.

Depuis Pasto, ville encore située au pied d'un volcan embrasé,
ils traversèrent par Guachocal le haut plateau de la province de
los Pastos, séparé de l'Océan Pacifique par les Andes du volcan
de Chile et Cumbal, et célèbre par sa grande fertilité en froment
et en *erytroxylon peruvianum*, appelé *coca*. Enfin, après quatre
mois de voyage à mulets, ils arrivèrent à l'hémisphère austral à la
ville d'Ibarra et à Quito. Ce long passage par les Cordillères des
hautes Andes, dans une saison qui rendoit les chemins impraticables, et pendant laquelle on étoit exposé journellement à des
pluies de sept à huit heures de durée ; ce passage avec un grand
nombre d'instrumens et de collections volumineuses, auroit été

d'une exécution presque impossible, sans les bontés généreuses de M. Mendinetta, vice-roi de S. M. C. et du baron de Carondelet, président de Quito, qui, également zélés pour le progrès des sciences, ont fait réparer les chemins et les ponts les plus dangereux, dans une route de 450 lieues de longueur.

MM. Humboldt et Bonpland arrivèrent le 6 janvier 1802 à Quito, capitale célèbre dans les fastes de l'astronomie, par les travaux de La Condamine, de Bouguer, de Godin, de D. Jorge Juan et de Ulloa ; justement célèbre encore par la grande amabilité de ses habitans et par leur heureuse disposition pour les arts. Nos voyageurs continuèrent leurs recherches géologiques et botaniques pendant huit à neuf mois, dans le royaume de Quito, pays que la hauteur colossale de ses cimes neigées, l'activité de ses volcans vomissant tour à tour du feu, des roches, de la boue et des eaux hydro-sulfureuses, la fréquence de ses tremblemens de terre (celui du 7 février 1797 engloutit en peu de secondes près de 40.000 habitans) sa végétation, les restes de l'architecture péruvienne et, plus que tout, les mœurs de ses anciens habitans, rendent peut-être la partie plus intéressante de l'univers.

Après deux vaines tentatives, ils réussirent à parvenir deux fois jusqu'au cratère du volcan de Pichincha, où ils firent des expériences sur l'analyse de l'air, sa charge électrique, magnétique, hygroscopique, son élasticité et le degré de température de l'eau bouillante. La Condamine avoit vu ce même cratère, qu'il compare très bien au chaos des poètes ; mais il y étoit sans instrumens, et ne put s'y soutenir que pendant quelques minutes.

De son temps cette bouche immense creusée dans des porphyres basaltiques, étoit refroidie et remplie de neiges ; nos voyageurs la trouvèrent embrasée de nouveau, et cette nouvelle a été attristante pour la ville de Quito, qui n'en est éloignée que de 4 à 5.000 toises. Il manqua peu aussi qu'elle ne coûtât la vie à M. Humboldt qui, dans sa première tentative y seroit presque tombé, se trouvant seul avec un Indien qui connoissoit le bord du cratère aussi peu que lui, et marchant sur une crevasse masquée par une couche mince de neige gelée.

Nos voyageurs firent pendant leur séjour dans le royaume de Quito, des excursions particulières aux montagnes neigées d'Antisana, de Cotopaxi, de Tunguragua et Chimborazo, qui est la plus haute cime de notre globe, et que les académiciens français n'avoient mesuré que par approximation. Ils étudièrent surtout la partie géognostique de la Cordillère des Andes, sur laquelle rien encore n'a été publié en Europe, la minéralogie étant pour ainsi dire plus neuve que le voyage de La Condamine, dont le génie universel et l'incroyable activité embrassoient d'ailleurs tout ce qui peut intéresser les sciences physiques. Les mesures trigonométriques et barométriques de M. Humboldt ont prouvé que quelques-uns de ces volcans, surtout celui de Tunguragua, ont baissé considérablement depuis 1753 ; résultats qui s'accordent avec ce que les habitans de Pelileo et des plaines de Tapia ont observé de leurs yeux.

M. Humboldt reconnut que toutes ces grandes masses étoient l'ouvrage de la cristallisation. « Tout ce que j'ai vu, m'écrivoit-il, dans ces régions où sont situées les plus hautes élévations du globe, m'a confirmé de plus en plus dans la grande idée que vous avez présentée (dans votre belle *Théorie de la terre*, l'ouvrage le plus complet que nous ayons sur cette matière) sur la formation des montagnes. *Toutes les masses qui les ont formées se sont réunies suivant les affinités, par les lois de l'attraction, et ont formé ces élévations plus ou moins considérables sur les divers endroits de la surface de la terre, par les lois de la cristallisation générale.* Il ne peut rester aucun doute à cet égard au voyageur qui observe ces grandes masses sans prévention. Vous verrez dans nos relations qu'il n'y a pas un seul des objets que vous traitez, que nous n'ayons cherché à avancer par nos travaux. » Dans toutes ces excursions commencées en janvier 1802, nos voyageurs furent accompagnés par M. Charles Montufar, fils du marquis de Selvalegre, de Quito, particulier zélé pour le progrès des sciences, et qui est occupé à faire reconstruire à ses propres frais les pyramides de Sarougier, termes de la célèbre base des académiciens français et espagnols. Ce jeune homme intéressant ayant suivi M. Humboldt dans tout le reste de son expédition au Pérou et au royaume du Mexique, a passé avec lui en Europe. Les circonstances favorisèrent si bien les efforts de ces trois voyageurs qu'ils parvinrent aux plus grandes hauteurs auxquelles jamais hommes soient parvenus dans les montagnes. Au volcan d'Antisana ils portèrent des instrumens plus de deux mille, au Chimborazo, le 23 juin 1801, plus de 3.300 pieds plus haut que La Condamine et Bouguer avoient pu monter au Corazon. Ils parvinrent à 3.030 toises de hauteur au-dessus du niveau de l'Océan Pacifique, voyant sortir le sang de leurs yeux, des lèvres et des gencives, et glacés d'un froid que le thermomètre n'indiqua pas, mais qui est dû au peu de calorique dégagé pendant les inspirations d'un air aussi raréfié. Une crevasse de 80 toises de profondeur et très large les empêcha de parvenir à la cime du Chimborazo, pour laquelle il leur manquait à peu près encore 224 toises.

C'est pendant son séjour à Quito, que M. Humboldt reçut une lettre dont l'Institut de France l'honora, et par laquelle il apprit que le capitaine Baudin étoit parti pour la Nouvelle-Hollande par le cap de Bonne-Espérance ; il fallut alors renoncer à le rejoindre, et cependant cet espoir avoit occupé nos voyageurs pendant treize mois, et leur avoit fait perdre la facilité de passer de la Havane au Mexique, et aux Philippines ; il les avoit conduits par mer et par terre à plus de 1.000 lieues au sud, exposés à tous les extrêmes de la température, depuis les cimes couvertes de neiges perpétuelles jusqu'au bas de ces ravins profonds où le thermomètre se soutient jour et nuit de 25 à 31 degrés de Réaumur. Accoutumés aux revers de toute espèce, ils se consolèrent facilement de cet effet du sort : ils sentirent de nouveau que l'homme ne doit compter que sur ce qu'il produit par sa propre énergie, et que le voyage de Baudin, ou plutôt la fausse nouvelle de sa direction, les avoit fait parcourir des pays immenses, vers lesquels, sans ce hasard, peut-être pendant longtemps, aucun autre naturaliste n'auroit dirigé ses recherches. Résolu dès lors de poursuivre sa propre expédition, M. Humboldt dirigea sa route depuis Quito vers la rivière des Amazones et vers Lima, dans l'attente d'y faire l'observation importante du passage de Mercure sur le disque du soleil.

Nos voyageurs visitèrent d'abord les ruines de Lactacunga, d'Hambata et de Riobamba, terrain bouleversé dans l'énorme tremblement de terre de 1797. Ils passèrent par les neiges de l'Assouay à Cuenca, et de là, avec des difficultés très grandes pour le transport des instrumens et herbiers encaissés, par le *paramo* de Saraguro à Loxa. C'est ici que, dans les forêts de Gonzanama et de Malacates, ils étudièrent l'arbre précieux qui le

premier a fait connaître à l'homme la propriété fébrifuge du
quinquina. L'étendue de terrein que leur expédition embrasse leur
a fourni l'avantage qu'aucu. otaniste n'a eu avant eux, de comparer par autopsie les différentes espèces de Cinchona de Santa Fé,
de Popayan, de Cuenca, de Loxa et de Jaen, aux *cuspa* et *cuspara*
de Cumana et du Rio Carony, dont le dernier faussement nommé
Cortex angosturæ, paroît appartenir à un nouveau genre de la
pentandria monogynia à feuilles alternes.

De Loxa ils entrèrent au Pérou par Ayavaca et Gouncabamba,
traversant la haute cime des Andes pour se porter vers la rivière
des Amazones. Ils eurent à passer en deux jours trente-cinq fois
le Rio de Chamaya, passage toujours dangereux, tantôt en radeau,
tantôt à gué. Ils virent les restes superbes de la Chaussée de
l'Ynga, comparable aux plus belles de la France et de l'Espagne,
et qui allait sur le dos porphyritique des Andes, à 1.200 ou 1.800
toises de hauteur, depuis le Cusco à l'Assouay, munie de *tambos*
(auberges) et de fontaines publiques. Enfin ils s'embarquèrent
sur un radeau d'Ochroma, au petit village indien de Chamaya, et
descendirent par la rivière du même nom à celle des Amazones,
déterminant, par la culmination de plusieurs étoiles et par le
transport du temps, la position astronomique de cette confluence.

La Condamine, lors de son retour de Quito au Para et en France,
ne s'était embarqué sur la rivière des Amazones qu'au-dessous de
la Quebrada de Chachunga ; aussi n'eut-il d'observation de longitude qu'à la bouche du Rio Napo. M. Humboldt cherchoit à remplir
ces lacunes de la belle carte de l'astronome français, naviguant
sur l'Amazone jusqu'aux cataractes de Rentema et formant à
Tomependa, chef-lieu de la province de Jaen de Bracamorros, un
plan détaillé de cette partie inconnue du Haut-Marañon, tant sur
ses propres observations que sur les notions qu'il acquit par des
voyageurs indiens. M. Bonpland fit, en attendant, une excursion
intéressante dans les forêts autour de la ville de Jaen, où il découvrit de nouvelles espèces de cinchonas; et après avoir beaucoup
souffert par le climat ardent de ces contrées solitaires, après avoir
admiré une végétation riche en nouvelles espèces de *Jacquinia*,
en *Godoya, Porleria, Bougainvillea, Collolia et Pisonia,* nos trois
voyageurs repassèrent pour la cinquième fois la Cordillère des
Andes, par Montan, pour retourner au Pérou.

Ils fixèrent le point où la boussole de Borda montra le point o
de l'inclinaison magnétique, quoiqu'à 7 degrés de latitude australe; ils étudièrent les mines de Hualguayoc, où l'argent natif en
grandes masses s'est trouvé à 2.000 toises de hauteur sur le niveau
de la mer, mines dont quelques filons métalliques contiennent
des coquilles pétrifiées et qui, avec celles de Pasco et de Huan-
tajayo, sont actuellement les plus riches du Pérou. Depuis
Caxamarca, célèbre par ses eaux thermales et par les ruines du
palais d'Abahualpa, ils descendirent à Truxillo, dont le voisinage
contient les vestiges de l'immense ville péruvienne Mansiche,
ornée de pyramides dans l'une desquelles on a découvert, au dix-
huitième siècle, pour plus de quatre millions de livres tournois
en or battu.

C'est à cette descente occidentale des Andes que nos voyageurs
jouirent pour la première fois de l'aspect imposant de l'Océan
Pacifique, et de cette vallée longue et étroite où l'habitant ignore
la pluie et le tonnerre, et où, sous un climat heureux, le pouvoir
le plus absolu et le plus dangereux à l'homme, la théocratie même,
sembloit imiter la bienfaisance de la nature.

Depuis Truxillo ils suivirent les côtes arides de la mer du Sud,
jadis arrosées et fertilisées par les canaux de l'Ynga dont il n'est
resté que d'affligeantes ruines. Arrivés par Santa et Guarmey à
Lima, ils demeurèrent quelques mois dans cette intéressante
capitale du Pérou, dont les habitants se distinguent par la vivacité
de leur génie et la libéralité de leurs sentimens. M. Humboldt
eut le bonheur d'observer assez complètement, au port du Callao
de Lima, la fin du passage de Mercure; hasard d'autant plus
heureux que la brume épaisse qui règne en cette saison ne
permet souvent pas en 20 jours de voir le disque du soleil. Il fut
étonné de trouver au Pérou, dans un si immense éloignement
de l'Europe, les productions littéraires les plus neuves en chimie,
en mathématiques et en physiologie, et il admiroit une grande
activité intellectuelle dans les habitans que les Européens se
plaisent d'accuser de mollesse.

En janvier 1803, nos voyageurs s'embarquèrent sur la corvette
du Roi *la Castora*, pour Guayaquil, navigation qui s'exécute à la
faveur des courants et des vents en trois ou quatre jours, quand
le retour de Guayaquil en exige autant de mois. C'est en ce pre-

mior port, situé sur les bords d'une immense rivière, dont la végétation en palmes, en *Plumeria*, en *Tabaerna montana* et en *Scita-
minées*, est d'une majesté au-dessus de toute description, qu'ils
entendirent gronder à chaque instant le volcan de Cotopaxi qui
fit une explosion allarmante le 6 de janvier 1803.

Ils partirent à l'instant pour être de plus près témoins de ses
ravages, et pour le visiter une seconde fois; mais la nouvelle
inattendue du prochain départ de la frégate *Atlante*, et la crainte
de ne pas trouver d'occasion en plusieurs mois, les força de
retourner sur leurs pas, après avoir été inutilement mangés
pendant sept jours des mosquitos de Babaoyo et d'Ugibar.

Ils eurent une heureuse navigation de 30 jours sur l'Océan
Pacifique à Acapulco, port occidental du royaume de la Nouvelle-
Espagne célèbre par la beauté d'un bassin qui paraît taillé dans
des roches granitiques par la violence des tremblemens de terre;
célèbre par la misère de ses habitans qui y voient embarquer
des millions de piastres pour les Philippines et la Chine, et triste-
ment célèbre encore par un climat aussi ardent que mortifère.

M. Humboldt avoit d'abord fait le projet de ne faire qu'un
séjour de quelques mois au Mexique, et de hâter son retour en
Europe; son voyage n'étoit déjà que trop long; les instrumens,
surtout les chronomètres, commençoient à se déranger peu à peu.
Tous les efforts qu'il avoit faits de les faire remplacer par de nouveaux envois, étoient restés inutiles. Avec cela le progrès des
sciences en Europe est si rapide que dans un voyage qui dure
au delà de quatre ans, on risque de contempler les phénomènes
sous des points de vue qui ne sont plus intéressans dans le moment où les travaux sont offerts au public M. Humboldt se flattait
d'être en France en août ou septembre 1803; mais l'attrait d'un
pays aussi beau et varié que le royaume de la Nouvelle-Espagne,
la grande hospitalité de ses habitans et la crainte de *vomissement
noir* de Vera-Cruz, qui moissonne presque tous ceux qui depuis
le mois de juin jusqu'en octobre descendent des montagnes : la
réunion de ces motifs l'engageoit de prolonger son départ jusqu'au fond de l'hiver. Après s'être occupé des plantes, de l'air, des
variations horaires du baromètre, des phénomènes magnétiques et surtout de la longitude d'Acapulco, port dans lequel
deux savans astronomes, MM. Espinosa et Galeano, avoient déjà

observé, nos voyageurs entreprirent la route du Mexique ; ils s'é-
levèrent peu à peu par les vallées ardentes de Mescala et du Papa-
gayo, où le thermomètre se soutenait, à l'ombre, à 37° de
Réaumur, et où l'on passe la rivière sur des fruits du *crescentia
pinnata*, liés ensemble par des cordes d'agave, aux hauts plateaux de Chilpantzingo, de Tehuilotepec et Tasco.

C'est à ces hauteurs de 6 à 700 toises d'élévation au-dessus
du niveau de la mer, qu'à la faveur d'un climat frais et doux commencent les chênes, les cyprès, les sapins, les fougères en arbres
et la culture des bleds d'Europe.

Après avoir passé quelque temps dans les mines de Tasco, les
plus anciennes et jadis les plus riches du royaume ; après avoir
étudié la nature de ces filons argentés qui passent de la roche
calcaire dure au schiste micacé et enchâssent du gypse feuilleté,
ils montèrent par Cuernevaca et les frimas de Guchilaquo à la
capitale du Mexique. Cette ville de 150.000 habitans, située sur le
sol de l'ancien Tenochtitlan, entre les lacs de Tezcuco et Xochimilco, lacs qui se sont diminués depuis que les Espagnols, pour
diminuer le danger des inondations, ont ouvert les montagnes de
Sincoq, cette ville percée par des rues aussi larges que bien
alignées, placée à la vue de deux colosses neigés, dont l'un (le Popocatepetl) est un volcan encore embrasé, jouissant à 1.160 toises
de hauteur d'un climat tempéré et agréable, entourée de canaux,
d'allées plantées et d'une infinité de petites bourgades indiennes,
cette capitale du Mexique est sans doute comparable aux plus
belles villes d'Europe. Elle se distingue encore par de grands établissemens scientifiques qui peuvent rivaliser avec plusieurs de
l'ancien continent et qui dans le nouveau ne trouvent pas de semblables.

Le jardin botanique, dirigé par un excellent botaniste, M. Cervantes ; l'expédition de M. Sessé, simplement destinée à l'étude
des végétaux mexicains et munie de dessinateurs du premier rang ;
l'Ecole des Mines due à la libéralité du corps des mineurs et au
génie créateur de M. d'Elhuyar ; l'Académie de peinture, de gravure
et de sculpture ; tous ces établissemens répandent le goût des
lumières dans un pays où les richesses paraissent s'opposer à la
culture intellectuelle. C'est avec des instrumens tirés de la belle
collection de l'École des Mines, que M. Humboldt fit un travail

étendu sur la longitude du Mexique fausse à près de deux degrés, comme des observations correspondantes de satellites faites à la Havane viennent de le confirmer.

Après un séjour de quelques mois dans la capitale, nos voyageurs visitèrent les célèbres mines de Moran et de Real-del-Monte, où le filon de la Biscayra a donné des millions de piastres aux comtes de Regla ; ils explorèrent les obsidiennes de l'Oyamel, qui forment des couches dans la pierre perlée et le porphyre et servirent de couteaux aux anciens Mexicains. Tout ce pays rempli de basaltes, d'amygdaloïdes et de formations calcaires et secondaires, depuis la grande caverne de Danto traversée par une rivière jusqu'aux orgues porphyritiques d'Actopan, offre les phénomènes les plus intéressans pour la géologie, phénomènes qui ont déjà été analysés par M. Del Rio, disciple de Werner, et un des minéralogistes les plus savans de notre temps.

De retour de l'excursion de Moran, en juillet 1803, ils en entreprirent une autre dans la partie septentrionale du royaume. Ils dirigèrent leurs recherches d'abord vers Huehuetoca, où avec des frais de six millions de piastres on a formé une ouverture dans la montagne de Sincoq, pour faire découler les eaux de la vallée du Mexique à la rivière de Montezuma. Ils passèrent ensuite par Queretaro, où l'abbé Chappe avoit été en 1769, par Salamanca et les plaines fertiles d'Yrapuato à Guanaxuato, ville de 50.000 habitans, située dans un ravin étroit et célèbre par des mines infiniment plus considérables que celles du Potosi n'ont jamais été.

La mine du comte de la Valenciana, qui a donné naissance à une ville considérable sur une colline où 30 ans auparavant passoient les chèvres, a' déjà 1.840 pieds de profondeur perpendiculaire. C'est la plus profonde et la plus riche du globe connu ; le profit annuel des propriétaires n'ayant jamais, dès l'année de la découverte, baissé de trois millions de livres tournois, ayant monté quelquefois à cinq et six millions.

Après deux mois de mesures et de recherches géologiques à Guanaxuato, et après avoir examiné les eaux thermales de Comagillas, dont la température est de 11° de Réaumur plus haute que celle des îles Philippines, que Sonnerat regarde comme les plus chaudes de la terre, nos voyageurs se dirigèrent par la vallée de S. Yago, où l'on a cru voir en plusieurs lacs à la cime des montagnes basaltiques autant de cratères de volcans éteints, à Valladolid, capitale de l'ancien royaume de Michoacan. De là ils descendirent malgré les pluies continuelles de l'automne par Patzquaro, situé au bord d'un lac très étendu, vers les côtes de l'Océan Pacifique, aux plaines de Jorullo, où en 1759, en une seule nuit, dans une catastrophe des plus grandes qu'ait jamais essuyées le globe, il sortit de terre un volcan de 1.494 pieds d'élévation, entouré de plus de 2.000 petites bouches encore fumantes. Ils descendirent dans le cratère embrasé du grand volcan, à 258 pieds de profondeur perpendiculaire, sautant sur des crevasses qui exhaloient l'hydrogène sulfuré enflammé ; ils parvinrent avec beaucoup de dangers, à cause de la fragilité des laves basaltiques et siénitiques, presque jusqu'au fond du cratère, dont ils analysèrent l'air extraordinairement surchargé d'acide carbonique.

Depuis le royaume de Michoacan, pays des plus rians et des plus fertiles des Indes, ils retournèrent au Mexique par le haut plateau de Toluccan, dans lequel ils mesurèrent la montagne neigée du même nom, montant à sa plus haute cime le pic du Fraile, qui a 2.364 toises d'élévation sur le niveau de la mer ; ils visitèrent aussi à Toluccan, le fameux arbre à main, le *cheiranthostæmon* de M. Cervantes, genre qui présente un phénomène presque unique, celui qu'il n'en existe qu'un seul individu et de la plus haute antiquité.

De retour à la capitale du Mexique, ils y séjournèrent pendant plusieurs mois pour y régler leurs herbiers, riches surtout en graminées, et leurs collections géologiques, pour y faire le calcul des mesures barométriques et trigonométriques exécutées dans le cours de cette année, et surtout pour dessiner au net les planches de l'Atlas géologique que M. Humboldt s'est proposé de publier.

Ce même séjour leur fournit aussi l'occasion d'assister au placement de la statue équestre et colossale du roi, qu'un seul artiste, M. Tolza, vainquant des difficultés dont on ne peut pas se faire une juste idée en Europe, a modelée, fondue et soulevée sur un piédestal très élevé ; statue travaillée dans le style le plus pur et le plus simple, et qui feroit l'ornement des plus belles capitales de l'ancien Continent.

En janvier 1804, nos voyageurs quittèrent le Mexique pour explorer la pente orientale de la Cordillère de la Nouvelle-Espagne :

ils mesurèrent géométriquement les deux volcans de Puebla, le Popocatepetl et l'Iztaccihuatl ; c'est dans le cratère inaccessible du premier qu'une tradition fabuleuse laisse entrer Diego Ordaz suspendu par des cordes pour en tirer du soufre que l'on pouvoit ramasser partout dans les plaines.

M. Humboldt découvrit que ce même volcan, le Popocatepetl, sur lequel M. Sonnenschmidt, minéralogiste zélé, a osé monter jusqu'à 2.557 toises, est plus haut que le pic d'Orizaba, qui a été cru jusqu'à présent le colosse le plus élevé du pays d'Anahuac ; il mesura aussi la grande pyramide de Cholula, ouvrage mystérieux fait en brique non cuite par les Tultèques, et de la cime de laquelle on jouit d'une vue magnifique sur les cimes neigées et les plaines riantes de Tlaxcala.

Après ces recherches, ils descendirent par Perote à Xalapa, ville située à 674 toises sur mer, à cette hauteur moyenne à laquelle on jouit à la fois des fruits de tous les climats, et d'une température également douce et bienfaisante pour la santé de l'homme. C'est ici où par les bontés de M. Thomas Murphy, particulier respectable qui joint (ce qui se trouve si rarement uni) une grande fortune au goût des sciences, nos voyageurs trouvèrent toutes les facilités imaginables pour faire leurs opérations dans les montagnes voisines.

Le chemin affreux qui mène de Xalapa à Perote par des forêts de chênes et de sapins presque impénétrables, chemin que l'on commence à convertir en une chaussée magnifique, fut nivelé trois fois par le moyen du baromètre. M. Humboldt gagna, malgré la quantité de neige tombée la veille, les cimes du fameux Cofre, de 160 toises plus élevé que le pic de Ténériffe, et la position duquel il fixa par des observations directes. Il mesura aussi trigonométriquement le pic d'Orizava, que les Indiens nomment Citlaltepetl, parce que les exhalaisons lumineuses de son cratère le font ressembler de loin à une étoile couchante, et sur la longitude duquel M. Ferrer a publié des opérations très exactes.

Après un séjour intéressant dans ces contrées, où, à l'ombre des *Liquidanbars* et des *Amyris*, végètent l'*Epidendrum vanilla* et le *Convolvulus jalapa*, deux productions également précieuses pour l'exportation, nos voyageurs descendirent vers la côte au port de la Vera-Cruz, située entre des collines de sables mouvans dont la réverbération cause une chaleur étouffante. Ils échappèrent heureusement au *vomissement noir* qui y régnoit déjà.

Ils passèrent avec une frégate espagnole à la Havane, pour y reprendre les collections et herbiers déposés en 1800. Après un séjour de deux mois, ils firent voile pour les États-Unis ; une tempête violente les mit en grand danger au débarquement du canal de Bahama ; l'ouragan dura sept jours de suite.

Après 32 jours de navigation, ils arrivèrent à Philadelphie ; ils séjournèrent dans cette ville et à Washington pendant deux mois et revinrent en Europe en août 1804, par la voie de Bordeaux, munis d'un grand nombre de dessins, de 35 caisses de collections, de 6.000 espèces de plantes.

Thermidor, an XII.

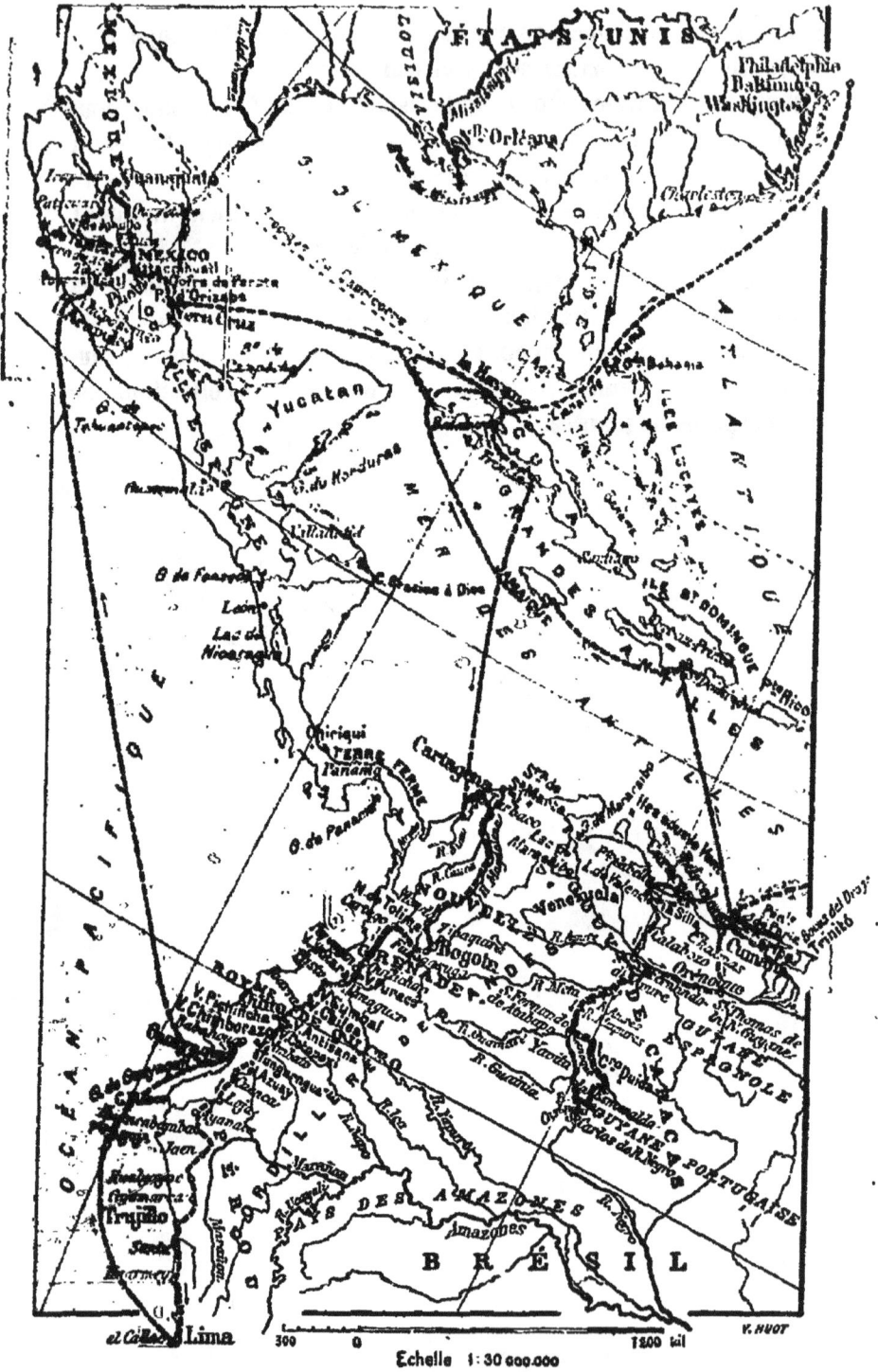

Carte du Voyage d'Alexandre de Humboldt.

LETTRES AMÉRICAINES

D'ALEXANDRE DE HUMBOLDT

A M. A. PICTET (1)

Salzbourg, 3 avril 1798 (2).

..... Les troubles d'Italie ont fait abandonner à nos amis le voyage de Naples. J'ai une collection précieuse d'instrumens avec moi; je ne voulais pas l'exposer. Je vous embrasserai bientôt, mon ami, et ne fût-ce que pour un ou deux jours. Je pars le 20 avril d'ici pour Paris : je n'y reste que six à huit semaines pour m'orienter et dire les adieux à mon frère (3). J'ai pris la résolution de passer l'hiver en Égypte; je partirai au mois d'août pour Rosette.

Je vais avec milord Bristol (4) qui a peintres, sculpteurs, gens

(1) J'ai déjà dit que les lettres de Humboldt à Marc-Auguste Pictet ont été publiées par M. Rilliet, petit-fils du savant professeur genevois, dans *Le Globe, journal de la Société de Genève,* en 1868. (T. VII, p. 137-204.)

(2) Humboldt était en correspondance avec Pictet depuis plus d'un an. Une lettre de Humboldt à ce savant sur les *polarités magnétiques d'une montagne de serpentine* figure au *Journal de Chimie* de juin 1797.

(3) Guillaume de Humboldt, plus âgé de deux ans qu'Alexandre, était à Paris depuis la fin de 1797.

(4) Frédéric-Auguste Harvey, quatrième comte de Bristol, évêque de Londonderry, alors âgé de soixante-huit ans, et riche de 60.000 l. st. de revenu. Ce personnage était réputé, comme tous les Harvey, pour son excentricité; Charlemont en a tracé un portrait peu flatteur. Il fut arrêté en novembre 1797 aux environs de Bologne par ordre de Bonaparte, qui voulait l'empêcher d'aller agiter l'Égypte, et enfermé quelque temps au château de Milan. Il est mort à Albany le 8 juillet 1803.

1

armés avec lui ; nous avons une barque à nous, nous irons jusqu'à Thèbes. Vous pourrez peut-être blâmer la société du noble
lord, il est fantaste (1) au plus haut degré. Mais, voyageant à mes
propres frais, je garde mon indépendance et ne risque rien ; d'ailleurs c'est un homme de génie et il ne fallait pas négliger une
occasion aussi belle. Je pourrai faire quelque chose pour la météorologie. Je vous prie cependant de ne pas donner de la publicité
à ce voyage. Je passerai par Genève pour vous voir, mon digne
ami ; car je dois chercher le lord B[ristol] à Livourne ou Naples.
La guerre sur mer empêchait ma course aux Indes. C'est ce que je
puis faire de plus utile d'aller à l'Orient, avant qu'il cessera d'être
calme. Je serai de retour en juin 1799 ; si la paix existe alors. Je
pars janvier 1800 pour les Indes. J'ai de la bonne volonté, je ne
vis que pour les sciences et puisse le sort favoriser mes projets !...

HUMBOLDT.

II

AU BARON DE ZACH (2)

Paris, le 3 juin 1798.

Ce matin, le 15 prairial, vers midi on a terminé la grande mensuration de la base entre Melun et Lieursaint (3) et je m'empresse
de vous annoncer dès aujourd'hui cet événement géographique et
astronomique, qui n'est certes pas sans importance. J'ai passé
deux journées excessivement gaies avec Lalande (4) et avec notre

---

(1) Fantaste pour fantasque, *halb toll, halb Genius*, comme dit ailleurs Humboldt, moitié fou, moitié génie. (Cf. J. Lövenberg : *Alexander von Humboldt.
Seine Jugend und ersten Mannesjahre* (ap. K. Bruhns : *Alexander von Humboldt,
eine wissenschaftliche Bibliographie*, Leipzig, 1872, in-8° Bd. I, s. 252, 256.)

(2) François-Xavier, baron de Zach, né à Presbourg le 4 juin 1754, fondateur des observatoires de Seeberg et de Naples, éditeur de la fameuse *Monat-
liche Correspondenz* et des *Geographische Ephemeriden*. Il avait alors quarante-quatre ans.

(3) Cf. *Magas. Encyclop.* IV° ann., t. II, p. 103-114. — Lieusaint et non
pas Lieursaint, village de Seine-et-Marne, à 8 kil. S.-S.-O. de Brie-Comte-
Robert.

(4) Joseph-Jérôme Le Français de Lalande (1766-1839), membre de l'Acadé-

excellent ami Burckhardt (1) chez Delambre (2). Le temps, qui
avait favorisé pendant trois décades la mensuration de la base,
et sans interruption, n'était pas moins beau ces derniers jours.
Ajoutez que nous trouvions à Lioursaint Prony (3) et le circumnavi-
gateur septuagénaire Bougainville, qui est plein d'entrain pour un
second voyage, où il pense emmener son fils âgé de quinze ans (4).
Dans douze à quinze jours, Delambre partira avec son aide (5),
pour Perpignan où Méchain aura probablement fini ses cinq à six
triangles, et où la base sud doit être mesurée deux fois de suite
avant l'hiver. Le caractère personnel de Delambre inspire certainement autant de confiance que l'excellence des instrumens employés à cette opération. Il faut ce tempérament calme, cette gaieté
tranquille, cette persévérance pour finir un travail, qui rencontre
tant d'obstacles physiques, moraux et politiques. Comme je m'embarquerai d'ailleurs en automne à Marseille, je pense accepter
l'invitation de Delambre, et je passerai par Perpignan pour assister
aux opérations qui s'y font. Jusque-là je serai muni moi-même
d'un cercle de Lenoir (6).

J'ai lu à l'Institut national deux mémoires (sur la nature du gaz
salpêtre et sur la possibilité d'une analyse plus précise de l'atmosphère) qui traitent de sujets qui ne sont pas sans importance

mie Royale des sciences à 21 ans (1753), chargé dès 1760 de la rédaction de la
Connaissance des Temps, auteur d'un grand nombre d'ouvrages d'astronomie,
de navigation, etc.

(1) Jean-Charles Burckhardt (1773-1825), de Leipzig, était venu s'établir à
Paris en 1797 et on l'avait nommé astronome-adjoint au Bureau des Longitudes.

(2) Jean-Baptiste Delambre (1749-1822), élève de Lalande, membre de l'Institut depuis sa formation, avait été chargé avec Méchain de mesurer l'arc
du méridien entre Dunkerque et Barcelone et terminait alors cette opération
restée célèbre dans l'histoire de la géodésie.

(3) Gaspard-Clair-François Riche, baron de Prony (1755-1839), ingénieur et
physicien, membre de l'Institut, inspecteur général des ponts et chaussées,
âgé de quarante-quatre ans.

(4) C'est ce fils du vieux navigateur, le baron de Bougainville, qui com-
manda de 1824 à 1826 le voyage autour du monde de la *Thétis* et de l'*Espérance*.
(Paris, 1837, 2 vol. in-4° et atl. in-f°.)

(5) Pommard, avec lequel Humboldt s'est lié.

(6) On verra plus loin qu'il s'agit d'un cercle construit sous la direction de Borda (1772) par le célèbre ingénieur Etienne Lenoir, auquel La
Pérouse. d'Entrecasteux, Delambre et Méchain faisaient faire la plupart de
leurs instruments de précision. (Cf. *Relat hist.*, t. I, p. 58.)

pour la théorie de la réfraction. J'ai répété, et avec succès, une partie de mes expériences avec Vauquelin (1), au laboratoire de l'École des Mines...

HUMBOLDT.

III

A M. A. PICTET

Paris, 22 juin (4 messidor) 1798.

Mon cher et digne ami,

Je réponds bien tard, à la vérité, à la lettre amicale dont vous avez bien voulu m'honorer en date du 3 mai. J'attendais en vain le dénouement de plusieurs événemens pour vous parler à cœur ouvert sur mes plans littéraires. Mais les orages se rassemblent au lieu de se dissiper, et je m'en voudrais du mal à moi-même de laisser si longtemps sans nouvelles un ami que je respecte et chéris autant que vous.

Je ne vous parle pas de Paris, ni de ma façon d'y vivre ; vous connaissez mes penchans et mon activité. Je vis avec tous les naturalistes, je travaille avec Vauquelin dans son laboratoire ; j'ai fait quelques lectures à l'Institut National, j'ai tout le doit (2) possible de l'accueil qu'on me fait. Mais rien ne me tient plus à cœur que de voir les personnes qui connaissent mon ami Pictet, qui lui sont attaché[es] comme moi qui regarde Genève comme le foyer du génie, de la culture des arts... Jugez de là combien j'aime à fréquenter la maison de Delaméthrie (3), combien j'estime Adet (4) qui ne se lasse de vous faire des éloges.

Mes plans sont encore les mêmes. Je m'occupe à mettre la der-

---

(1) Le célèbre chimiste Louis-Nicolas Vauquelin (1763-1829), alors âgé de 36 ans, était professeur à l'École Polytechnique.

(2) Dans le sens où l'on dit une *dette* de reconnaissance.

(3) Jean-Claude de Lamétherie (1743-1817), directeur du *Journal de Physique* où il avait accueilli les travaux de Humboldt dès 1792. L'auteur des *Principes de la Philosophie naturelle* est alors âgé de 55 ans.

(4) Pierre-Auguste Adet (1763-1832), chimiste et homme politique ; il revenait d'une ambassade aux États-Unis.

nière main à deux ouvrages que je publie avant de quitter l'Europe : l'un sur la moffette et les moyens de s'en garantir (la description de ma lampe antiméphétique qui brûle dans l'azote pur) et l'autre sur l'analyse de l'atmosphère. Je meurs d'impatience pour avoir des nouvelles de la Méditerranée. Je compte partir pour l'Égypte en septembre, après avoir visité Delambre à Perpignan, ayant ici suivi les travaux de la base, à Melun. (Je possède un beau cercle de Lenoir et un théodolithe de Ramsden) (1). Taillerand (2), ministre de l'Intérieur, m'a promis, le jour où je fus présenté au Directoire, toute facilité possible pour l'Orient. Veuille le ciel que la tranquillité politique favorise mes projets ! Avec la bonne volonté que j'ai, avec l'appareil précieux que je possède, je pourrais faire quelque chose. Dites au vénérable Saussure (3) que j'ai relu cet hiver. mot pour mot, *tous* ses ouvrages, et que je me suis marqué toutes les expériences qu'il désire qu'on fasse. J'aime à marcher sur les traces d'un grand homme.

J'ai une prière à vous faire, mon bon ami. Je persiste très fort dans l'idée de passer par Genève et de vous embrasser, et ne fût-ce que pour trois ou quatre jours ; mais je dépens de la chance des vaisseaux.

Je fais faire ici un coffre pour tous mes instrumens (4). Lors même que (comme je l'espère toujours) j'aurais le loisir de venir vous voir, je serais en embarras sur des instrumens dont je ne connais pas assez la forme et (pour le magnétomètre) pas même l'usage. J'aime donc mieux faire la petite dépense du transport, que de voir mal emballé[s] mes instrumens, que je dois ici voir tous d'un coup d'œil. Veuillez donc bien vous charger, mon respectable ami, de me *faire envoyer* mes instrumens le plus tôt possible, non par la diligence, mais par un charretier tel que Vicat

---

(1) Jessé Ramsden, constructeur anglais (1735-1800), auquel on doit en particulier le théodolite qui porte son nom.

(2) Charles-Maurice de Talleyrand-Périgord (1754-1838) avait succédé à Charles Delacroix, comme ministre des Affaires étrangères le 15 juillet 1797.

(3) Horace-Bénédict de Saussure, le célèbre explorateur des Alpes (1740-1799).

(4) Humboldt a donné dans sa *Relation historique* (t. I, p. 57) la liste de ces instruments de physique et d'astronomie dont il sera si souvent question dans la suite de ces lettres.

on Dajean. Mon adresse est : *Au citoyen Humboldt, Prussien. Paris. Faubourg Saint-Germain, rue du Colombier, maison Boston, n° 7.* Vous aurez la grâce de me marquer en même tems par la poste, en quelques lignes, la somme d'*argent* que je dois vous remettre pour le citoyen Paul. Je suis honteux de vous charger de cette besogne ; mais je saurai m'en disculper envers vous personnellement.

J'aurais mille choses à vous dire ; mais, hélas! où trouver le loisir dans ce tourbillon où l'on parle beaucoup en agissant peu ? Veuille le sort que les bords fortunés du lac (bords sur lesquels un jour je me fixe) jouissent à jamais de cette paix désirée, qui seule favorise les productions du génie et le développement des vertus sociales. J'aime à voir que des personnes remarquables par la place qu'elles occupent marquent de l'intérêt pour les affaires de Genève.

Mes respects à madame Pictet, tels qu'à Seaussure, Jurine (1), Maurice (2)... Et notre bon et brave ami Giraud a dû quitter Berlin. Que je veux de mal à cet animal de S***, qui lui a rendu la vie si pénible ; c'est un jeune homme si doux, si aimable ! Je viens de voir aujourd'hui, à la Société philomathique, un autre Genevois qui s'occupe de physiologie végétale et qui paraît aussi très intéressant (3).

Salut et respect,
HUMBOLDT.

Quel est bien le degré de sécheresse le plus grand qui a jamais été observé à Genève ou en Italie? Je parle de l'hygromètre de Seaussure et d'une observation faite à l'ombre.

(A Rilliet, *loc. cit.*, p. 154-157.)

(1) Louis Jurine, médecin et naturaliste genevois, élève de Ch. Bonnet et de Saussure, alors âgé de 47 ans.
(2) Frédéric-Guillaume Maurice, agronome genevois (1750-1826), fondateur avec Pictet de la *Bibliothèque Britannique* devenue la *Bibliothèque Universelle*.
(3) A.-P. de Candolle (1778-1841), l'illustre botaniste, dont le nom reviendra plus tard dans cette correspondance.

IV

AU MÊME

Marseille, 17 brum[aire] an VII (7 novembre 1798).

Le porteur de ceci, mon digne ami, est le citoyen Lomet (1), ci-devant professeur de stéréotomie à l'École Polytechnique, puis adjudant-général et auteur d'un petit ouvrage sur les eaux de Bardège. Il s'occupe de géologie, de physique, et va à Genève pour voir vous et notre respectable Scaussure. Je l'ai trouvé ici avant mon embarquement pour l'Afrique, auquel je me prépare (2). Il m'a demandé ces lignes pour vous et avec l'amitié que je sais que vous me portez, je n'ai pas hésité à céder à ses instances. Puisse la tranquillité et le bonheur régner sur votre patrie, et puissiez-vous ne jamais oublier celui qui vous est attaché de cœur et d'âme.

HUMBOLDT.

Mon chronomètre a fait merveille (3), malgré les horribles se-cousses de la diligence entre Avignon et Marseille, secousses qui ont brisé le beau thermomètre pour l'ébouilloir. Il a déterminé la longitude de Marseille avec une erreur de 8″ !

(A. Rilliet, *loc. cit.*, p. 157-158).

(1) Antoine-François Lomet, baron de Foucaux (1759-1826), alors employé au conseil central de la direction des armées.

(2) Cf. *Magas. Encyclop.*, IVe ann., t. IV, p. 55.

(3) C'était un instrument du célèbre horloger Louis Berthoud (1727-1807); il avait appartenu à Borda (1733-1799). Humboldt a publié le détail de la marche de cet instrument dans l'introduction de son *Recueil d'observations astronomiques*.

V

AU BARON DE FORELL (1)

S. l. n. d.

Votre Excellence a bien voulu que je lui donne moi-même une notice de ce que je croirais utile de faire entrer dans le Passeport délivré par le chevalier [de] Urquijo (2). Voici mes vœux principaux :

1° Le nom de mon ami (secrétaire) Alexandre Goujau-Bonpland, « m'aidant dans mes recherches », afin qu'il ait le droit d'herboriser sans moi.

2° Je com[p]te aller avec le Pacquebot de la Coruña à Porto-Rico, l'Isle de Cuba, le Mexique, au Royaume de la Nouvelle-Grenade, le Pérou, Chili, Buenos-Ayres. Quoique je pense m'en retourner par Buenos-Ayres, j'aimerais cependant que les Philippines fussent nommées dans le passeport. Il se pourrait que les circonstances politiques me rendent préférable le retour par les Indes Orientales.

3° Que les mots *Instrumens de physique et d'astronomie* soyent mentionnés tel que : qu'il lui soit permis de faire toutes sortes d'observations utiles à l'Histoire naturelle et la physique du monde, donc qu'il puisse librement ramasser des plantes, animaux et minéraux, mesurer la hauteur des montagnes, examiner leur nature, faire des observations astronomiques...

4° De même qu'ayant été invité de colliger des objets d'histoire

---

(1) J'ai déjà dit que cette correspondance d'Alexandre Humboldt avec le baron de Forell a été publiée avec beaucoup de soin par M. E. Lentz, *Alexander von Humboldt's Aufbruch zur Reise nach Süd-Amerika, nach ungedruckten Briefe A. v. Humboldt's an Baron v. Forell* (Zeitschr. der Gesellsch. für Erdkunde zu Berlin, Bd. XXXIV, s. 355-361, 1899), et reproduite en tête du beau volume *Wissenschaftliche Beitræge zum Gedächtniss der hundertjahrigen Wiederkehr des Antritts von Alex. von Humboldt's Reise nach Amerika am 5 juni 1799*. Berlin, 1899, in-8°, s. 3-54, f.-simil.

(2) Le chevalier Don Mariano Luis de Urquijo, grand protecteur des sciences. Il était alors *encargado interimamente del Despacho de la primera secretaria de Estado*, et il sut lever toutes les difficultés qui auraient pu retarder le départ des voyageurs. — Cf. *Relat. hist.*, t. I, p. 46.

naturelle pour le cabinet et les jardins de Sa Majesté Catholique,
les Alcades, gouverneurs de provinces... lui portent les secours
nécessaires pour faciliter ce but et qu'ils se chargent de faire parvenir les objets ramassés aux lieux de leur destination.

5° Qu'on le reçoive partout sur les bâtimens de Sa Majesté
Catholique. J'ose vous suplier en outre de vouloir bien envoyer à
M. Herrgen (1) la permission pour la Casa del Campo (2). Vous
voyez que j'ai juré de vous impatienter à la fin.

(E. Lentz, s. 346.)

VI

AU MÊME

A Madrid, ce 26 de mars 1799.

Monsieur le baron,

Mon ami, le C. Bonpland, a accompagné la société de madame
Tribolet (3) jusqu'à Aranjuez. J'aurais mieux aimé avoir l'honneur
de vous présenter moi-même (4) ce jeune homme, que ses talens,
son érudition en botanique, zoologie et anatomie et surtout ses
mœurs me rendent cher : mais se trouvant dans votre proximité,
j'ai cru qu'il serait de son devoir qu'il se rende chez vous, monsieur le baron, pour vous témoigner aussi de son côté la reconnaissance profonde dont vos bontés nous ont pénétré. Daignez
le recevoir avec cette indulgence qui vous caractérise et à laquelle
mon importunité me fait appeler si souvent.

M. de Tribolet et madame (*Didona abandonata*) me chargent de
vous faire mille amitiés et respects. Ils comptent arriver mardi
prochain. J'ai déjà eu deux séances avec M. Thalacker sur les

(1) Herrgen, savant naturaliste d'origine allemande, attaché au Musée de
Madrid, que Humboldt a qualifié quelque part de « minéralogiste distingué ».
(*Relat. hist.*, t. I, p. 48.)

(2) La *Casa del Campo*, palais et jardins célèbres, à Madrid.

(3) Tribolet, secrétaire de la Légation de Prusse à Madrid. M. Lentz a écrit
une page intéressante sur les relations de ce diplomate avec Humboldt (*op.
cit.* (*Zeitschr. der Gesellsch. für Erdk. zu Berlin*, Bd. XXIV, s. 319-320. 1899).

(4) Il y a *vous*-même dans le texte (*Lentz*, p. 347.)

inclinaisons et déclinaisons des couches. Il est infiniment docile
et avide de connaissances. Sa réceptivité (capacité) est trop
grand[e] pour le peu que je sais donner. Demain nous allons passer la matinée au cabinet du roi et dîner chez notre respectable
ami Clavijo (1). Aujourd'hui j'ai fouillé avec Proust (2) et Herrgen,
dans les mines de l'Ecole. Le C. Bonpland réitérera mes vœux par
rapport à la Casa del Campo.

Je suis, avec le plus profond respect, monsieur le baron, de
Votre Excellence, le très honoré et très obéissant serviteur.

HUMBOLDT.

Parmi les Allemands qui se présenteront à vous, vous [en]
trouverez un qui est très pâle, M. Focke, mais qui a vraiment
profité de ses voyages. C'est un homme qui promet beaucoup. Il
s'est formé à Göttingen.

(E. Lontz, loc. cit., p. 347.)

VII

AU MÊME (3)

A Madrid, ce 1er avril 99.

Monsieur le baron,

J'ai été infiniment mortifié d'apprendre que l'affaire de la Casa
del Campo est devenue si sérieuse. Vous me croirez assez de modestie pour ne pas avoir osé vous importuner de cette besogne, si
j'avais pu croire que S. E. M. d'Urquijo [lui]-même devait donner
« cette joyeuse entrée ». Recevez les témoignages de la recon-

---

(1) Don José Clavijo Fajardo, naturaliste instruit, directeur du Cabinet Royal
d'Histoire naturelle de Madrid, traducteur des œuvres de Buffon publiées dans
cette capitale de 1785 à 1790.

(2) Louis-Joseph Proust, chimiste, né et mort à Angers (1754-1826), professeur de chimie à l'Ecole d'artillerie de Ségovie, puis directeur du laboratoire
du roi Charles IV à Madrid, un des collaborateurs du <i>Journal de Physique</i>.

(3) Adresse : A. S. E. monsieur le baron de Forell, ministre plénipoten-
tiaire de S. A. E. de Saxe auprès de Sa Majesté catholique, à Aranjuez.

naissance la plus respectueuse que je vous dois pour cette nouvelle marque de vos bontés.

Une fièvre rheumatique m'a rendu pour quelques jours incapable de travailler. Je suis convalescent en ce moment et j'ai commencé avec M. Talacker le calcul barométrique. En deux ou trois séances il sera aussi savant que moi. Mon ami le C. Bonpland est revenu hier. Il ne se lasse pas de parler de la bonté avec laquelle vous avez daigné le recevoir.

Agréez les assurances de l'attachement respectueux avec lequel je serai toute ma vie, monsieur le baron, de Votre Excellence, le très humble et très obéissant serviteur.

HUMBOLDT.

(E. Lentz, *loc. cit.*, p. 318.)

VIII

A WILLDENOW (1)

Aranjuez, près Madrid, 20 avril 1799 (2).

Si je ne t'ai pas écrit une ligne depuis Marseille (3), mon ami et mon frère, je n'ai pas été moins actif pour toi et pour ton bonheur, comme tu le verras par cette lettre. Je viens de fermer une caisse pour toi, contenant quatre cens plantes ; un quart n'a certes pas encore été décrit, il provient de contrées (comme S.-Blasio, en Californie, du Chili et des Philippines) où pas un botaniste n'avait pénétré avant nous. Quand tu parcourras cette collection de plantes, tu pourras te persuader du fait, qu'il s'est passé à peine un jour que je n'aie pensé à toi ; aussi bien dans les forêts que sur les prairies et au bord de la mer. Partout j'ai collectionné pour toi, et rien que pour toi, puisque je ne veux

(1) Karl Ludwig Willdenow, botaniste de Berlin, plus âgé que Humboldt de cinq ans, et son meilleur ami allemand. Dès 1788, Humboldt apprenait avec lui la botanique.

(2) *Neue Berlinische Monatsschrift*, publiée par Biester. (Bd. VI, s. 119-120. Jul.-Dez. 1801.) — Lövenberg en a découpé deux extraits. (Bruhns, *op. cit.* Bd. 1, s. 261-263 et 266-268.)

(3) Cette lettre ne nous a pas été conservée.

commencer mon herbier qu'au-delà de l'Océan. Mais avant de te
nommer les plantes qui te sont destinées, mon cher, il faut te
renseigner sur moi et sur mon sort. Le sort a été, cette année,
assez étrange ; mais tu remarqueras au moins que j'ai été opi-
niâtre dans la poursuite de mes projets, et que cette opiniâtreté
m'a, en dépit de tout, conduit de la Californie jusqu'en Patagonie,
et me conduira peut-être même autour du monde.

Après avoir renoncé à Salzbourg à mon second voyage en Italie
et aux nombreuses et importantes expériences que je voulais faire
à Naples sur les exhalations gazeuses du volcan, je n'avais
d'autre but que de me rendre dans les tropiques. Tu sais que lord
Bristol avait acheté un bateau à Livourne, lequel devait nous faire
monter le Nil jusqu'aux cataractes avec cuisine et cave, avec des
peintres et des sculpteurs. Le voyage d'Egypte était projeté avant
que Napoléon ne s'en mêlât (vers 1791). Je voulais encore acheter
quelques instrumens à Paris, quand les Français m'enlevèrent
mon bon vieux lord près de Bologne, et le retinrent prisonnier à
Milan (1).

J'ai été reçu à Paris, comme je n'aurais jamais osé l'espérer.
Le vieux Bougainville projetait un autre voyage autour du monde,
surtout au pôle Sud. Il tâcha de m'entraîner à l'accompagner et,
comme je m'occupais justement à ce moment de recherches magnétiques, je préférais un voyage au pôle Sud à un voyage en
Egypte. J'étais rempli de ces vastes projets quand, pour une fois,
le Directoire prit la résolution héroïque de faire faire ce voyage
non pas par le septuagénaire Bougainville, mais par le capitaine
Baudin (2). J'avais à peine appris cette nouvelle que le Gouvernement m'envoya l'invitation de m'embarquer sur le *Volcan*, une
des trois corvettes de l'expédition. On mit toutes les collections
nationales à ma disposition, pour choisir les instrumens qu'il
me fallait. On me demanda conseil aussi bien pour le choix des
naturalistes que pour l'équipement et pour tout le reste. Beau-

(1) Dans sa *Relation historique* (t. I, p. 42) Humboldt s'est borné prudem-
ment à dire que les *événements politiques* lui ont fait abandonner un plan
qui lui promettait tant de jouissances.

(2) Nicolas Baudin (1750-1803), capitaine de vaisseau, chargé en l'an VI
d'une mission scientifique aux Antilles et mis à la tête, en l'an VIII, de l'expédition aux terres Australes, au retour de laquelle il succomba à l'Ile de
France. — Cf. *Relat. hist.*, t. I, p. 42-43.

coup de mes amis étaient mécontens de me voir exposé aux dangers d'un voyage de cinq ans. Mais j'étais résolu de partir et je me serais méprisé moi-même si j'avais laissé échapper une occasion aussi favorable de me rendre utile. Les bateaux étaient prêts ; Bougainville voulait me confier son fils de 15 ans, pour l'habituer aux dangers de la vie sur mer. Le choix de nos compagnons était excellent, c'étaient tous des jeunes gens instruits et forts. Comme on examinait chaque nouveau venu ! Étrangers de la veille, nous étions liés pour de longues années ! Nous devions passer la première année en Paraguay et en Patagonie, la seconde au Pérou, au Chili, au Mexique et en Californie, la troisième dans la mer du Sud, la quatrième à Madagascar et la cinquième en Guinée... Quelle douleur immense quand toutes ces belles espérances échouèrent dans l'espace de quinze jours ; 300.000 livres à trouver et l'explosion redoutée de la guerre en furent les raisons. Aussi bien mon influence personnelle auprès de François de Neufchâteau (1), qui me voulait beaucoup de bien, que tous les autres ressorts mis en action, furent peine perdue. A Paris, où on ne parlait que de ce voyage, on nous croyait déjà partis. Le Directoire remit à l'année suivante le départ (2).

On ne peut que souffrir d'une telle situation, d'une telle déception, mais il faut agir en homme et ne pas s'abandonner à sa douleur. Je pris donc la résolution de suivre l'armée d'Egypte par voie de terre en me joignant à la caravane qui part de Tripoli, pour arriver au Caire par le désert de Sélimai (3). Je m'associai à un des jeunes gens qui, lui aussi, aurait dû faire le voyage autour du monde, un M. Bonpland (4), très bon naturaliste, le meilleur élève de Jussieu (5) et de Desfontaines (6). Il a servi dans la

(1) Nicolas-Louis François, dit François de Neufchâteau (1750-1828), alors ministre de l'Intérieur. .

(2) On sait que le départ de l'expédition de Baudin n'eut lieu que le 19 octobre 1800.

(3) Sélimeh, oasis de la Nubie Inférieure, sur la route des caravanes du Darfour au Nil.

(4) Aimé Bonpland, dont il sera si souvent question dans la suite, né à La Rochelle le 29 août 1773.

(5) Antoine-Laurent de Jussieu (1748-1836), le célèbre créateur de la *Méthode*.

(6) René Louiche-Desfontaines (1750-1833), successeur de Lemonnier au Muséum, avait passé quatre ans à explorer les pays barbaresques. C'était un ami de Humboldt.

flotte, il est très robuste, courageux, bon et habile dans l'anatomie comparée. Nous nous hâtâmes d'aller à Marseille pour nous embarquer pour Alger, avec le consul suédois Skjöldebrand, sur la frégate *Jaramas*, qui devait porter des cadeaux au Dey d'Alger (1). Je voulais passer l'hiver en Algérie et dans l'Atlas, où il y a encore dans la province de Constantine, d'après Desfontaines, quatre cens plantes inconnues. De là, je voulais rejoindre Bonaparte par Sufetula (2), Tunis et Tripoli avec la caravane qui va à la Mecque.

Nous attendîmes en vain pendant deux mois. Nos malles étaient restées emballées et nous courions tous les jours à la plage. La frégate *Jaramas*, qui devait nous conduire, avait fait naufrage et tout l'équipage fut noyé. Quelques-uns de mes amis, qui me croyaient parti, furent fort effrayés en apprenant cette nouvelle. Sans être aucunement découragé par cette longue attente, je louai un bateau de Raguse, qui devait nous conduire directement à Tunis. Mais la municipalité de Marseille, probablement déjà avertie des orages qui devaient bientôt éclater contre les Français en Barbarie, refusa les passeports. Bientôt après arriva la nouvelle que le Dey d'Alger ne voulait pas laisser partir la caravane qui devait se mettre en route pour la Mecque, pour ne pas traverser l'Egypte, souillée par la présence des chrétiens. Alors tout espoir de rejoindre l'armée au Caire fut perdu. La communication maritime était coupée. Je n'avais rien de mieux à faire que de renoncer pour l'automne à mon voyage en Orient, de passer l'hiver en Espagne, et de faire de là, au printemps, une excursion à Smyrne. Quel triste tems que celui où on ne peut aller sûrement d'une côte à l'autre, malgré tous les sacrifices, dépenserait-on des millions !

Je fis la plus grande partie de la route à pied le long de la côte de la Méditerranée, en passant par Cette, Montpellier, Narbonne, Perpignan, par les Pyrénées, la Catalogne jusqu'à Valence et Murcie, et de là à travers le plateau de la Manche jusqu'ici. A Montpellier, j'ai passé des journées exquises chez Chaptal (3), à

(1) Cf. *Relat. hist.*, t. I, p. 43.

(2) *Sufetula*, Sbeitla, à 120 kilom. sud-est de Kairouan, sur la rivière du même nom, principal tributaire de la Sebka Sidi el Hani.

(3) Jean-Antoine Chaptal, comte de Chanteloup (1756-1832), membre de l'Institut depuis sa fondation et alors professeur de chimie à Montpellier.

Barcelone chez John Gille, un Anglais avec lequel j'habitais à Hambourg et qui à présent tient une grande maison de commerce ici. Les pois fleurissaient dans les vallées des Pyrénées, tandis que le Canigou dressait sa tête blanche au-dessus d'elles. Dans les provinces de Catalogne et de Valence le pays ressemble à un jardin éternel, entouré de cactus et d'agaves! Des dattiers élevés de 40 à 50 pieds, chargés de fruits en grappes, luttent de hauteur à côté des couvents. Les champs paraissent être une forêt d'arbres à pain, d'oliviers et d'orangers, dont plusieurs sont couronnés comme des poiriers. A Valence, vous payez une peseta (à peu près 6 groschen) huit oranges. Près de Balaguer et à l'embouchure de l'Ebre, la plaine, de 10 lieues de longueur, est garnie de *Chamae-rops* (*Zwergspalme*), de pistachiers, d'innombrables espèces de bruyères, (*Heidekraut*) (*Erica vagans, e. scoparia, e. mediterranea*), de petits rosiers-zistes (*Ziströslein*) et de rosiers des rochers (*Felsenrosen*). Les landes étaient en fleurs, nous pouvions cueillir des narcisses et des jonquilles dans le désert. Près de Cambrils, le *Phœnix dactylifera* (le palmier commun) est tellement négligé que l'on peut voir 20 à 30 troncs tellement serrés les uns contre les autres, qu'aucun animal ne pourrait traverser. Comme on aime les feuilles blanches des palmiers pour orner les églises, on voit, dans la province de Valence, des troncs de dattiers dont les pousses du milieu sont couvertes d'une espèce de cône faite de *stipa tena-cissima* (*spartogras*) pour étioler les jeunes feuilles dans l'obscurité. L'exubérance de la végétation du bassin de Valence ne trouve pas son pareil en Europe. On croit voir pour la première fois des arbres et des feuilles, quand on aperçoit ces palmiers, ces grenadiers, ces ceratonia, ces mauves, etc. Le thermomètre montait à 18° Réaumur à l'ombre, au milieu de janvier. Presque toutes les fleurs étaient déjà tombées...

Je ne dis rien de Tarragone, de la montagne près de Murviedo, ni du temple de Diane du vieux Sagunte, de son amphithéâtre immense ni de la tour d'Hercule, d'où l'on peut voir les tours de Valence dépasser une forêt de dattiers; ni de la mer, ni du Cabo de Cullera. Pauvres que vous êtes, qui pouvez à peine vous réchauffer, tandis que je suis assis sous des orangers en fleurs, le front trempé de sueur, ou que je parcours des champs qui, arrosés par des milliers de canaux, portent cinq récoltes (du riz,

du froment, du chanvre, des pois et du coton). Qu'on oublie facilement le mauvais état des routes et des auberges, où on ne trouve
souvent pas même de pain, en présence de cette abondance de
plantes, et de ces formes humaines d'une beauté indescriptible !
Presque partout la plage est bien cultivée. En Catalogne on trouve
une industrie pareille à celle de la Hollande. Dans tous les villages
il y a des tisserands, on fait des bateaux, etc., tout le monde travaille. Dans le pays entre Castellon de la Plana et Valence l'agriculture et le jardinage n'ont peut-être nulle part été dépassés en
Europe. Mais quinze lieues plus loin, vers l'intérieur du pays tout
est désert. Cet intérieur est le sommet d'une montagne, qui est
restée 2.000 à 3.000 pieds au-dessus de la mer, quand la Méditerranée dévorait tout. L'Espagne doit son existence à cette hauteur, mais aussi (sauf les côtes) sa sécheresse, et en partie son
froid. Près de Madrid les oliviers en souffrent, et on n'y voit que
rarement des orangers.

Mais je commence à décrire, ce que je ne veux jamais faire, car
cela m'entraînerait à écrire des livres au lieu d'une lettre. Je
retourne donc aux plantes.

J'ai su si bien profiter des changemens ministériels et surtout
de l'arrivée à son apogée du nouveau favori, le Cabellero
Urquijo (1), que j'ai été recommandé le plus chaudement possible
au Roi, et surtout à la Reine. Les deux monarques m'ont, chaque
fois que je suis venu à la cour, reçu admirablement bien ; et
— ce qui paraît impossible même à des Espagnols — j'ai, non
seulement reçu la permission royale de pénétrer partout dans les
colonies espagnoles, avec mes instrumens, mais encore obtenu
des recommandations du Roi pour tous les vice-rois et pour tous
les gouverneurs. Je vais d'abord à Cuba, puis au Mexique, en Californie, à Panama, etc. Le botaniste français Aimé Bonpland m'accompagne, et ton herbier ne tombera pas dans l'oubli, malgré la
difficulté d'envoyer des plantes en Europe pendant la guerre...

H.

(1) Cf. *Relat. hist.*, t. I, p. 46.

IX

AU BARON DE ZACH (1)

Madrid, 23 floréal an VII (12 mai 1799).

... Je ne sais pas si Nouet (2), qui possède, lui aussi, la boussole à inclinaison de Borda, m'a devancé, et s'il a communiqué ses observations magnétiques, faites en Égypte. Nous aurions pu savoir dans huit mois au plus l'intensité de la force magnétique à partir du détroit de Gibraltar jusqu'à l'isthme de Suez ; sans les événements en Barbarie, sans le naufrage du *Jaramas*, frégate suédoise que j'ai attendue deux mois à Marseille et enfin sans l'opposition du Dey de Tripoli au départ de la caravane, avec laquelle je voulais me rendre au Caire. Tous ces contre-tems m'ont forcé de renoncer à mon projet de traverser l'Afrique. J'aurais voulu observer les inclinaisons occidentales pendant que les astronomes déterminaient en Égypte les orientales. Ces observations auraient été faites avec des instrumens exécutés d'après les mêmes principes par le même artiste. Ces espérances, que je nourrissais depuis longtemps, étaient trop belles pour être jamais réalisées.

Fidèle à mon plan, qui est de visiter les tropiques, je me suis tourné vers l'Espagne (3), et je viens de recevoir du gouvernement d'ici la permission de parcourir le Mexique, le Pérou, le Chili, et les Philippines. Avant de pouvoir vous communiquer mes observations faites sur l'autre hémisphère, permettez-moi de vous envoyer celles faites dans la France méridionale et dans l'est de l'Espagne...

(1) *Aus einem Schreiben des Ober-Bergraths A. von Humboldt* (F. von Zach. *Allgemeine geographische Ephemeriden*, Bd. IV, s. 146 u. f., 1799.)

(2) Nicolas-Antoine Nouet (1740-1811), membre de l'Institut d'Égypte, l'un des astronomes de l'expédition et plus tard ingénieur en chef géographe au bureau de la Guerre.

(3) Cf. *Magas. Encyclop.*, V° ann., t. I, p. 244.

X

A FREIESLEBEN (1)

La Corogne, 4 juin 1799.

Quel bonheur se présente à moi ! Ma tête en tourne de joie ! Je pars avec la frégate espagnole *Pizarro*. Nous abordons aux Canaries et à la côte de Caracas, dans l'Amérique du Sud. Quel trésor d'observations vais-je pouvoir faire pour enrichir mon travail sur la construction de la terre ! De là-bas je vous en écrirai davantage. L'homme doit vouloir faire le bon et le grand ! Le reste dépend du destin. Je verrai au Mexique un mineur saxon, Del Rio ; nous parlerons de Freiberg.

Avec une profonde et cordiale reconnaissance.

Ton H.

XI

A DE MOLL (2)

La Corogne, 6 juin 1799.

Dans peu d'heures nous doublerons le cap Finistère. — Je collectionnerai des plantes et des fossiles, et je pourrai faire des observations astronomiques avec des instrumens excellents ; j'analyserai l'air à l'aide de la chimie... Mais tout cela n'est pas le but principal de mon voyage. Mon attention ne doit jamais perdre de vue l'harmonie des forces concurrentes, l'influence de l'univers inanimé sur le règne animal et végétal...

A. HUMBOLDT.

(1) Johann-Karl Freiesleben, minéralogiste saxon (1774-1846), ami de Léopold de Buch et d'Alex. de Humboldt avec lequel il a voyagé dans les Alpes, la Suisse et le Jura en 1795.

(2) Karl-Marie Ehrenbert Fr. von Moll, minéralogiste autrichien (1760-1838). l'un des secrétaires de l'Académie des sciences de Munich.

XII

A WILLDENOW

La Corogne, 5 juin 1799.

Quelques heures avant mon départ avec la frégatte *Pizarro*, je dois encore une fois, mon bon, me rappeler à ton souvenir. Dans peu de jours nous serons aux Canaries, ensuite à la côte de Caracas, où le capitaine porte sa correspondance enfin, à la Trinité et à Cuba. Embrasse ta femme et ton petit Hermes pour moi, et salue de ma part Zöllner, les deux Klaproth (1), Hermbstedt (2) et tous ceux qui voudront bien se souvenir de moi. J'espère que nous nous reverrons un jour bien portans. Tous mes instrumens sont déjà à bord. Ton souvenir m'accompagne.

« *L'homme doit vouloir le grand et le bon !* Le reste dépend du destin. » Tu m'écriras bien... tous les ans.

Avec une fraternelle amitié, etc.

                                        A. HUMBOLDT (3).

XIII

A W. DE HUMBOLDT (4)

Puerto Orotava, au pied du Pic de Ténériffe, 20 juin 1799.

Je suis arrivé avec un plaisir infini sur une terre africaine où je suis entouré de cocotiers et de massifs de bananiers. Nous

---

(1) Martin Heinrich Klaproth (1743-1817), chimiste et minéralogiste, et son fils Heinrich Julius (1783-1835), orientaliste.

(2) Sigismond-Frédéric Hermbstœdt (1760-1833) chimiste et pharmacien, plus tard professeur à l'Université de Berlin.

(3) Ces trois billets en allemand ont été publiés par Lövenberg (Bruhns. *Alex. von Humboldt, Eine wissenschaftliche Biographie.* Leipzig, Brockhaus, 1892, 8°. Bd. I, s. 274).

(4) *Neue Berlinische Monatsschrift,* publié par Biester, Jul.-Decemb. 1801. Bd. VI, s. 131-136. — Cf. : *Briefe Alex. von Humboldt's an seinen Bruder Wilhelm,* s. 7-10.

sommes partis le 5 juin par un vent nord-ouest très frais et avec la chance de ne rencontrer presque aucun navire ; nous étions déjà sur les côtes du Maroc dix jours après, le 17 juin à Graziosa où nous abordions, et le 19 dans le port de Santa Cruz de Ténériffe. Notre société était parfaite : surtout un jeune Canarien, D. Francesco Salcedo, qui me prit en vive affection, d'un esprit vif et communicatif, comme tous les habitans de cette île heureuse.

J'ai recueilli beaucoup d'observations, principalement astronomiques et chimiques (sur les qualités de l'air, la température de l'eau de mer, etc.) Les nuits étaient superbes : un clair de lune sous ce ciel pur et doux au point de pouvoir lire sur le sextant ; et les constellations du sud, le Centaure et le Loup ! Quelle nuit ! Nous pêchions l'animal très peu connu, le *Dagysa* (1), là même où Banks (2) le découvrit ; et un nouveau genre de plante, une plante verte à feuille de vigne (non un *fucus*) retirée à 50 toises de profondeur. La mer luisait tous les soirs. A Madère des oiseaux vinrent à notre rencontre, qui s'associèrent à nous pleins de confiance et firent route avec nous pendant plusieurs jours.

Nous abordâmes à Graziosa (3) pour savoir si des frégattes anglaises croisaient devant Ténériffe ; sur une réponse négative nous poursuivîmes notre route et arrivâmes heureusement sans voir un navire. Comment cela se fit-il, c'est incompréhensible, car une heure après nous apparaissaient six frégattes anglaises devant le port. Dès ce moment nous n'avions plus rien à craindre d'elles jusqu'aux Indes occidentales.

Ma santé est excellente et je suis extrêmement satisfait de Bonpland. Déjà à Ténériffe nous avons appris quelle hospitalité regne dans toutes les colonies. Tout le monde nous accueille avec ou sans recommandation simplement pour avoir des nouvelles d'Europe ; et le passeport royal a fait merveille. A Santa Cruz nous avons habité chez le général Armiaga ; ici (à Puerto Orotava) dans une maison anglaise, chez un commerçant, John Col-

---

(1) *Dagysa notata.* — Cf. *Relat. hist.*, t. I, p. 78.
(2) Joseph Banks (1744-1820), président de la Société Royale de Londres depuis 1878, avait accompagné James Cook pendant son premier voyage autour du monde (1768-1771) et rapporté de magnifiques collections léguées après sa mort au *British Museum.*
(3) *Relat. hist.*, t. I, p. 87.

logan, où Cook, Banks et Lord Macartney ont aussi demeuré. On
ne peut s'imaginer l'aisance et la culture des femmes de ces
maisons (1).

23 juin au soir.

Je suis revenu du Pic (2) hier, à la nuit ! Quel spectacle ! Quelle
jouissance ! Nous sommes allés jusqu'au fond du cratère ; peut-
être plus loin qu'aucun autre naturaliste. En somme, en dehors
de Borda et de Mason, tous ne sont allés que jusqu'au dernier cône.
Il y a là peu de danger, mais on est fatigué par la chaleur et le
froid : dans le cratère les vapeurs de soufre en brûlant faisaient
des trous à nos vêtements, et les mains s'engourdissaient à
2° Réaumur. Dieu ! quelle sensation à cette hauteur (1.500 pieds);
au-dessus de soi la voûte du ciel bleu foncé ; d'anciens courants de lave à ses pieds ; tout autour cette scène de désolation
(3 milles carrés de pierres ponces) entourée de bois de lauriers ;
au loin en bas les vignobles entre lesquels des bouquets de bananiers s'étendent jusqu'à la mer, de jolis villages sur la côte, la
mer et toutes les sept îles, parmi lesquelles Palma et la Grande
Canarie possèdent des volcans très élevés, apparaissent au-dessous
de nous comme une carte de géographie. Le cratère dans lequel
nous étions (3) ne donne que des vapeurs sulfureuses ; la terre est à
70° Réaumur. Sur les flancs sortent des laves. On y trouve
aussi les petits cratères comme ceux qui éclairaient toute l'île, il y
a des années. On entendait alors, pendant deux mois, comme un
bruit de décharge d'artillerie souterraine et des pierres de la gros-
seur des mains furent projetées jusqu'à 4.000 pieds en l'air.

J'ai fait ici des observations minéralogiques très importantes.
Le pic est une montagne de basalte, sur laquelle reposent des
schistes porphyriques et du porphyre-obsidienne. Dans son intérieur le feu et l'eau font rage. Partout j'ai vu des vapeurs d'eau
faire éruption. Presque toutes les laves sont de basalte fondue.

---

(1) *Relat. hist.*, t. I, p. 104 et 115.
(2) *Pico*, le pic de Teyde ou d'Echeyde, comme l'appelaient les Guanches
(*Relat. hist.*, t. I, p. 149).
(3) *Vues des Cordillères*, p. 54.

La ponce est produite du porphyre-obsidienne ; je possède des fragments qui sont à demi composés des deux éléments.

Nous avons passé une nuit en plein air devant le cratère, sous les pierres que l'on nomme la *Estancia de los Ingleses* (1), au pied d'un courant de laves. Vers deux heures du matin nous nous sommes mis en route vers le dernier cône. Le ciel était complètement étoilé, et la nuit brillait d'un doux éclat ; mais ce beau tems ne devait pas persister pour nous. La tempête commença à gronder violemment autour du sommet, nous dûmes nous cramponner fortement à la couronne du cratère. L'air mugissait avec un bruit de tonnerre dans les gouffres et une enveloppe de nuages nous séparait du monde vivant. Nous descendîmes le cône, isolés sur les vapeurs comme un vaisseau sur la mer. Cette rapide transition d'un beau et pur clair de lune aux ténèbres et à la solitude des nuages causait une impression émouvante.

Post-scriptum. — Il existe dans la ville d'Orotava un dragonnier (*Dracœna Draco*) (2) qui a 45 pieds de circonférence. A l'époque des Guanchos il y a 400 ans il était déjà aussi gros qu'aujourd'hui.

C'est presque avec des larmes que je m'en vais ; je voudrais m'établir ici ; et c'est à peine si j'ai quitté la terre d'Europe. Puisses-tu voir ces campagnes, ces forêts séculaires de lauriers, ces vignes, ces roses ! On engraisse ici les porcs avec des abricots ! Toutes les rues fourmillent de chameaux.

Nous levons l'ancre le 25 du même mois.

XIV

AU BARON DE FORELL (3)

A Orotava (sur Ténériffe), ce 24 juin 1799.

Monsieur le baron,

Quoique je revienne en ce moment du voyage pénible du Pic de

(1) *Relat. hist.*, t. I, p. 122.
(2) Le dragonnier du jardin de M. Franqui (Cf. *Relat. hist.*, t. I, p. 117. *Vues des Cord.*, pl. 69).
(3) E. Lentz, *loc. cit.*, p. 354-355.

Teyde et que le *Pizarro* doive partir déjà demain, je ne puis me dispenser de vous témoigner de nouveau d'ici les assurances de mon attachement inviolable.

Parti[s] le 5 de la Corogne, nous sommes arrivé[s] heureusement le 16 à Lancerotte, le 17 à Sainte-Croix-de-Ténériffe. Quatre frégattes anglaises étaient à notre vue, et nous ne savons pas comment nous leur sommes échappés. J'ai été reçu ici on ne peut pas mieux dans les maisons du colonel Armiaga, des Anglais Cologan et Little. Quelle culture, quelle aisance! On se croirait transporté à Londres, si les bananiers, les cocotiers ne nous ressouvenaient pas les Isles fortunées (1).

J'ai déjà beaucoup travaillé sur mer et sur terre. Tous mes instrumens furent en action. Mais comment vous parler de cela! J'ai examiné avec beaucoup de soin le Pic, j'ai été presque dans le cratère à 14.500 pieds d'élévation. Il y a plus de fatigue que de danger. C'est une immense montagne basaltique, sur laquelle repose *Porphyreschiefer* et *Obsidian-Porphyr*. Il est naturel par conséquent que les laves soient ces mêmes roches fondues. Nous trouvâmes la chaleur du cratère sur le sol 70° Réaumur, l'air à 2°. La pierre ponce, sur laquelle on dispute tant, est de l'obsidienne fondue, décomposée. C'est clair comme le jour ici. J'ai ramassé, malgré ma hâte, une petite suite pour vous, qui, je me flatte, vous fera plaisir. Elle vous parviendra par M. Clavijo.

Je dois cesser par lassitude. Nous partons pour Caracas et la Havane, je travaille à bord comme dans un laboratoire. On a beaucoup soin de mes instrumens à bord. C'est au brave Dr Rafael et par conséquent à vous que je dois cela. Mes respects à Don Josef Clavijo, Proust, Herrgen, M. Persch... Vous voudrez bien me rappeler à la mémoire de S. E. M. d'Urquijo.

HUMBOLDT.

Mille amitiés à M. de Tribolet. J'ose vous supplier en grâce vouloir faire remettre à la poste les deux incluses. Pardonnez la liberté que je prens.

J'analyse demain de l'air que j'ai ramassé au Pic.

(1) *Relat. hist.*, t. I, p. 115-146.

XV

A SUCHFORT (1)

Ténériffe, 23 juin 1799.

... Nous n'avons malheureusement pas pu consacrer à nos recherches géognostiques le temps qui aurait été nécessaire. Des
notices sont faites, et plus tard, elles seront certainement utilisées.
Mais qu'il soit possible à l'homme de connaître d'où vient, avec
l'égalité des causes, la grande inégalité des actions dans la nature,
j'en doute. Toutes les idées notamment que l'on a émises sur les
causes des volcans, sur les origines de leurs produits, me parais-
saient fausses et insoutenables.

Mais les énigmes que nous rencontrons ont trait non seulement
au monde inorganique, mais encore au monde vivant. Que sont
devenus les Guanches de Ténériffe dont les momies enterrées dans
des cavernes sont la seule preuve parlante de leur existence
antérieure? Au quinzième siècle presque toutes les nations com-
merçantes, surtout les Espagnols et les Portugais, cherchaient des
esclaves aux îles Canaries. On ne considérait pas leurs habitants
comme des hommes, parce qu'ils n'étaient pas chrétiens, et on ne
craignait pas de les mettre en parallèle avec le bétail et consé-
quemment de les regarder comme une marchandise. Cette circonstance que les îles Canaries formaient alors plusieurs petits
états qui se faisaient la guerre, que souvent régnaient dans l'île
deux princes, ennemis l'un de l'autre, favorisa le commerce
odieux de chair vivante, de même que la politique astucieuse des
Européens entretenait ces inimitiés. Déjà les carnages et les exécu-
tions avaient réduit les peuples insulaires à l'impuissance, lorsque
Alonso de Lugo acheva la conquête. La peste, appelée Madona, de
l'année 1494, emporta le reste des Guanches, et au commencement
du dix-septième siècle il ne restait d'eux que quelques vieillards
à Candelaria et à Guimar. Mais quelques Guanches ne se mélan-
gèrent-ils pas aux Européens? Comme les descendants des An-
dalous ont une couleur brune, un tel mélange de races n'a pu, du

---

(1) Suchfort, recteur de l'Université de Göttingue. (*Memoiren Alexander
von Humboldt's.* Leipzig, E. Schäfer, 1861, in-8°, Bd. I, s. 54-55.)

,moins, produire aucune modification notable dans la couleur de
la peau des blancs.

J'ai examiné le Pic avec grand soin. J'étais dans le cratère que
je trouvai placé à 14.500 pieds au-dessus de la mer. Sa visite est
plus laborieuse que dangereuse. Le Pic est une montagne immense
de basalte, sur laquelle reposent du porphyre, des ardoises et du
porphyre-obsidienne. Nous trouvâmes la température du sol du
cratère à 70° R. tandis que l'air à cette altitude n'avait que 2°. La
pierre ponce du pic sur laquelle on a beaucoup discuté est de
l'obsidienne fondue et décomposée. C'est clair comme le jour (1).
Mais je dois finir ; je suis trop fatigué. Nous allons maintenant à
Caracas et à la Havane.....

XVI

A W. DE HUMBOLDT (2)

Cumana (3), 16 juillet 1799.

C'est avec le même bonheur, mon cher frère, avec lequel nous
étions arrivés en vue des Anglais à Ténériffe que nous avons terminé notre voyage maritime. J'ai beaucoup travaillé en route et
recueilli des observations surtout astronomiques. Nous restons
quelques mois à Caracas (4) ; nous sommes ici d'abord dans le
pays le plus divin et le plus riche. Plantes merveilleuses ; gymnotes, tigres, armadilles, singes, perroquets ; et quantité d'Indiens
à demi sauvages, race humaine très belle et intéressante. Caracas,
à cause de la proximité des montagnes neigeuses, est le séjour le

---

(1) Cependant Humboldt était d'un autre avis quelques années plus tard.
(Note de l'éditeur des *Memoiren*.)

(2) *N. Berlinische Monatsschr*. Bd. VI, s. 136-141. — Cf. *Briefe*, s. 10-14.

(3) Cumana, la plus ancienne ville de terre ferme à l'entrée de la baie de
Cariaco, où débouche le rio Manzanares ou Cumana.

(4) Caracas, capitale du Venezuela actuel, dans la vallée du Guayré, à
10 kilomètres au sud de La Guayra qui est son port sur la mer des Antilles.
Caracas est le nom de l'ancienne tribu indienne qui habitait cet emplace-
ment.

plus frais et le plus sain de l'Amérique, un climat comme celui de
Mexico, et quoique visité par Jacquin (1), une des parties encore les
plus inconnues du monde, si l'on pénètre seulement quelque peu
dans l'intérieur des montagnes. Ce qui, en dehors de l'enchante-
ment d'une pareille nature (depuis hier nous n'avons pas encore
rencontré une seule production végétale ou animale d'Europe),
nous décide complètement à séjourner ici à Caracas — à deux
journées de voyage de Cumana par eau — c'est la nouvelle que ces
jours-ci même des vaisseaux de guerre anglais doivent croiser
dans cette région. De là jusqu'à la Havane nous n'avons qu'un
voyage de huit à dix jours ; et comme tous les convois européens
abordent ici, les relations sont faciles en dehors des occasions
privées. La chaleur est précisément des plus pernicieuse à Cuba
jusqu'en septembre et octobre. Nous passons ce temps ici dans la
fraîcheur et une atmosphère plus saine ; on peut même dormir
en plein air.

Un ancien commissaire de la marine, qui fut longtemps à Paris,
à Saint-Domingue et aux Philippines, séjourne également ici
avec une négresse et deux nègres. Nous avons loué pour 20 piastres
par mois une maison agréable toute neuve, avec deux négresses
dont l'une fait la cuisine. Il ne manque pas de nourriture ici, malheureusement on ne trouve encore rien qui ressemble à du pain,
de la farine ou des biscuits. La ville est encore à demi enfouie dans
des décombres, car un tremblement de terre à Quito, le fameux
de 1797, l'a renversée ainsi que Cumana (2). La ville est située
dans un golfe, aussi beau que celui de Toulon, derrière un amphithéâtre de 5 à 8.000 pieds de haut et entourée de montagnes
garnies de forêts. Toutes les maisons sont bâties en *Sina* blanc et
en bois d'ai'is. Le long de la petite rivière (Rio de Cumana), qui
est comme la Saale à Iéna, se trouvent sept couvents, avec des
plantations qui ressemblent à de vrais jardins anglais. En dehors
de la ville habitent les Indiens cuivrés, dont les hommes sont

---

(1) Nicolas-Joseph, baron Jacquin (1727-1817), botaniste hollandais au service de l'Empire, a voyagé pendant cinq ans aux Antilles et en terre
ferme (1754-1769) et publié entre autres travaux restés célèbres l'*Enumeratio
systematica plantarum quas in insulis caribais vicinæque Ameri.-ª continente
detexit* (1760, et la *Selectarum Stirpium Americanarum Histor*ι (1763).

(2) Cf. *Relat. hist.*, t. I, p. 368 et suiv.

presque tout nus ; les huttes sont en bambous, garnies de feuilles de coco. J'entrai dans l'une de ces huttes.

La mère était assise avec ses enfants, en guise de chaises, sur des branches de coraux que la mer rejette ; chacun avait devant lui une noix de coco, en place d'assiette, dans laquelle ils mangeaient du poisson. Les plantages sont tout ouverts, on entre et on sort librement ; dans la plupart des maisons les portes ne sont même pas fermées la nuit : tant la population est douce. Il y a également ici plus de vrais Indiens que de nègres.

Quels arbres ! des cocotiers de 50 à 60 pieds de haut, la *Poinciana pulcherrima*, avec des bouquets d'un pied de haut de fleurs d'un rouge vif magnifique ; des bananiers et une masse d'arbres avec des feuilles monstres et des fleurs parfumées de la grandeur de la main, dont nous ne savons rien. Je rappelle seulement que ce pays est si inconnu qu'un nouveau genre que Mutis (voir Cavanilles, *Icones*, tom. IV) a publié, il y a seulement deux ans, est un arbre au large ombrage de 60 pieds de haut. Nous étions si heureux de trouver dès hier cette magnifique plante (elle avait des étamines d'un pouce de long) ! Combien sont nombreuses aussi les plantes plus petites non encore observées ! et quelles couleurs possèdent les oiseaux, les poissons, même les écrevisses (bleu de ciel et jaune) ! Nous nous promenons jusqu'à présent comme des fous ; dans les trois premiers jours nous n'avons rien pu déterminer, car on rejette toujours un objet pour en saisir un autre. Bonpland assure qu'il perdra la tête si les merveilles ne cessent pas bientôt. Mais ce qui est plus beau que ces merveilles prises en particulier c'est l'impression que produit l'ensemble de cette nature végétale puissante, exubérante et cependant si douce, si facile, si sereine. Je sens que je serais très heureux ici et que ces impressions me réjouiront souvent encore dans la suite.

Je ne sais pas encore combien de temps je reste : trois mois, je pense, ici et à Caracas ; mais peut-être aussi plus longtemps. On doit jouir de ce qu'on a tout près. Si l'hiver cesse ici le mois prochain et si le temps devient très chaud, portant à l'oisiveté, je fais probablement un voyage à l'embouchure de l'Orénoque, appelée Bocca del Drago, vers laquelle part d'ici une route sûre et bien tracée. Nous avons croisé devant cette embouchure : c'est un jeu terrible des eaux !

La nuit du 4 juillet j'ai vu pour la première fois et entièrement distincte la Croix du Sud.

Post-scriptum. — Je ne crains rien de la zone torride. Je suis depuis près de quatre semaines sous les tropiques et je n'en souffre absolument pas. Le thermomètre monte toujours à 20, jusqu'à 22°, pas plus haut. Mais le soir sur la côte de Cayenne j'ai gelé à 15°. Il ne fait donc jamais très chaud dans cette contrée. Je poursuis mon voyage sur la carte. Le 5 juin départ de la Corogne (Coruña), le 17 à Graziosa; du 19 au 25 à Ténériffe; puis violent vent d'ouest et pluies; le 5 et 6 juillet le long des côtes du Brésil; le 14 nous voyageons entre Tabago et Granada; le 15 dans le canal entre Margarita et l'Amérique du Sud; le 16 au matin dans le port de Cumana.

XVII

AU BARON DE FORELL (1)

Cumana, ce 16 juillet 1799.

Monsieur le baron,

J'espère que le peu de lignes que je vous ai écrit de Ténériffe en date du 25 de juin vous soit heureusement parvenu. Je vous ai mandé que j'ai été jusque dans le Cratère du Pic de Teyde même; que j'ai joui du spectacle imposant de s'élever à 1904 toises de hauteur au milieu des mers; que j'ai adressé au Chev. Clavijo une petite collection de minéraux pour vous, qui prouve que le Pic est une montagne de basalte, *Porphyrschiefer* et *Obsidian porphyr* qui (comme la formation basaltique du Portugal) repose sur la pierre calcaire; que la pierre ponce dont on attribua l'ori-

---

(1) Un extrait de cette lettre, écrite en français, a été traduit en espagnol par D. Christiano Herrgen pour les *Anales de Historia Natural.* (Diciembre 1799, lam. 125.) C'est cet extrait que La Roquette a retraduit dans son *Recueil.* Je donne ici la pièce originale tout entière, telle que M. Lentz l'a publiée (*Loc. cit.*, p. 355-357.)

gine autrefois au feldspath, n'est que de l'obsidienne décomposée par le feu... L'air atmosphérique de la cime du Pic, que j'ai analysé, ne contenait (vous voudrez bien le dire à notre ami Proust) que 0,18 d'oxygène, tandis que l'air de la plaine en avait 0,27 (1). Une embarcation qui part pour l'Espagne et qui met ce soir même à la voile me force d'écrire ces lignes avec la même hâte que celles de Ténériffe. Mais c'est un devoir si cher et si sacré pour moi, — celui de vous témoigner les assurances de mon attachement et d'une reconnaissance sans bornes — que je dois au moins vous donner un signe de vie.

Nous avons, sans savoir comment, échappé aux frégattes anglaises qui croisaient près de[s]Canaries et de la Marguerite et jouissons de la meilleure sart' .u monde. Ayant déjà fait un

(1) Ici s'arrête l'extrait de Herrgen. Il est suivi d'une note de ce minéralogiste que je traduis ainsi :

« Dans le n° 1 des présentes Annales (pag. 15), j'ai fait déjà mention d'un beau morceau d'obsidienne avec pierre ponce du pic de Teyde, qui existe, depuis longtemps déjà, dans le cabinet de D. Joseph Clavijo Faxardo. Ce morceau et un autre semblable que je possède, sans connaître la localité d'où il sort, m'avaient convaincu il y a longtemps que la pierre ponce ne doit son origine ni au feldspath, ni à l'amiante, ni aux autres substances auxquelles elle est attribuée dans divers ouvrages de minéralogie. Si les exemplaires dont fait mention M. le baron de Humboldt sont pareils à celui du cabinet susmentionné, je croirai que l'obsidienne et la pierre ponce sont, sinon d'une formation contemporaine, au moins d'une nature homogène. J'ai fait des essais répétés avec l'une et l'autre au chalumeau et j'ai vu que toutes deux se fondent toutes seules avec facilité et forment un même verre opaque de couleur blanche verdâtre. La véritable cause qui rend l'aspect de la pierre ponce si poreux, si fibreux et si directement opposé à la compacité de l'obsidienne me paraît d'ailleurs difficile à expliquer. Le citoyen G. A. de Luc, dans le *Journal de Physique* de Lamétherie (t. XLIX, p. 36), explique la formation de la pierre ponce de la manière suivante et cela me paraît une des explications les plus plausibles qui aient été publiées jusqu'à cette heure. «La pierre ponce, dans l'état où elle est un objet de commerce, est l'ouvrage du temps. C'est l'anatomie d'une espèce particulière de scorie, où il ne reste que les parties vitrifiées en forme de lames et de filets, qui en s'amollissant, ont cependant résisté à la décomposition. On voit par la scorie que j'ai rapportée, que la première opération se fait vraisemblablement dans le cratère du volcan par l'action des vapeurs acides et sulfureuses qui les pénétrent. Le temps et l'humidité font le reste ; soit que les scories restent sur la surface du volcan ou sur le bord de la mer, ou qu'elles soient ensevelies dans des couches de matières volcaniques. On ne rencontre point cette espèce de scorie sur le Vésuve, ni sur l'Etna ; ce qui me fait croire qu'elle est particulière aux îles volcaniques. Le contact immédiat de l'eau salée peut être nécessaire pour produire cette vitrification. »

grand nombre d'observations d'Astronomie et de Physique, nous sommes entrés déjà ce matin en ce Port de l'Amérique méridionale. Comme cette côte est immensément fertile, inconnue et riche en toutes sortes de productions, comme je ne pourrais pas y retourner une autre fois et que je crains un peu de passer à la Havane dans ce tems de pluye (le climat d'ici étant très sain et même frais à Caracas), j'ai pris la résolution de passer quelques mois ici et de prendre un des courriers suivans pour me rendre à La Havane, par où je n'ai que dix jours de navigation. Même la nouvelle que 4 ou 5 vaisseaux anglais sont en ce moment dans le Golfe et le principe de jouir dans ce bas-monde de ce qu'on a de près, ont servi à me déterminer de rester ici. J'ai déjà pris maison (très neuve car toute la ville est en ruines depuis le tremblement de terre [de] 1797 ensuite de celui de Quito). J'ai une négresse qui me cuit; enfin s'il existait ici du pain, je pourrais vous inviter de dîner dans mon palais de Cumana.

Dieu! quel pays possède le roi catholique, quel port majestueux des plantes, quels oiseaux, quelles cimes couvertes de neige... Mais je dois finir. La hâte et la fatigue ne me permette[nt] pas d'écrire aujourd'hui à S. E. M. d'Urquijo. Vous voudrez bien, en attendant, me renouveler dans sa mémoire et lui présenter mes respects. J'ose et je sais que j'ose, vous prier en même tems de faire passer l'incluse à mon frère. Si M. de Tribolet (que je salue cordialement comme MM. Persch, Herrgen, Proust et Thalacker) ne sait pas d'autre adresse, il voudra bien l'envoyer à M. Sandoz-Rollin (1) qui, sans doute, connaît la demeure de mon frère. La lettre pour le baron de Haeften (2) peut passer par le courrier d'Allemagne, si la guerre le permet. La guerre... hélas! dans quelle ignorance nous vivons! Nous ne parlons toujours encore que de la tempête que la flotte a essuyé[e] devant Carthagène.

Voilà une lettre bien mal écrite, bien stérile... Je ne vous en fais pas d'excuse. Je sais que vous m'aimez assez pour que la seule nouvelle de mon existence et de ma bonne santé vous fasse plaisir. Comme à Dresde et à Freyberg beaucoup de monde me veut du

---

(1) Daniel-Alphonse de Sandoz-Rollin, de Neufchâtel, ambassadeur de Prusse à Paris, où il avait autrefois ete secrétaire de légation, puis chargé d'affaires (1770-1772).

(2) Haftens. (Bruhns *op. cit.* Bd. I, s. 247.

bion, vous voudrez bien dire un mot de moi dans une lettre pour
la Saxe.

Agréez les assurances de mon profond respect et d'une reconnaissance sans bornes.

HUMBOLDT.

Comme tous les courriers de la Havane passent par ici de sorte
que je puisse leur demander mes lettres, je supplie M. de Tribolet
de continuer à adresser mes lettres *pour la Havane*, mais de les
envoyer à Clavijo, parce que cela les sépare des lettres du public.

XVIII

A J. C. DELAMÉTHERIE (1)

Cumana, dans l'Amérique méridionale,
le 30 messidor an VII (18 juillet 1799).

Il n'y a que trois jours, mon bon et digne ami, que je suis
arrivé sur cette côte de l'Amérique méridionale, et déjà il se présente une occasion favorable pour vous donner un signe de vie (2),
pour vous dire en hâte (car le bâtiment est près de mettre à la
voile) que mes instrumens d'astronomie, de physique et de chimie ne sont point dérangés ; que j'ai beaucoup travaillé pendant
la navigation sur la composition chimique de l'air, sa transparence,
son humidité, sur la température de l'eau de la mer, sa densité...
sur l'inclinaison de l'aiguille aimantée, l'intensité de la force magnétique (3)... Mes sextans de Ramsden et de Troughton (4) et le
chronomètre de Louis Berthoud (cet excellent instrument me
donna la longitude de Sainte-Croix de Ténériffe à 1ʰ 14′ 25″ 5 et
Borda l'a trouvée 1ʰ 14′ 24″), m'ont donné la faculté de déter-

---

(1) *Journ. de Physique.* Frimaire an VIII, t. XLIX, p. 433-436. — Traduit
en allemand dans *Gilbert's Ann. der Physik.* Bd. IV, s. 443.

(2) Cette formule particulièrement familière à Humboldt revient dans un très
grand nombre de ses lettres intimes.

(3) *Relat. hist.*, t. I, p. 224 et suiv.

(4) *Snuffbox sextant*, sextant à tabatière de Troughton. (*Relat. hist.*, t. I,
p. 58.)

miner avec une grande exactitude les endroits où chaque observation a été faite, avantage très grand pour les observations magnétiques. Mais comment vous dire en hâte ce que j'ai vu?

Quelle jouissance m'a donnée le séjour aux Canaries ! Presque
tous les naturalistes qui (comme moi) sont passés aux Indes, n'ont
eu le loisir que d'aller au pied de ce colosse volcanique et d'admirer les jardins délicieux du port de l'Orotava. J'ai eu le bonheur
que notre frégatte, le *Pizarro*, s'arrête pendant six jours ; j'ai examiné en détail les couches dont le pic de Teyde est construit. Le
citoyen Le Gros (1), vice-consul de la République, a bien voulu
nous accompagner à la cime ; c'est lui et M. Bernard Cologan qui
ont observé avec beaucoup de sagacité la dernière et terrible
éruption du 9 juin 1798 (2). Le citoyen Le Gros nous fait espérer
une description de ce grand phénomène, accompagnée d'un beau
dessin que j'ai vu ébauché au jardin botanique du Roi à Orotava.
Vous sentez combien sa société nous a été utile ! Nous dormîmes
au clair de la lune à 1.200 toises de hauteur, la nuit à deux heures,
nous nous mîmes en marche vers la cime, où, malgré le vent violent, la chaleur du sol qui brûlait (consumait) nos bottes, et malgré
le froid perçant, nous arrivâmes à huit heures. Je ne vous dirai
rien de ce spectacle majestueux, des îles volcaniques de Lancerote,
Canarie, Gomer, que l'on voit à ses pieds ; de ce désert de vingt
lieues carrées, couvert de pierres ponces et de laves, sans insectes,
sans oiseaux, (habité seulement par la *Viola decumbens*); désert
qui nous sépare de ces bois touffus de lauriers et de bruyères, de ces
vignobles ornés de palmiers, de bananiers et d'arbres de dragon,
dont les racines sont baignées par les flots... Nous sommes entrés
jusque dans le cratère même, qui n'a que 40 à 60 pieds de profondeur. La cime est à 1.904 toises au-dessus du niveau de la mer,
telle que Borda l'a trouvé par une opération géométrique très
exacte ; j'y ai ramassé des bouteilles d'air atmosphérique, et cet
air analysé avec beaucoup de soin par un gaz nitreux (dont
par le sulfate de fer je connais la pureté) ne contient que
0,19 d'oxygène. Cependant le vent très violent mêle sans doute
l'air pur de la plaine (à 0,278 d'oxygène) à celui de la cime. J'y

(1) Le vice-consul Le Gros, ancien compagnon de Baudin dans son voyage
aux Antilles. (Cf. Al. de Humboldt. *Relat. hist.*, t. 1, p. 113.)
(2) 3 juin (*Id.*, *Ibid.*, p. 113.)

trouvai le thermomètre de Réaumur (non centigrade) à 2°; à Orotava il était entre 18° et 19°. En comptant 16° de différence, on
avait 119 toises par degré.

Le pic de Teyde est une immense montagne basaltique, qui paraît reposer sur de la pierre calcaire dense et secondaire. C'est la
même, qu'avec beaucoup de pierres à fusil, on trouve au Cap
Noir, en Afrique, la même sur laquelle reposent les basaltes de
Saint-Loup, près d'Agde, et ceux du Portugal. Voyez avec quelle
uniformité le globe est construit! Les Açores, les Canaries, les îles
du Cap Vert ne paraissent être que la continuation des formations
basaltiques de Lisbonne. Les flots amènent aussi et jettent sur la
côte d'Afrique, sur les bords de Ténériffe, des granites, des syé-
nites et le schiste micacé granitique, que nous avons vu au Saint-
Gothard, dans le Salzberg... Il est à supposer que c'est de ces
roches que consiste la haute crête de l'Atlas, qui se prolonge à
l'ouest vers les côtes de Maroc. Le cratère du pic, c'est-à-dire celui
de la cime ne jette (depuis des siècles) plus de laves (celles-ci ne
sortent que des flancs). Mais le cratère produit une énorme quantité
de soufre et de sulfate de fer. Le soufre se compose-t-il, ou ne vient-il
pas de cette roche calcaire au-dessous des basaltes qui, identique
avec celle d'Andalousie (et de Kreczezowicz en Pologne), pourrait
bien le fournir? Vous savez que la pierre calcaire et gypseuse
d'Andalousie (c'est la même formation, le gypse fait des bancs dans
la roche calcaire) pourrait fournir du soufre à toute l'Europe. Mais
le basalte, dont le pic de Teyde est construit, n'est pas seulement
du basalte contenant de la cornéenne et de l'olivin feuilleté et
cristallisé (la chrysolide basaltique); non, surtout vers la cime, il
y a des couches de *porphyrschiefer* de Werner, et d'un autre porphyre à base d'obsidienne. Le porphyrschiefer est feuilleté, sonore,
à demi-transparent sur les bords, formé d'une base verte très
dure, ayant de l'affinité au jade et enchâssant des cristaux de
feldspath vitreux. Les pierres ponces du pic ne sont que de l'obsidienne décomposée par le feu. On ne peut pas attribuer leur origine au feldspath.

J'ai ramassé et déjà vu dans les cabinets de Madrid beaucoup
de morceaux à demi obsidienne d'un noir olivâtre, à demi pierre
ponce fibreuse blanche.

J'ai fait un grand nombre d'observations sur l'inclinaison avec le nouvel instrument (1) inventé par Borda, et auquel le citoyen Mégnié à Madrid (2) a fait quelques simplifications. Vous aurez vu les observations qu'avec un mémoire astronomique j'ai envoyées au citoyen Delambre (3).

Vous voyez que la force n'est pas en raison de l'inclinaison, le phénomène est très compliqué. Je vous en dirai une autre fois davantage.

J'ai pesé l'eau de la mer avec une balance de Dollond; elle devient moins dense en s'approchant de l'équateur; mais il n'y a pas de doute que le *minimum* est au nord de la ligne. Depuis la latitude 18° 8, la densité de l'eau augmentait de nouveau.

Je suis parvenu à faire analyser de l'eau à bord avec la même facilité que dans mon laboratoire. J'ai commencé un mémoire que j'enverrai à l'Institut à ce sujet; vous y verrez que les belles nuits au clair de lune, à 10° 30′ de latitude, l'air de la mer contenait au-delà de 0,30 d'oxygène. J'ai examiné avec soin la température de l'eau; je l'ai vue augmenter de 12° à 20° 5. Corogne, mer à la surface, 12° lat., 35° 8 ; 13° lat., 29° ; 15° lat., 20° 8 ; 17° lat., 14° 57 ; 19° lat., 13° 30 ; 20° 5 … (4).

Vous savez que la température de l'air n'influe aucunement sur la température de l'eau ; dans une latitude elle est la même à toute saison. Mais partout où il y a des bas-fonds, l'eau est froide. Je l'ai vue descendre de 20° 5 à 18°. L'idée de Jonathan Williams (5) de sonder avec le thermomètre, idée que le grand Franklin lui suggéra, est très heureuse. Je donnerai un jour la suite de la carte de Williams.

· (1) L'instrument dont se sert Humboldt est le compas d'inclinaison dont il a déjà été parlé ; fabriqué sur les indications de Borda pour le Bureau des Longitudes, ce compas a été donné à Humboldt par cette institution. (*Geogr. Ephem.*, Bd. IV, s. 146. 1799. — Cf. *Relat. hist.*, t. I, p. 58.)

(2) *Relat. hist.*, t. I, p. 258.

(3) On verra plus loin que le brick qui portait cet envoi a naufragé dans les parages de la Guadeloupe. Ce sont d'ailleurs probablement les mêmes que notre voyageur avait envoyées à de Zach dans la lettre du 23 floréal an VII, dont on a pu lire un extrait plus haut (p. 17).

(4) Le dernier chiffre est resté en blanc. J'ai jugé inutile de reproduire ici le tableau des observations magnétiques adressées par Humboldt à Delamétherie, puisqu'il a dû le corriger, en l'imprimant sous sa forme définitive dans sa *Relation historique* (t. I, p. 259).

· (5) *Transactions of the American Soc.* Vol. III, p. 32.

Bonpland, mon compagnon de voyage, a fait une belle récolte de plantes.

Notre maison est construite en bois de quinquina.

Nous ferons des expériences sur le *gimnotus electricus*.

XIX

AU BARON DE ZACH (1)

Cumana, 1er septembre 1799.

Un brigantin espagnol venant de Cadix, qui a mouillé ici depuis ce matin, me procure l'occasion agréable de vous donner signe de vie, et de vous communiquer quelques détails sur mes travaux. Je suis obligé de le faire d'autant plus vite, que je suis sur le point d'entreprendre, dès demain (2), un voyage dans l'intérieur du pays, dans les montagnes de Caripe et de Carupano, où se sont produits, il n'y a que quatre jours, onze violens tremblemens de terre. De là, je pense me rendre dans l'intérieur du Paria, dans les établissemens des missionnaires Capucins où tout est intéressant pour un naturaliste, plantes, mons et rochers, hommes surtout, Indiens paisibles (3) ou Caribes.

Depuis deux mois je suis ici dans une autre partie du monde, dans la *Tierra firme* de l'Amérique du Sud, et je jouis, ainsi que mon compagnon de voyage Bonpland, naturaliste infatigable, de la meilleure santé possible. J'ai trouvé ici l'accueil le plus désirable et le plus agréable, grâce à la bienveillance de Leurs Majestés le Roi et la Reine d'Espagne qui m'ont reçu de la façon la plus gracieuse à Madrid. La sollicitude du ministre Don Mariano de Urquijo me procure l'appui le plus efficace pour la protection et pour l'avancement de mes travaux. La plupart de mes instrumens astronomiques, montres, baromètres, thermomètres, hygromètres,

---

(1) Cf. *Monatl. Correspondenz*. Apr. 1800, s. 392-445.

(2) C'est le 4 septembre que Humboldt qui venait de visiter la péninsule d'Araya se mit en route pour les montagnes de la Nouvelle-Andalousie et les missions des Indiens Chaymas (*Relat. hist.*, t. I, p. 355).

(3) *Indios mansos*.

électromètres, eudiomètres, magnétomètres (1), cyanomètres, boussoles, aiguilles parallactiques et d'inclinaison, etc., sont arrivés en bon ordre, et ils sont à l'état d'activité permanente.

Nous avons déjà collectionné une grande quantité de plantes, d'insectes et de coquilles, j'ai beaucoup dessiné et je me suis spécialement occupé de l'analyse de l'air. Sa pureté en mer (du 12° au 13° degré de latitude nord) va jusqu'à 0,301 oxygène, surtout pendant les nuits. Au sommet du Pic de Teyde (je suis descendu presque dans le cratère et nous avons là passé une nuit à la hauteur de 1.700 toises) l'atmosphère ne contenait pas plus de 0,494 oxygène. Nous avons vu, à cette hauteur, au lever du soleil un singulier phénomène de réfraction. D'abord nous croyions que le volcan de Lancerotte crachait du feu. Nous avons vu des étincelles qui voltigeaient, non seulement verticalement dans un va-et-vient continuel, mais encore horizontalement dans un espace de 2 à 3 degrés. C'étaient les rayons de certaines étoiles qui, probablement voilées par des vapeurs chauffées par le soleil, produisaient ce mouvement accéléré et merveilleux de la lumière. Le mouvement horizontal cessait par momens.

Je m'occupe à présent beaucoup de chercher pourquoi la réfraction est moindre dans les tropiques, que chez nous. La chaleur ne peut pas être la seule raison. L'hygrométrie joue là un grand rôle, et je crois que la grande humidité de cette zone contribue à diminuer la réfraction. Les vapeurs exercent de l'influence sur l'orbite, et la lumière (lumière sans chaleur), de son côté, a un certain pouvoir sur les éléments et la décomposition de l'eau. La Caille (2) seul a trouvé la réfraction assez importante au Cap de Bonne-Espérance; l'air serait-il plus sec en Afrique? Je pourrai peut-être m'en rendre compte par moi-même, car je pense rentrer en Europe par les Philippines, Canton et le Cap. En attendant, je fais collection d'une foule d'observations de réfraction de tous

---

(1) C'est par erreur que Humboldt parle du magnétomètre dans cette énumération. Il déclare lui-même (*Relat. hist.*, t. I, p. 263) n'avoir pas embarqué cet appareil que lui avait fait Paul à Genève.

(2) L'astronome Nicolas-Louis de la Caille (1713-1762), dont la description de nos côtes de Nantes à Bayonne, les longues études sur la méridienne de Paris à Perpignan et surtout les observations poursuivies au Cap de Bonne-Espérance sur la parallaxe de la Lune, de Vénus et de Mars, sont demeurées justement célèbres.

genres, célestes, terrestres, horizontales, etc. Sur mer j'ai de
même fait beaucoup de ces observations entre les îles Canaries,
Santa-Clara, Allegranza et Rocca de l'Este. J'ai observé le soleil
et les étoiles à une altitude de 3° et je n'ai trouvé qu'une
réfraction insignifiante. J'ai du reste observé que la réfraction
n'est pas si importante sur la mer qu'on le croit habituellement ;
cela dépend de la répartition symétrique des vapeurs dans l'atmosphère. Je mesure tous les jours à Cumana la hauteur d'une
montagne de la Cordillère, le Tataraqual, en me servant de l'excellent cadran anglais de Bird, que j'ai acheté à Madrid chez
Megnié. L'angle n'est que de 3° 4', et jusqu'à présent la réfraction n'a pas dépassé 32''. L'éloignement du Tataraqual est de
27.300 mètres. Je l'ai mesuré sur une grande ligne de base, au
bord de la mer.

J'ai été aussi très occupé, en voyageant sur mer, de la température de l'océan et de sa pesanteur spécifique, que j'ai déterminée avec une excellente balance Dollond. L'idée de Franklin et
de Jonathan Williams de sonder avec un thermomètre est aussi
judicieuse qu'heureuse (1), et sera un jour très importante pour
la navigation. Sur un banc l'eau est froide de 4 ou 5° Fahrenheit, dans un fond, elle va de 17 à 18°. Il y a une zone dans
l'océan où l'eau est spécifiquement plus dense, qu'un peu plus
loin vers le nord ou vers le sud, mais il n'y a pas là de courans.
J'ai fait beaucoup d'expériences sur le bateau avec le sextant à
réflexion de Halley. J'en possède un de 8 pouces de Ramsden, à
limbe d'argent, où est marquée la division de 20 en 20 secondes.
En outre j'ai le sextant de Troughton de 2 pouces, que je n'appelle
que le « sextant à tabatière » ; c'est incroyable ce qu'on peut faire
avec ce petit instrument. Quelques déterminations de la hauteur
du soleil, fournies par lui, lorsque le soleil passe par la première
verticale, donnent le tems exactement, à 2 ou 3 secondes près. Si
cette précision est due au hasard, il faut avouer que ces hasards
sont assez fréquents. J'ai tenu un journal astronomique en bon
ordre, et dès que le tems et le calme de la mer le permettaient,
j'ai pris des déterminations de latitude et de longitude du bateau

---

(1) *Relat. hist.*, t. I, p. 55 et 232. — Jonathan Williams est l'auteur d'un
ouvrage spécial sur ce sujet, *Thermometrical Navigation,* publié à Philadelphie en 1799.

ou des ports ; j'ai observé l'inclinaison de la boussole sur le nouvel instrument de Borda, qui garantit une précision de 20 minutes. Voici mes observations faites avec cet instrument en pleine mer :

Altitude.	Longitude ouest de Paris.	Inclinaison magnétique.	Force magnétique traduite par le nombre des oscillations dans un temps déterminé donné.
38° 52'	16° 20'	75, 18	24, 2
32 15	17 7	71 50	» »
25 15	20 36	67 0	23 9
21 36	25 39	64 20	23 7
14 20	48 3	58 80	» »
12 34	53 14	50 15	23 4
10 50	61 23	46 40	22 3

A partir du 14° de latitude nord, les inclinaisons diminuent rapidement. Les latitudes et les longitudes sont marquées d'après l'ancienne division des degrés, l'inclinaison magnétique d'après la nouvelle. Ici à Cumana, j'ai trouvé cette inclinaison de 44,20, et le nombre des oscillations de l'aiguille était de 22,9 par minute. L'écart de l'aiguille aimantée vers l'est, en octobre 1799, était de 4° 13' 45''. Je ne sais pas si vous avez reçu la lettre que je vous ai écrite avant mon départ d'Espagne pour l'Amérique du Sud, je vous y avais communiqué plusieurs observations magnétiques, faites en Espagne. En tout cas je répète ici les résultats (1).

Mon chronomètre de Louis Berthoud, n° 27, a conservé sa même allure, il a beaucoup voyagé, et Borda connaissait parfaitement sa précision. Thulis (2) l'a étudié assidûment pendant 18 jours à Marseille, en se servant à l'Observatoire de la Marine de son instrument de passages, et il a trouvé que dans ce temps il n'avait varié que de 1/3 de seconde. Pendant tout un mois la plus grande anomalie n'a pas dépassé une seconde et demie. Je tiens un registre de sa marche par des hauteurs du soleil, que je prends avec mon cadran de Bird (mon cercle de Borda et le théodolithe

(1) Von Zach avait eu la lettre ; c'est celle dont j'ai donné un extrait à la page 17 de ce volume.

(2) Thulis (1748-1810), directeur de l'Observatoire de Marseille,

sont encore en Europe) (1). Je ne contrôle pas seulement ainsi son allure, continuellement bonne à 0,5″ près ; j'ai pu encore m'en convaincre pendant le voyage par la concordance des longitudes que mon chronomètre donnait de certains endroits déjà parfaitement déterminés, comme, par exemple, Ténériffe, le cap de Tabago, La Trinidad et bien d'autres encore. Au Ferrol, en Espagne j'ai trouvé que la longitude de ce port donnée par ce chronomètre était à 42′ 22″ à l'ouest de Paris, que Ténériffe (pointe des Sables) était à 4° 12′ 32″. Mon chronomètre va d'après l'heure moyenne de Madrid, et toutes mes longitudes sont relevées avec cette heure, il y a donc une différence de 24′ 8″ avec Paris. Si ces mesures devaient être changées quelque peu en conséquence des nouvelles recherches dont Chaix (2) s'occupe sur l'ordre du ministre d'Etat Urquijo, il faudrait changer et améliorer toutes mes longitudes. J'ai aussi trouvé que l'allure journalière de mon chronomètre a changé un peu dans ce pays chaud et que son retard a augmenté chaque jour d'une seconde et demie. Cela n'est du reste aucunement étonnant, par une chaleur qui fait que l'on se brûle les doigts en touchant les instrumens en métal qui sont exposés au soleil. Il est donc possible que les longitudes, prises en voyage, soient un peu trop petites, pourtant je ne le crois pas, parce que la fraîcheur était toujours assez grande sur la mer, 18° Réaumur à 12° de latitude. Du reste je tiens mes registres sur l'allure du chronomètre, et sur toutes les observations qui y ont quelque rapport, jour par jour, dans le plus grand ordre ; je puis donc mourir et si on peut sauver mes papiers, on pourra examiner et revoir les résultats et les corriger à volonté et en connaissance de cause. Cependant j'ai fait avec beaucoup de patience et d'application les déterminations que je crois être très exactes. En effet il faut une patience surhumaine pour faire des observations astronomiques avec exactitude et « con amore » par une telle chaleur. Vous voyez, cependant, que cette chaleur écrasante n'a rien ôté à mon activité. J'ai trouvé la latitude de Cumana en observant fréquemment le soleil et à l'aide des deux étoiles β et γ du Dragon, avec le cadran de Bird et avec le sextant à réflexion de Ramsden.

(1) Cf. *Relat. hist.*, t. I, p. 57.
(2) Chaix, astronome d'origine française, au service de l'Espagne.

	Longitude ouest de Paris.			Latitude septentrion...		
Cumana ville, château Saint-Antoine.	4°	26'	4"	10°	27'	37"
Cabo N.-E. de Tabago	4	11	10	»	»	.
Cabo Macanao sur l'île de Sainte-Marguerite	4	20	53	»	»	
Punta Araya, batteries des nouvelles salines	4	26	22	»	»	..
Isla Coche, le cap est.	4	24	48	»	»	..
Bocca del Drago	4	17	32	»	»	»
Cabo de tres puntas	4	19	38	»	»	»

C'est de Punta Araya que j'ai déterminé trigonométriquement, en me servant de quelques triangles, Macanao, et j'en ai trouvé la longitude de 4ʰ 26' 41"; mais j'ai plus de confiance dans les expériences astronomiques. Isla Coche a été aussi déterminée de loin, à l'aide de triangles.

Les vieilles cartes, par exemple celles de Bonne, qu'il a esquissées pour l'*Histoire philosophique et politique du commerce des deux Indes* de Raynal, sont meilleures que les nouvelles, qui exposent les navigateurs aux plus grands dangers. Nous avons couru nous-mêmes ce péril, en suivant la nouvelle carte navale de l'Atlantique de 1792, qui est excellente pour les autres parties, et qui est communément employée. Cette carte place l'île Tabago à l'ouest de Trinidad (Punta de la Galera) alors qu'elle se trouve à l'est. Cumana est placé sur cette carte à 9° 52' de latitude nord, il y a donc 1/2 degré d'erreur et elle est beaucoup trop au sud. Le cap ouest de l'île Marguerite se trouve là où devrait être le cap est, etc.

Rien n'est pourtant plus important aux navigateurs que la situation exacte de la Punta de la Galera, sur Trinidad, et celle de Tabago. Car les premières terres d'Amérique que voient ceux qui viennent d'Europe et qui vont à Caracas et aux îles Sous-le-Vent sont ces îles mêmes. La moindre erreur peut leur faire manquer le canal entre Trinidad et Tabago et les conduire dans la Bocca del Drago.

En attendant, la Punta de la Galera est aussi mal indiquée sur la carte de Bonne : le cap se trouve à la pointe nord-est, et non sud-

est, comme on la marque sur la carte. Les capitaines de vaisseaux
espagnols D. Churruca et Fidalgo indiquent la longitude de Punta
de la Galera à 54° 39' de Cadix. Si on place Cadix à 34' 25" ouest
de Paris, la longitude de cette Punta jusqu'à Paris serait à 4ʰ 13'4".
D'après mes observations la longitude du Cabo Este de Tabago
serait à 4ʰ 11' 10" et d'après Chabert (1) la Pointe des Sables se
trouverait à 4ʰ 12' 36". Cela est sûr, que l'on voit, de cette Punta
de la Galera, Tabago au nord-est, ce qui confirme mon observation et celle de Chabert.

Le capitaine de marine espagnol Churruca et le capitaine de
frégatte Fidalgo ont entrepris depuis 1792 un travail excessivement important dans le golfe du Mexique. Après avoir déterminé
ensemble le premier Méridien de l'Amérique espagnole au château
San-Antonio de Puerto España de la Trinidad, en se servant de
cinq chronomètres anglais, de beaucoup de théodolites et de
grands cadrans de Ramsden, Fidalgo entreprit de déterminer
toute la côte du continent jusqu'à Cartagena, où il se trouve dans
ce moment, tandis que Churruca déterminait toutes les îles, le
long des côtes. La guerre a interrompu ces opérations, qui dépassent, à ce que l'on m'a dit, et de beaucoup en exactitude les travaux de Tofinno. J'ai pu comparer par hasard mes longitudes avec
celles du capitaine Fidalgo. Sur une carte du golfe de Cariaco, qui
se trouvait dans les mains du gouverneur d'ici, j'ai trouvé la différence du méridien entre Cumana et Puerto España de 2° 41' 25".
Mes observations sur les longitudes de Cumana prises pour base,
je trouve une longitude ouest du premier méridien sud-américain
de Paris à 4ʰ 15' 18". Plus tard on a trouvé une feuille de papier
sur laquelle Fidalgo avait noté que la Punta de la Galera était
à 55° 16' 32" ouest de Cadix et que de cette Punta à Puerto España
il y avait encore 37' 32". Si donc Cadix est à 34' 25" de Paris,
Fidalgo aurait trouvé la longitude de ce premier méridien espa-
gnol-américain, à 4 ʰ 15' 31" ouest de Paris, ce qui ne s'écarte
que de 13" de mes observations.

Comment vous décrire la pureté, la beauté et la splendeur du

_____

(1) Le vice-amiral Chabert (1724-1805), géographe, physicien et astronome,
membre de l'Académie des Sciences, auteur de recherches importantes sur
l'aiguille aimantée, sur les courants, sur les horloges marines, etc., émigré en
Angleterre d'où il ne rentrera en France qu'en 1802.

ciel d'ici où je lis souvent avec la loupe à la lueur de Vénus le ver-
nier de mon petit sextant? Vénus tient ici le rôle de la lune. Elle
a de grands et lumineux halos de deux degrés de diamètre, avec
les plus belles couleurs de l'arc-en-ciel, même quand l'air est
complètement pur et le ciel tout à fait bleu. Je crois que c'est ici
que le ciel étoilé offre le spectacle le plus beau et le plus magnifique. Car plus loin vers l'équateur on perd de vue les belles constellations du Nord. Mais la voûte étoilée sud a aussi sa beauté à
elle. Le Sagitaire, la Couronne Australe, la Croix du Sud, le
Triangle Austral, l'Autel possèdent de très belles étoiles, et le
Centaure peut se mesurer à notre Orion, tellement sa constella-
tion est belle, je l'observe ici à une hauteur qui me fait gémir et
transpirer.

Un autre phénomène très singulier et très merveilleux est la
marée atmosphérique que j'ai observée tout de suite, le second
jour après mon arrivée. Vous connaissez l'essai de Francis Bal-
four et de John Farquhar dans le quatrième volume des *Asiatic
Researches*. Ces marées atmosphériques sont ici encore plus régu-
lières qu'au Bengale et elles suivent de tout autres lois. Le thermomètre est dans un mouvement perpétuel. Le mercure baisse de
9 heures du matin jusqu'à 4 heures de l'après-midi. Alors il remonte,
jusqu'à 11 heures, il retombe jusqu'à 4 h. et 1/2, remonte de nouveau
jusqu'à 9 heures. Le tems peut être ce qu'il voudra, la pluie, le
vent, l'ouragan, l'orage, la lune, etc., rien ne change cette marche.
Il y a donc quatre flux en 24 heures; ceux de la nuit sont les
plus courts. Le baromètre est au plus haut 3 heures avant, et
11 heures après le passage du soleil au méridien. Il paraît
donc que le soleil seul a de l'influence sur cette marche. La
régularité est si précise que, dès 9 heures 1/4, le mercure a
baissé de 0,15 de ligne. J'ai déjà collectionné des centaines de
ces observations, et j'en aurai bien un jour quelques milliers ; la
plus grande différence entre le maximum et le minimum moyen
de ce baromètre ne dépasse pas 1,7 de ligne. Je n'ai pas non plus
remarqué que les tremblemens de terre affectassent le baromètre.
Mais la lune a une force visible ici, pour dissiper les nuages.

De cordiaux souvenirs à notre ami Blumenbach (1). Oh ! combien

(1) Johann-Friedrich Blumenbach, naturaliste saxon (1752-1840), le fondateur
de l'anthropologie anatomique.

de fois je pense à lui quand j'ai sous les yeux les merveilleux trésors de la nature ! Dites-lui que la géologie de ce pays est excessivement intéressante. Il y a des montagnes de schiste micacé, de basalte, de gypse, de sel gemme, beaucoup de soufre et de pétrole, qui jaillit avec une grande force de toutes petites ouvertures, qui crachent l'air, même sous l'eau, et qui sont probablement la cause de la fréquence des tremblemens de terre. Toute la ville est sous les décombres. Le grand tremblement de terre de Cumana a été le signal de celui de Quito en 1797, où périrent 16.000 âmes et où le volcan Tonguragua a craché plus d'eau chaude et de terre pâteuse que de laves. C'est donc un volcan par lequel la nature veut réconcilier les Neptunistes avec les Vulcanistes. Nous sommes entourés de tigres et de crocodiles, qui ne se gênent aucunement et qui ne sont pas difficiles, ils dévorent aussi volontiers un blanc qu'un noir. Comme grandeur, ils ne le cèdent pas aux carnassiers africains. Et quelle flore ! de vrais colosses organiques ! un *ceiba* dont on fait quatre canots ! Annoncez, je vous prie, au conseiller de cour Blumenbach, qu'il y a dans cette province (Nouvelle-Andalousie) un homme qui a tant de lait, qu'il allaite son enfant tout seul depuis cinq mois, car sa femme ne peut plus le faire. Son lait ne diffère pas du tout du lait de femme. Les boucs des Anciens donnaient aussi du lait.

Ayez la bonté d'accepter ce que je vous envoie, et ayez de l'indulgence pour mes travaux astronomiques. Considérez qu'ils ne sont qu'un accessoire de mon voyage, que je suis un apprenti en astronomie, et que je n'ai appris à manier les instrumens que depuis deux ans ; que j'ai entrepris ce voyage à mes frais et qu'une telle expédition, faite par un particulier, qui n'est rien moins que riche, et qui est faite pour son plaisir et pour son instruction, n'est nullement à comparer avec celles, entreprises par ordre des gouvernemens, royalement dotées, et pour lesquelles on réunit des sociétés entières de savants pour faire des recherches dans toutes les branches de la science. C'est vrai, j'aurais désiré avoir pour compagnon de voyage notre ami Burckhart, pour faire quelque chose de grand en astronomie et en géographie ; mais alors il aurait dû être muni d'instrumens plus grands et meilleurs que les miens.

En décembre, je pense partir avec le missionnaire Capucin Juan

Gonzalez (1) pour les missions d'Orenoco et de Rio-Negro. Nous
tâcherons de pénétrer jusqu'au-delà de l'équateur, dans l'intérieur de ce pays inconnu de l'Amérique du Sud. Au printemps
je serai de retour. J'irai alors à la Havane, de là à Quito et à
Mexico... Ne vous étonnez pas si plusieurs de mes lettres contiennent des répétitions. Comme on compte ici que sur quatre
lettres que l'on envoie en Europe trois seront perdues, il faut répéter souvent ce que l'on veut dire à ses amis. Mes souvenirs à tous
nos bons amis en Europe et répondez-moi par la voie indiquée ;
tant que je reste dans l'Amérique du Sud je recevrai certainement
vos lettres. . . . . .

XX

AU MÊME

Cumana, 17 novembre 1722.

J'ouvre cette lettre puisque je n'ai pas osé la confier au brigantin de Cadix et parce que nous attendions le courier espagnol.
Mais nous l'avons attendu inutilement pendant deux mois ; enfin
il est arrivé et je m'empresse d'ajouter encore quelques nouvelles.
Je viens de revenir d'un voyage dans l'intérieur du Paria, voyage
qui a été très pénible, mais excessivement intéressant. Nous
avons été dans les Hautes Cordillères de Turimiquiri, de Cocollar (2) et de Guanaguana (3), qui sont habitées par les Indiens
Chaymas et Guaraunos (4). Nous avons passé des journées char-

(1) Juan Gonzales, frère lai de l'ordre de Saint-François, qui « connaissait à
fond, dit Humboldt, les forêts qui s'étendent depuis les cataractes jusque vers
les sources de l'Orénoque. » (*Relat. hist.*, t. I, p. 530.)

(2) Centre du groupe entier des montagnes de la Nouvelle Andalousie (*Relat.
hist.*, p. 396), dont le piton du Turimiquiri est le sommet culminant. (*Ibid.*,
p. 887-398.)

(3) La Cuchilla de Guanaguana, arête qui sépare les vallées de Guanaguana
et de Caripo. (*Ibid.*, p. 406.)

(4) Les Indiens Chaymas étaient déjà presque tous *réduits* dans les missions des Capucins aragonais ; les Guaraunos vivent encore *indépendants* dans
les îles du Delta de l'Orénoque.

mantes et gaies à Garipe dans le couvent des Capucins, au centre
des missions. Nous avons parcouru la fameuse caverne de Guacharo, qui est habitée par des millions d'oiseaux de nuit (une
nouvelle espèce de *caprimulgus*, crapaud-volant). Rien ne vaut
l'entrée majestueuse de cette caverne qui est ombragée par des
palmiers, des *pothos*, des *ypomeus*, etc. Depuis notre séjour dans
cette province, nous avons séché plus de 1.600 plantes, et nous en
avons décrit à peu près 600, pour la plupart nouvelles, inconnues
(phanérogames et cryptogames) et nous avons collectionné les
plus beaux coquillages et insectes. J'ai fait plus de soixante dessins de plantes, ou sur l'anatomie comparée des coquilles de mer.
Nous avons emporté jusqu'au-delà du Guarapiche le chronomètre
de Berthoud et les sextans de Ramsden et de Troughton. J'ai
relevé la longitude et la latitude de plus de quinze localités, qui
pourront un jour servir de point de départ pour une carte de l'intérieur du pays. J'ai pris avec le baromètre la hauteur des Cordillères. La partie la plus haute est en pierres calcaires et n'atteint que 2.244 varas castillanas = 976 toises françaises ; mais
un peu plus vers l'ouest dans la direction d'Avila, il y a des montagnes de 1.600 toises, qui relient ces Cordillères à celles de
Santa-Martha et de Quito.

En dépit de la chaleur accablante et insupportable de ce mois,
j'ai observé le 28 octobre l'éclipse du soleil. Le même jour j'ai
pris des hauteurs correspondantes du soleil avec le cadran de
Bird, que j'ajoute ici pour le cas où vous voudriez revoir et corriger
mes calculs. Mais je me suis tellement brûlé la figure, en faisant
ces observations, qu'il m'a fallu garder le lit pendant deux jours
et avoir recours à des drogues. Les yeux souffrent beaucoup, le
terrain calcaire et blanc comme neige les abîme complètement. Le
métal des instrumens exposés aux rayons du soleil s'échauffe
jusqu'à 41° Réaumur. D'après ces observations je concluais que le
vrai midi tombait à 3ʰ 18′ 11″,8, ou mon chronomètre avançait
sur le temps solaire moyen de Cumana de 3ʰ 34′ 16″,8. La fin
de l'éclipse a eu lieu, d'après mon chronomètre, à 5ʰ 48′ 36″. Si
je tiens compte de la marche du chronomètre à partir de midi
jusqu'au moment de l'observation, la fin de l'éclipse aurait eu lieu
à Cumana à 2ʰ 14′ 22″ temps moyen. Pendant l'éclipse j'ai encore
relevé quelques différences dans les azimuths et dans les hauteurs

en observant les cornes du réticule, mais je ne les ai pas encore réduites.

Le 7 novembre j'ai pu faire une bonne observation d'une éclipse du second satellite de Jupiter. J'ai vu l'entrée à l'aide d'un grossissement de 95 fois du Dollond vers 11ʰ 41′ 18″,5 tems réel. Peut-être pourrez-vous trouver en Europe un tems correspondant.

Si vous avez parcouru mon dernier ouvrage, la *Météorologie souterraine*, vous aurez vu que la température de l'intérieur de la terre est fort intéressante. Ici cette température atteint 15°2 Réaumur, à 10° de latitude, et à une profondeur de 340 toises. Mes instrumens météorologiques ont été comparés avec ceux de l'Observatoire national de Paris, et ils ont été réduits conformément à ces derniers. Au bord de la mer le thermomètre ne monte pas dans la saison la plus chaude, à l'ombre, au-dessus de 26° Réaumur ; il se tient presque toujours de 19 à 22. Nous avons, en outre, tous les jours après le passage du soleil au zénith, et quand la chaleur est au comble, un orage et pendant trois heures des éclairs de chaleur. Un vrai climat volcanique.

Le 4 novembre nous avons eu un violent tremblement de terre, heureusement il n'a pas fait grand mal. J'ai vu avec étonnement que l'inclinaison magnétique a diminué pendant cet événement de 1°,1. Quelques secousses ont encore suivi et le 12 novembre nous avons eu un vrai feu d'artifice. De grands ballons de feu ont parcouru l'atmosphère de 2 à 6 heures du matin. Ils jettaient des gerbes de feu de 2° de diamètre. La partie Est de la province de la Nouvelle-Andalousie est remplie de petits volcans ; ils crachent de l'eau chaude, du soufre, de l'hydrogène sulfureux et du pétrole. Parmi les Indiens de la tribu des Guaigneries court la fable que le grand golfe de Cariaco a pris naissance peu d'années avant la découverte de cette côte par les Espagnols, par suite d'un formidable tremblement de terre. Dans une partie de ce golfe l'eau de mer atteint la chaleur de 40° Réaumur.

Mes observations magnétiques, faites avec les boussoles de Borda, donnent les résultats suivants : 1° la force magnétique ou le nombre des oscillations de l'aiguille peut augmenter, pendant que son inclinaison diminue ; 2° l'inclinaison diminue très vite au sud du 37° degré de latitude nord ; 3° l'inclinaison sous un même parallèle est beaucoup plus grande vers l'ouest que vers l'est ;

4° en approchant de l'équateur, l'inclinaison est plus facilement contrariée par les petites éminences au-dessus de la mer ; 5° sur le continent l'inclinaison est plus dérangée dans sa diminution progressive que l'écart de l'aiguille.

Puisque les lettres se perdent si souvent en mer, comme je vous l'ai déjà dit, il se peut que celle-ci vous arrive, pendant que celles que j'ai adressées à Paris, au Bureau des longitudes, se seront perdues. Dans ce cas je vous prierai de vouloir bien communiquer mes observations au Bureau ; et j'ai prié, dans ma lettre adressée au Bureau, de vous communiquer de même des copies des lettres qu'il recevra de moi.

Je pars demain, avec le bateau, pour la   (1), et je reste jusqu'en janvier à Caracas. De là j'irai da.   ..: térieur du pays ; au Rio Apure, au Rio-Negro, et au Caciquiare. Ensuite je descendrai l'Orinoco, et je rentrerai par Angostura (2) pour m'embarquer pour la Havane.

HUMBOLDT.

XXI

A JÉROME LALANDE (3)

De Cumana, Amérique Méridionale,
28 brumaire an VIII (19 novembre 1799).

Embarqué le 17 prairial an VII (4) sur la frégate le *Pizarro*, nous avons traversé l'Océan heureusement jusqu'au 28 messidor, où nous arrivâmes sur les côtes du Paria. Dans les deux mémoires que j'ai envoyés au citoyen Delambre depuis l'Espagne, j'ai consigné les premières observations faites avec le nouvel *inclinatoire* de Borda dans l'Europe méridionale.

(1) On a déjà vu que la Guayra est le port de Caracas, à 10 kilom. de cette capitale.
(2) Angostura, qui a pris depuis lors le nom de Ciudad-Bolivar, chef-lieu de la province d'Orinoco ou Guyane vénézuélienne, sur la rive droite de l'Orénoque à 320 kilom. de la mer.
(3) *Instit. Nat.* — Cf. *Bull. des Sc. par la Soc. Philomathique de Paris*, t. II, p. 98-101, 109-111. (Germ.-flor. an VIII).
(4) 5 juin 1799. (Voir plus haut, p. 18.)

J'ai observé que sur l'ancien continent les localités influent plus encore sur l'inclinaison que sur la déclinaison magnétique. On ne remarque aucune correspondance entre les positions géographiques des lieux et les degrés d'inclinaison ; j'ai trouvé la même chose dans le nouveau monde, en transportant la boussole de Borda dans l'intérieur de la province de la Nouvelle-Andalousie. Les observations que le citoyen Nouet (1) vous aura envoyées d'Égypte prouveront probablement la même chose. Les déclinaisons sont affectées aussi par les localités, mais beaucoup moins. La marche des unes et des autres est beaucoup plus régulière en mer. Je ne vous donne ici que des observations dont l'erreur peut s'élever à peine à 15 minutes ; avec la suspension que le citoyen Megnié m'a faite pour la boussole de Borda, j'ai même eu une exactitude plus grande en tems de calme. C'est dans cette circonstance aussi que l'on peut compter parfaitement le nombre des oscillations. Si, en les comptant cinq à six fois, et en changeant l'instrument de place, on retrouve toujours le même nombre, on ne peut douter de son exactitude. Quoique les calmes ne soient pas rares sous les tropiques, je n'ai pu faire en quarante jours que dix observations bien exactes.

Lieux d'observations en 7.	Latitude.	Longitude depuis Paris.	Inclinaison magnétique.	Force magnétique.
Medina del Campo.			73° 50′	240
Guaderana			73 50	240
Ferol.	43° 29′ 00″	42′ 22″	75 15	237
		en arc.		
	38 52 15	16° 20′	75 18	242
	37 14 10	16 30 15″	74 90	242
	32 15 54	17 7 30	71 50	»
	25 15 »	20 36	67	239
Océan Atlantique,	21 36 »	25 39	64 20	237
entre l'Europe,	20 08 »	28 33 45	63	236
l'Amérique	14 20 »	48 3	58 80	239
et l'Afrique.		en tems.		
	12 34 »	3ʰ 32′ 57″	50 15	234
		en arc.		
	10 46 »	61° 23′ 45″	46 40	229
	10 59 30	64 31 30	46 50	237

(1) Voir plus haut, p. 17.

Vous voyez par là combien il faut multiplier le nombre d'obser-
vateurs pour avoir beaucoup de données. Il n'y a rien de plus dangereux pour les sciences exactes que de noyer de bonnes observations dans une multitude de médiocres.

Je me flatte que les dix points de l'Océan que je vous indique
pourront servir à reconnaître si les inclinaisons changent rapidement. Les latitudes et longitudes en ont été déterminées à la même
heure avec beaucoup d'exactitude, avec un sextant de Ramsden,
divisé de 15" en 15" et par le garde-tems du citoyen Louis Berthoud. Vous verrez avec intérêt que, *depuis le 37° de latitude les
inclinaisons diminuent avec une rapidité extraordinaire, qu'entre
37° et 48° de latitude, elles augmentent moins vers l'Est que vers
l'Ouest...* Je crois avoir observé que dans la haute chaîne des
Alpes calcaires, de petites élévations au-dessus du niveau de la
mer altèrent, près de l'Équateur, les inclinaisons beaucoup plus
que dans les grandes montagnes dans les Pyrénées et la Vieille-
Castille. Je prends pour exemple quatre points placés presque
Nord et Sud à la distance de 24" dont j'ai mesuré les hauteurs peu
considérables.

	Toises.	Inclinaisons.	Oscillations.
Cumana	4	44° 20	229
Queteppe	185.2	43 38	229
Impossibile	245	43 15	233
Cumanacoa	106	43 20	228
Cocollar	392	42 60	229

Borda a cru pendant quelque tems (voyez les questions de l'Académie à La Peyrouse) (1) que l'intensité de la force magnétique
était la même sur tout le globe. Il attribuait alors le peu de différence qu'il avait aperçue à Cadix, à Ténériffe et à Brest, à l'imperfection de sa boussole, mais ayant conçu dans la suite des doutes
à cet égard, il m'engagea à fixer mon attention sur cet objet. Vous
voyez que la force ne diminue pas avec le degré d'inclinaison,
mais qu'elle varie depuis 245 oscillations en 10' de temps (à P ~is)

(1) Cf. *Mémoire rédigé par l'Académie des sciences pour servir aux savans
embarqués sous les ordres de M. de La Pérouse* (*Voy. de La Pérouse autour du
monde*, Paris, an V (1799) in-4°, t. I, p. 160).

4

jusqu'à 229 (à Cumana). Ce changement ne saurait être attribué à une cause accidentelle : la même boussole fit à Paris 245 oscillations, à Gironne, 232; depuis à Barcelone 245 et à Valence 235; elle donne, après un voyage de plusieurs mois, le même nombre d'oscillations qu'elle marquait avant de partir ; ce nombre est le même en plein champ, dans un appartement ou dans une cave. La force magnétique est donc pendant long tems la même dans un même lieu ; elle paraît constante comme l'attraction ou la cause de la gravité.

Malgré tous mes soins, je n'ai pu faire des observations de déclinaisons magnétiques bien exactes. Je n'ai trouvé aucun instrument qui permît de les mesurer à moins de 40 minutes près. Cependant il est certain que le point de la variation 0 est déjà beaucoup plus avancé vers l'Ouest que la carte de Lambert (*Éphémérides de Berlin*, 1729) ne l'indique. Une très bonne observation est celle de 1775, faite sur le vaisseau anglais *le Liverpool*, qui trouva 0 à 66°40 de longitude occidentale, et 29° de latitude septentrionale. Il y a deux points sur cette côte, où j'ai observé avec beaucoup de soin, avec une boussole de Lenoir, suivant la méthode de Prony et de Zach (en suspendant une aiguille à un fil, en visant par des mires et en mesurant avec un sextant l'azimuth d'un signal).

Cumana, 4° 13' 45" à *l'Est* (en vent, à midi) et une vingtaine de lieues plus à l'Est, à

Caripe (capitale des missions des Capucins, habitée par les Indiens Chaimas et Caribes), 3° 15' à *l'Est*.

J'ai examiné avec beaucoup de soin les assertions de Franklin et du capitaine Jonathan Williams (*Transact. of the American Society*, vol. III, pag. 82) sur l'usage du thermomètre pour découvrir les bas-fonds. J'ai été étonné de voir comment l'eau se refroidit à mesure qu'elle perd de sa profondeur; comment les bas-fonds et les côtes s'annoncent d'avance. Le plus mauvais thermomètre d'esprit de vin, dressé arbitrairement, mais étant bien sensible par la forme de sa boule, ou plutôt sa proportion au tube, peut devenir, au milieu de la tempête, la nuit, ou lorsque l'on a de la difficulté à sonder, lorsque le bas-fond s'approche insensiblement, un instrument bienfaisant dans la main du plus ignorant pilote. Je ne puis assez inviter le Bureau des longitudes

à fixer son attention sur un objet aussi important. Tout l'équipage de notre frégatte a été étonné de voir baisser rapidement le
thermomètre à l'approche du grand banc qui va de Tabago à la
Grenade, et de celui qui est à l'Est de la Marguerite. L'observation
est d'autant plus facile à faire, que la température de l'eau de mer
est (jour et nuit) dans des espaces de 12.000 lieues carrées, la
même, tellement la même qu'en 46 jours de navigation vous ne
voyez pas changer le thermomètre le plus sensible de 0,3 de degré
de Réaumur. L'eau se refroidit dans le voisinage des bas-fonds,
de 5° à 6° de Fahrenheit, et même davantage. Cette idée de
Franklin, oubliée à présent, peut un jour devenir très utile à la
navigation. Je ne dis pas que l'on doit s'en rapporter entièrement
au thermomètre et ne plus sonder, ce serait une folie ; mais je
puis assurer, en me fondant sur ma propre expérience, que le thermomètre annonce le danger longtemps avant la sonde (l'eau
cherchant un équilibre de température et se refroidissant dans
les proximités des basses côtes). Je puis assurer que ce moyen
n'est pas plus incertain qu'un loch emporté par des courans et
nombre de méthodes qu'un long usage a rendues vénérables. On
ne doit pas croire qu'il n'y a pas de bas-fonds si le thermomètre
ne baisse pas ; mais on doit être sur ses gardes lorsqu'il baisse
tout d'un coup. Un pareil avis est bien plus précieux que les
petites croix dont fourmillent nos côtes maritimes, et dont la
plupart annoncent des bas-fonds ou qui n'existent pas, ou, comme
les hautes roches à fleur d'eau près de Madère (Voyez la *Carte de
l'Océan Atlantique*, 1792), sont mal placées. Le moyen de mettre
un thermomètre dans un seau d'eau est bien simple.

Avec une balance de Dollond et des thermomètres enfermés
dans des sondes munies de soupapes, j'ai mesuré la densité et
température de l'eau de mer à la surface et dans la profondeur.
Si je ne me trompe, vous vous êtes déjà occupé de ce problème.
(*Journal des savans*, 1771.) Comme mes balances ont été comparées
à celles du citoyen Hassenfratz (Voy. son nouveau travail hydro-
statique dans les *Ann. de Chim.*, an VII), mes thermomètres à
ceux de l'Observatoire National et que j'ai été plus sûr des longitudes qu'on ne l'est généralement, la petite carte que je construirai
un jour, sur la densité et température de l'eau de mer, sera assez
curieuse. A 17 ou 18° de latitude septentrionale entre l'Afrique et

les Indes occidentales, il y a une bande (sans courants extraordinaires) où l'eau est plus dense qu'à une plus grande et une plus petite latitude. Voici quelques données sur la température.

LATITUDE boréale.		LONGITUDE du méridien de Paris.			TEMPÉRATURE de la surface de la mer (Thermomètre de Réaumur.)		TEMPÉRATURE de l'atmosphère.	
43°	29'	10°	31'		12°		18°	
39	20	16	18	30"	12		13	
36	3.	17	3		12		14	
35	8	17	15		13		16	5
32	15	17	7	30	14	2	13	
30	35	16	54		15		16	
28	25	17	22	30	15		17	
26	51	19	13		16		15	
20	8	28	33		17		16	
18	53	30	5		17	4	17	
18	8	33	2		17	9	19	
17	26	35	26		18		16	
15	22	22	49	45	18	5	20	
14	57	44	30		19		17	
13	31	50	2	30	19	8	18	9
10	45	61	23	45	20	7	20	3
10	28	66	31		21		de 17 à 27	
10	29	66	35		17	8	23	
					sur les bas-fonds			

Left bracket label: Océan entre l'Europe, l'Afrique et l'Amérique.

Je crois avoir eu une très bonne observation de l'éclipse de soleil du 6 brumaire an VIII. J'ai vérifié le tems pendant huit jours, opération souvent pénible dans ces contrées, à cause des orages qui arrivent après la culmination du soleil, et qui font manquer les hauteurs correspondantes.

J'ai eu des hauteurs correspondantes du soleil, bonnes à 1″, le jour même de l'éclipse. La fin a été, en tems moyen de Cumana, à 2ʰ 14′ 22″. J'ai observé la distance des cornes par le passage aux fils dans le quart de cercle, d'après la méthode de La Caille. Je pourrai vous en envoyer les observations depuis la Havane. Le 18 brumaire, j'ai eu une bonne immersion du second satellite de Jupiter, à Cumana, en tems vrai, à 11ʰ 41′ 18″, 2 : j'observais avec une lunette de Dollond, grossissant 108 fois. J'espère que cette immersion aura été observée à Paris. Les orages qui ont suivi le tremblement de terre que nous avons essuyé à Cumana, m'ont fait perdre les immersions des 11 et 18 brumaire.

Je crois avoir fixé avec assez d'exactitude les longitudes suivantes, déterminées par mon chronomètre de Louis Berthoud et par le calcul des angles horaires. J'ai aussi, dans mes manuscrits, beaucoup de distances de la lune au soleil et aux étoiles, mais comment calculer, quand on a tant d'instrumens à suivre ?

Cumana, château Saint-Antoine : longitude depuis le méridien de Paris (en supposant Madrid à 24′ 8″) en tems 4ʰ 26′ 4″, latitude, 10ʰ 27′ 37″.

Puerto-España, dans l'île de la *Trinité*, longitude 4ʰ 15′ 18″.

Tabago, cap à l'Est, longitude 4ʰ 11′ 10″.

Macannao, partie occidentale de l'île de la Marguerite, longitude 4ʰ 26′ 53″.

Punta-Araya, dans la province de la Nouvelle-Andalousie, longitude 4ʰ 26′ 22″.

Coche, isle, cap à l'Est, longitude 4ʰ 24′ 48″.

Moins exactement :

Bocca del Drago, longitude 4ʰ 17′ 32″.

Cabo de Tres Puntas, longitude 4ʰ 19′ 38″.

Carracas à la *Trinité*, latitude 10° 31′ 4″ (*exactement*).

Je me flatte que ces positions intéressent le Bureau des longitudes parce que les cartes sont très défectueuses dans cette partie des Indes Occidentales. Les observations de Borda et de Chabert à Ténériffe et à la pointe des Sables de Tabago, me font croire que mon chronomètre est excellent. J'ai retrouvé, à 2 et 5″ près, les positions déterminées par ces navigateurs.

Pendant le tremblement de terre que nous avons essuyé, le 4 novembre 1799, à Cumana, l'inclinaison magnétique a changé, mais la déclinaison n'a pas varié sensiblement. Avant le tremblement, l'inclinaison était 44° 20, nouvelle division; après les secousses, elle s'est réduite à 43° 35. Le nombre des oscillations s'est trouvé, en 10 minutes de tems, tel qu'il était, 229. Ces expériences et d'autres encore paroissent prouver que c'est cette petite partie du globe, et non l'aiguille qui a changé, car dans les endroits éloignés, où le tremblement de terre ne se ressent jamais (dans la chaîne primitive de granite feuilleté), l'inclinaison est restée aussi forte qu'elle était.

Dans quatre semaines d'ici, je serai aux cataractes du Rio-Negro, dans une nature aussi grande que sauvage, parmi des Indiens qui se nourrissent d'une terre argilleuse, mêlée avec la graisse des crocodiles. J'y mène trois mules chargées d'instrumens.

La majesté des nuits des tropiques m'a engagé à commencer un mémoire sur la lumière des étoiles du Sud. Je vois que plusieurs (dans la Grue, l'Autel, le Toucan, les pieds du Centaure) ont changé depuis La Caille. Je me sers, comme pour les satellites, de la méthode des diaphragmes indiquée par Herschell. J'ai trouvé que si Procyon est à Sirius comme 88 est à 100, les intensités de lumière sont pour :

Canopus,   98 ; α de l'Indien, 50 ; α du Paon,   78 ; β   —   58
α du Centaure, 96 ; β   —   47 ; α de la Grue, 81 ; α du Toucan, 70
Acherner,   94 ; α Phœnix, 65 ; β   —   75

J'ai lu dans les *Transactions de la Société du Bengale* que le baromètre y monte et descend régulièrement en 24 heures. Ici, dans l'Amérique méridionale, cette marche est des plus étonnantes. J'ai quelques observations là-dessus. Il y a quatre marées atmosphériques en 24 heures, qui ne dépendent que de l'attraction du soleil. Le mercure descend depuis 9 heures du matin jusqu'à 4 heures du soir ; il monte depuis 4 heures jusqu'à 11 heures ; il descend depuis 11 heures jusqu'à 16h 30' ; il remonte depuis 16h 30' jusqu'à 24 heures. Les vents, l'orage, le tremblement de terre, n'ont aucune influence sur cette marche (1).

(1) En recopiant ce passage à la fin de la lettre qui suit, Humboldt ajoute ces mots : « Richard dit qu'à Surinam il y a une variation pareille de deux lignes. »

XXII

AU MÊME (1)

Caracas (Amérique méridionale),
25 frimaire an VIII de la République
(14 décembre 1799).

Peu de semaines après mon arrivée sur le continent de l'Amérique, j'ai envoyé un extrait de mes observations astronomiques au citoyen Delambre (2), croyant qu'il y en aurait quelques-unes qui pourraient intéresser le Bureau des longitudes. J'ai appris que le brick auquel je confiai cet extrait s'est perdu dans son passage par la Guadeloupe, lors du grand ouragan qui vient de ravager cette zone tropique. Permettez que je m'adresse aujourd'hui à vous, citoyen, pour vous entretenir de mes travaux.

Vous avez marqué un grand intérêt pour le voyage d'Afrique (3) que je comptais entreprendre en vendémiaire, mais les circonstances m'ont conduit en Amérique. Le gouvernement espagnol m'ayant donné toutes les facilités imaginables pour bien observer, je compte parcourir successivement la Terre-Ferme, le Mexique, les Philippines.

Je viens de finir un voyage infiniment intéressant dans l'intérieur du Paria, dans la Cordillière de Cocolar, Tumeri, Guiri ; j'ai eu deux ou trois mules chargées d'instrumens, de plantes sèches, etc. Nous avons pénétré dans les missions des Capucins, qui n'avaient été visitées par aucun naturaliste ; nous avons découvert un grand nombre de végétaux, principalement de nouveaux genres de palmiers et nous sommes sur le point de partir pour l'Orinoco, pour nous enfoncer de là peut-être jusqu'à San Carlos du Rio Negro au-delà de l'Equateur. Un voyage entrepris aux

---

(1) Magasin encyclopédique de Millin, 5ᵉ année, t. VI, p. 376-391. — Cf. Gilbert's Annalen. Bd. VII, s. 335-347.

(2) Voy. plus haut, p. 47.

(3) On sait quel intérêt Jérôme Lalande attachait à la géographie africaine. Il venait de publier un Mémoire sur l'intérieur de l'Afrique (Paris, Impr. des Admin. Nat., an IV, in-4° de 39 pages) justement resté célèbre.

dépens d'un particulier qui n'est pas très riche et excité par deux personnes zélées, mais très jeunes, ne doit pas promettre les mêmes fruits que le voyage d'une société de savans du premier ordre, qui seraient envoyés aux dépens d'un gouvernement : mais vous savez que mon but principal est la physique du monde, la composition du globe, l'analyse de l'air, la physiologie des animaux et des plantes, enfin les rapports généraux qui lient les êtres organisés à la nature inanimée : ces études me forcent d'embrasser beaucoup d'objets à la fois.

Le citoyen Bonpland, élève du musée national, très versé dans la botanique, l'anatomie comparée, et autres branches de l'histoire naturelle, me seconde par ses lumières avec un zèle infatigable. Nous avons séché plus de 1.600 plantes et décrit plus de 600, ramassé des coquilles et des insectes ; j'ai fait une cinquantaine de dessins. Je crois qu'en considérant les chaleurs brûlantes de cette zone, vous penserez que nous avons beaucoup travaillé en quatre mois de tems. Les jours ont été consacrés à la physique et à l'histoire naturelle, les nuits à l'astronomie. Je vous donne l'esquisse de nos occupations non pour me glorifier de ce que nous avons fait, mais afin d'obtenir votre indulgence et celle de notre ami le C. Delambre, pour ce que nous n'avons pas fait. Les instrumens astronomiques que je possède sont un quart de cercle de Bird, des sextans de Ramsden et de Troughton, des lunettes, des micromètres... Je devrais avoir fait plus, mais vous savez que l'astronomie pour laquelle MM. Zach et Kohler m'ont inspiré tant de goût, est un peu éloignée de mon but principal et qu'à 10 degrés de latitude on ne travaille pas comme à 49. J'ai donc mieux aimé faire peu d'observations, mais avec toute l'exactitude dont je suis capable, que beaucoup de médiocres. J'ai consigné dans mes manuscrits jusqu'aux plus petits détails de mes observations ; les hauteurs correspondantes, les rectifications des instrumens, afin que dans le cas assez probable où je périrais dans cette expédition, ceux qui les calculeront puissent juger du degré de confiance que chaque résultat doit comporter (1)...

Mon plan primitif était de me rendre directement à la Havane,

_____

(1) J'ai supprimé certains passages repris par Humboldt dans la lettre précédente.

et de là au Mexique ; mais je n'ai pu résister au désir de voir les merveilles de l'Orinoco et la haute Cordillère qui, du plateau de Quito, s'étend vers les rives de Guarapiche et d'Arca. Tous mes instrumens, jusqu'aux plus délicats, sont heureusement arrivés et ont été ici et pendant la navigation continuellement en action. Les officiers espagnols ont tellement favorisé nos desseins, qu'au milieu de l'Océan j'ai pu préparer des gaz et analyser l'atmosphère sur la frégatte comme au milieu d'une ville. Les mêmes facilités m'ont été données sur le continent ; partout les ordres du Roi et de son premier secrétaire d'Etat M. d'Urquijo, qui protège les arts, sont exécutés avec zèle et promptitude. Je serais bien ingrat si je ne faisais le plus grand éloge de la manière dont je suis traité dans les colonies espagnoles...

... Depuis que les citoyens Coulomb et Cassini ne s'occupent plus des déclinaisons, je ne connais pas deux endroits sur la terre où l'on puisse dire : tel jour la déclinaison était de dix secondes de plus ou de moins, pas dix endroits où l'on soit sûr d'une minute de variation. Dans quelle incertitude ne sommes-nous pas sur la déclinaison magnétique de Paris, à en juger par le journal de Lamétherie........

Malgré tous mes soins je n'ai pu acheter un instrument qui me donnât seulement 40' d'inexactitude ; c'est pour cela que je ne vous parle pas de *déclinaisons sur mer*........

Cette lettre était commencée à Cumana ; j'ai été trompé dans l'espérance que j'avais de la faire partir d'une manière très sûre par la voie des États-Unis. Je l'ai traînée avec moi dans cette grande capitale de Caracas, qui, située à 400 toises de hauteur, dans une vallée fertile en cacao, coton et café, offre le climat de l'Europe.

Le thermomètre descend la nuit jusqu'à 11° et ne monte le jour que jusqu'à 17 et 18°. La voie par laquelle cette lettre doit partir étant très peu sûre, je ne puis me résoudre à continuer les extraits que je comptais faire de mes cahiers. Je joins simplement les résultats de quelques travaux dont je me suis occupé avec beaucoup de soin.

Cette lettre n'est déjà que trop longue pour être perdue. J'ose vous supplier de me rappeler à la mémoire des membres de l'Institut national, qui m'ont honoré de tant d'indulgence pendant mon

dernier séjour à Paris. J'aime que ce corps respectable sache que
je ne suis pas devenu inactif si près de l'équateur...

Les observations ne deviennent utiles que par la communication; je vous prie de communiquer à notre digne ami Lamétherie
celles des déclinaisons magnétiques et de mettre les autres dans
quelques papiers publics, pour donner avis de mon existence; il
m'est impossible d'écrire à tous mes amis.

XXIII

A FOURCROY (1)

La Guayra, le 5 pluviôse an VIII (25 janvier 1800).

CITOYEN,

La fièvre jaune qui désole ce port de l'Amérique méridionale
nous force d'y faire un séjour si court, que je saisis en hâte l'occasion de vous faire parvenir ces lignes et de vous répéter, du fond
de la zone torride, combien je m'occupe de vous et de vos illustres
collègues, parmi lesquels j'ai joui d'un accueil aussi flatteur pendant mon dernier séjour à Paris. Depuis notre départ de Sainte-
Croix de Ténériffe (où j'ai descendu dans le cratère du volcan, l'air
atmosphérique y étant à 0,8 de R. et à 0,19 d'oxigène), je vous ai
écrit deux fois (2), j'ai envoyé aux citoyens Delambre et Lalande
un extrait de mes travaux astronomiques, des longitudes intéressantes, l'observation de l'éclipse du soleil du 6 brumaire, des
immersions de satellites, des recherches sur l'intensité de la
lumière des étoiles australes (mesurée par le moyen des dia-

---

(1) *Lettre de M. Alex. Humboldt, physicien, actuellement voyageant dans
l'Amérique méridionale, au Cit. Fourcroy, sur plusieurs objets d'histoire naturelle et de chimie* (Ann. de chimie. t. XXXV, p. 102. 30 messidor an VIII).
— Cf. *Gilbert's Annalen der Physik.* Bd. VII, s. 329-334. —Crell. *Chem. Ann.*
Bd. II, s. 354-355.) — Cette lettre a été lue par Fourcroy à la première classe
de l'Institut le 26 prairial an VIII, (13 juin 1800).
(2) Ces lettres ont été perdues.

phragmes). J'ai adressé à l'Institut un mémoire chimique sur la phosphorescence de la mer ; sur un gaz particulier que donne le fruit de la *coffea arabica* (1) en l'exposant au soleil, sur un feldspath blanc de neige, qui, humecté, absorbe *tout* l'oxigène de l'atmosphère ; sur le lait du *cecropia peltata* et de l'*euphorbia curassavica* (expériences qui font suite à votre excellent mémoire sur le *caoutchouc*, et à celui de notre ami Chaptal), sur l'air qui circule dans les végétaux... La piraterie qui règne sur mer, et qui désole les côtes de ces belles contrées, me fait craindre qu'une partie de ces lettres ne sera point arrivée en France (2), quoique j'aie choisi tantôt la voie de la Guadeloupe, tantôt celle de l'Espagne. Je donne ces lignes à un bâtiment américain, qui part dans 2 jours pour Boston, et quoiqu'elles ne puissent vous parvenir que par Hambourg, elles en seront peut-être moins exposées. On a coutume ici de copier 4 à 5 fois la même lettre. Mais où prendre le tems, mon digne ami, lorsque l'on a tant de choses à observer, à rédiger, à calculer ?

Je me borne donc à vous dire de nouveau que je jouis de la meilleure santé du monde, que je suis comblé de bontés par les habitans de ces contrées ; que les permissions et recommandations du gouvernement espagnol me procurent toute facilité imaginable pour faire des recherches utiles aux sciences ; qu'aucun de mes instrumens, même les plus délicats (tels que les baromètres, thermomètres, hygromètres, boussole d'inclinaison de Borda) ne se sont dérangés, et qu'au fond des missions des Indiens Chaymas, dans les montagnes du Toumiriquiri, j'ai eu mon laboratoire monté comme si je me trouvais rue du Colombier, hôtel Boston (3). Mon compagnon de voyage, le citoyen Bonpland, élève du Jardin des Plantes, me devient de jour en jour plus précieux. Il joint des connaissances très solides en botanique et en anatomie comparée, à un zèle infatigable. J'espère un jour rendre en lui à sa patrie un savant qui sera digne de fixer l'attention publique. Jamais étranger n'a joui des permissions que le Roi d'Espagne a daigné m'accorder.

(1) La cerise du café fraîche (après 36 heures) dégage un carbure d'hydrogène oxyde et gazeux, qui, absorbé par l'eau, lui donne un goût d'alcool. (H.)

(2) Aucune de ces communications n'est en effet, parvenue à l'Institut. Les recherches que j'ai faites dans les archives de l'Académie des Sciences ne m'en ont fait retrouver aucune.

(3) Sa dernière adresse à Paris.

C'est déjà cette idée seule qui pouvait nous exciter à redoubler notre activité. Dans les sept mois que nous sommes dans ce beau continent, nous avons séché (avec les doubles) près de 4.000 plantes, rédigé plus de 800 descriptions d'espèces nouvelles ou peu connues (nous avons surtout des nouveaux genres de palmes, des cryptogames, des bofaria, des melastoma nouveaux), des insectes, des coquilles, beaucoup de dessins sur l'anatomie des vers marins, beaucoup d'observations sur le magnétisme, l'électricité, l'humidité, la température, la quantité d'oxigène de l'atmosphère, la mesure de toute la haute chaîne des montagnes qui s'étend jusqu'à la côte de Paria, dont nous avons examiné les volcans (volcans qui vomissent de l'air inflammable allumé, du soufre et de l'eau hidrosulfureuse). Nous avons ramassé beaucoup de graines que nous ferons partir dans trois décades d'ici pour l'Europe, en les adressant au *Jardin des Plantes*. Nous avons passé cinq mois dans l'intérieur de la Nouvelle-Andalousie et sur les côtes du Paria, où nous avons essuyé des tremblements de terre très forts au mois de brumaire (1). Une partie de ces contrées est encore habitée par des Indiens sauvages et d'autres ne sont cultivées que depuis 5 ou 6 ans. Comment vous peindre la majesté de cette végétation, ces bois de *Ceiba*, de *Hevea*, de *Hymenea*, où l'on ne sent jamais les rayons du soleil ; la variété des animaux, le superbe plumage des oiseaux, les singes, les tigres, l'aspect hideux des crocodiles (caïmans) dont fourmillent les rivières et qui ont plus de 30 pieds de long?... De Cumana, nous avons passé à Caracas, où nous avons resté frimaire et nivôse, capitale charmante, située dans une vallée qui a 426 toises de hauteur, et jouissant à 10° 31 de latitude du frais (on peut dire du froid) de Paris. C'est de là que nous avons gravi (2) la cime de la *Silla de Caracas*, ou Sierra de Avila, où, à 1.316 toises de hauteur, nous avons découvert de beaux cristaux de titanium. En outre de ces prismes de titanium, j'ai découvert des dendrites (semblables à ceux du manganèse), qui sont de l'oxide de titanium (3).

Nous allons d'ici par Varina, et les montagnes couvertes de

(1) *Relat. hist.*, t. I, p. 512 et suivantes.
(2) *Vues des Cordillères*, pl.
(3) *Relat. hist.*, p. 598.

neige de Mérida (1) aux cascades du Rio Negro (2) et au monde
inconnu de l'Orinoco, pour revenir par la Guayana (3) à Cumana,
d'où nous partirons pour la Havane et le Mexique. Vous voyez,
mon digne ami, que nous ne manquons pas de courage au moins.
Puissent mes faibles efforts être utiles aux sciences que nous
aimons, et que vous et les Vauquelin, les Guyton, les Chaptal, les
Berthollet, ornez de tant de découvertes nouvelles ! Je me flatte
que vous tous ensemble ne m'avez pas tout à fait oublié, et cet
espoir me console de mes peines. Au cas que l'Institut n'ait point
encore reçu ce que je lui ai adressé, faites-moi l'amitié de me
rappeler à la mémoire de cette illustre société ; saluez surtout bien
amicalement, en outre des Vauquelin, des Chaptal et Guyton (4),
les citoyens Jussieu, Desfontaines, Cuvier, Adet, Delambre, mes
amis Tassaert (5), Thénard (6), Robiquet (7),... Le citoyen Sieyès
a eu beaucoup d'amitié pour mon frère et pour moi ; il a voulu
que je lui écrivisse, comptant partir pour l'Égypte. Je lui ai
adressé récemment une lettre (8). Oserais-je vous prier qu'au cas
que vous ne voyiez pas vous-même ce directeur, vous lui fassiez
savoir par un de ses amis que je vis, que je travaille un peu, et
que si, un jour, le projet du voyage autour du globe renaît, je
suis également déterminé à offrir de faibles lumières réunies à
une volonté énergique.

Nous aurons soin d'adresser les graines que nous avons ramas-

(1) Barinas, chef-lieu de province du Vénézuéla au pied de la Sierra Nevada
de Mérida.

(2) Humboldt écrit Negro et Nigro.

(3) Guayana Vieja, à 185 kilomètres au-dessous de Ciudad-Bolivar sur la
même rive de l'Orénoque.

(4) Louis-Bernard Guyton de Morvau (1737-1816), chimiste et homme politique, membre de l'Institut et directeur de l'École polytechnique.

(5) « Mon ami Tassaert, dit ailleurs Humboldt à Delaméthrie, dont la grande
exactitude dans les analyses devait me garantir des erreurs que je pouvais
commettre. »

(6) Le célèbre chimiste Louis-Jacques Thénard (1777-1857), alors répétiteur
à l'École polytechnique.

(7) Pierre-Jean Robiquet, encore tout jeune (1780-1840). Humboldt avait
connu Thénard et Robiquet dans le laboratoire de Vauquelin, dont ils étaient
les élèves.

(8) Si cette lettre est parvenue à l'adresse de Sieyès, elle ne nous est pas
arrivée. Sieyès avait emporté dans son exil, à Bruxelles, quelques rares
papiers seulement. Ces papiers ont disparu avec lui. (Cf. A. Néton : Sieyès,
Paris, 1901, in-12, p. 463.)

sées pour le Jardin des Plantes de Paris, au Muséo et à sir Joseph Banks, tel qu'il a été convenu avec le citoyen Jussieu.

Ce n'est que depuis quelques jours que nous apprenons ici que Bonaparte, Berthollet et Monge sont retournés en France, que l'armée d'Orient reste toujours victorieuse (1)... Jugez quelle joie nous ont causée ces nouvelles. Occupé pendant quatre mois de me rendre en Égypte, je m'intéresse encore infiniment à cette conquête. Nous allons aux Philippines depuis Acapulco. Si la paix se faisait enfin ; si nous pouvions retourner par Bassora, Jaffa, Marseille... Voilà des rêves, mais ils sont si doux... Je suis très attaché à la maison Berthollet. La citoyenne B. à Paris, le fils à Montpellier (il y a juste un an que j'y passai un temps délicieux chez notre ami Chaptal) ont eu beaucoup de bontés pour moi. Que ne puis-je voir le père ! Que je plains le sort de notre malheureux Dolomieu, prisonnier en Sicile (2) ! S'il revient au sein de ses collègues, dites-lui mille choses de ma part, et communiquez-lui le fait suivant : il y a plus de trois ans que je lui ai annoncé, et au citoyen Laméthorie, que dans les montagnes primitives de l'Italie, de la France, Suisse, Allemagne, Pologne (j'ajoute à présent l'Espagne), il existe un *parallélisme de direction* entre les couches des granites feuilletés, ardoisés, schistes micacés, cornéennes schisteuses... que ces couches sont inclinées (tombent) au nord-ouest, et que leur direction fait avec l'axe du globe un angle de 45°57' ; que cette inclinaison et direction ne dépendent aucunement de la direction ou forme des montagnes ; qu'elle n'est affectée aucunement par les vallées ; mais qu'elle annonce une cause infiniment plus grande et plus générale ; qu'elle se rapporte à un phénomène d'attraction qui a agi lors de la consolidation du globe. Ayant voyagé dans la plus grande partie de l'Europe à pied, et avec des sextans et boussoles, j'ai une collection d'observations très étendue à ce sujet. Mon manuscrit sur la direction et l'identité des couches, ou sur la construction du globe, est entre les mains de mon frère. J'y ai travaillé depuis 1791, mais il ne doit paraître que lorsque j'aurai vu plus de terrain.

(1) Écho de la victoire de Kléber à Héliopolis (20 mars 1800).
(2) Déodat Gratet de Dolomieu (1750 1802), géologue et minéralogiste. A son retour d'Égypte, il avait été fait prisonnier à Tarente et ne fut rendu à la liberté qu'après Marengo.

A mon plus grand étonnement, j'ai observé dans la Cordillière du Para, de la Nouvelle-Andalousie, Nouvelle-Barcelone et Vénézuéla, que, dans le nouveau monde, près de l'Équateur, les couches suivent les mêmes lois, le même parallélisme.

Vous vous souvenez des dernières belles observations du citoyen Coulomb (1) sur l'air qui sort avec explosion des troncs d'arbres lorsqu'on les perce. J'ai fait ici des expériences sur le *clusea rosea*, dans lequel (c'est dans l'intérieur des vaisseaux pneumato-chimifères de Hedwig, *vasa cochleata* de Malpighi) circule une immense quantité d'air. Cet air contient jusqu'à $\frac{35}{100}$ d'oxigène. Les feuilles du même arbre, exposées au soleil sous l'eau, ne donnent pas un millimètre cube d'air. Cet air qui circule sort certainement (comme dans le corps animal) pour coaguler, par l'absorption d'oxigène, la partie fibreuse. Le *clusea* est une plante laiteuse et il s'y forme un gluten élastique.

Quoique la pureté de l'air atmosphérique monte ici, principalement la nuit, au delà de 0,305 d'oxigène, j'ai trouvé que l'air contenu dans les siliques et capsules des plantes équinoxiales, par exemple de *paullinia*, est plus azoté que notre air atmosphérique. Il ne monte guère au-dessus de 0,24 à 0,25 d'oxigène. L'air dans les *culmi geniculati* n'a ici que 0,15 d'oxigène. Tout cela prouve que l'air qui circule est plus pur ; et que l'air, qui est en repos, déposé dans des capsules ou *utriculi*, est moins pur que l'air atmosphérique. Le premier est récemment produit par les organes qui décomposent l'eau ; il se porte là où il doit servir, par son abondance d'oxigène, à précipiter la fibrine, à former le tissu fibreux, l'autre est le résidu d'un gaz qui a déjà achevé de faire ses fonctions.

Salut, etc.

ALEX. HUMBOLDT.

(1) Charles-Aug. de Coulomb, physicien (1736-1806), membre de l'Académie des Sciences, auteur d'expériences célèbres sur les résistances passives, etc., etc.

XXIV

AU BARON DE FORELL (1)

Caracas, ce 3 février 1800.

Monsieur le baron,

Malgré les lettres que j'ai essayé de vous faire parvenir par la voye du *Pizarro*, de la frégatte *El Rey* et d'un petit bâtiment de Cadix, je ne me lasse pas de vous importuner de nouveau par ces lignes. Je sais combien peu il faut compter sur la correspondance dans un moment où toutes les mers sont couvertes de vaisseaux ennemis, je sais quel intérêt vous daignez prendre pour le succès de mes travaux, avec quelle indulgence vous recevez tout ce qui vient de ma part. C'est à vous, mon bon et digne ami, que je dois l'heureuse situation dans laquelle je me trouve, c'est à vous que devra le public le peu d'utilité qui résultera de ce voyage aux Indes. En traversant le vaste océan qui sépare le monde agité du monde paisible, sur les bords sauvages du Guarapiche, au fond de ces bois antiques qui couvrent les vallées du Tumeriquiri, votre mémoire m'a été présente. L'homme est né pour être reconnaissant. Le physicien, en étudiant les lois de la nature, est le plus excité à les suivre.

Il n a pas trois semaines que ma dernière lettre est partie (2), mais je crains si fort qu'elle puisse s'égarer que je risque de récapituler ce que je vous ai déjà dit plusieurs fois. Sans secrétaire, je n'ai pas le courage de perdre le tems à copier (comme on fait ici) jusqu'à quatre fois la même lettre. Excusez pour cela, monsieur le baron, si en d'autres phrases le fond de ma correspondance est souvent le même.

(1) E. Lentz, *op. cit. Zeitschr.*, s. 357-361, et *Festschr.*, s. 48. — Une traduction de cette lettre se lit au n° 6 des *Anales de Historia Natural* (oct. 1800, p. 251 et suiv.). La Roquette a retraduit ce texte espagnol dans sa *Correspondance* (t. I, p. 88), ce qui explique les différences qu'il présente avec l'original. (Cf. Lentz, *Ibid.*, s. 337. — *Festschr.*, s. 27.)

(2) Cette lettre, qui serait par conséquent du milieu de janvier, n'a pas été retrouvée. La lettre précédente (p. 28) à Forell est du 16 juillet 1799.

Plus que nous nous sommes enfoncés dans l'intérieur des missions Chaymas et moins nous nous sommes repentis de n'être pas
passés directement à la Havane. Comment être si près de la côte
du Paria, des merveilles de l'Orinoco, de cette immense Cordillère
qui, depuis le Quito, s'étend à l'est vers Carapana, de cette végétation majestueuse que Jacquin a tracée dans ses ouvrages, — et
s'en séparer avec un courier qui ne s'arrête que trois jours à Cumana! Ayant une somme assez considérable en argent comptant
avec moi, trouvant les facilités les plus grandes dans l'amitié du
respectable Gouverneur, le capitaine de vaisseau Don Vicente Emparan (1), craignant en même tems d'être infecté du miasme d'une
fièvre maligne qui, depuis notre entrée dans les Tropiques, régnait
sur notre bâtiment, je résolus de rester sur une côte dont le climat salutaire et le manque de pluye nous permit de commencer
sur le champ des travaux, qu'à l'Isle de Cuba, il aurait fallu sus-
pendre encore pendant trois mois! Vous, mon digne ami, qui malgré l'air des Cours, avez conservé dans votre âme cet intérêt pour
les ouvrages de la Nature, que ne pouviez-vous partager avec moi
les sentimens d'admiration et de jouissance qui nous ont pénétrés
en touchant pour la première fois ce sol animé de l'Amérique méridionale! Arrivés à la Havane ou à Caracas, nous avons trouvé
partout les traces de la culture européenne, mais dans ce golfe
de Cariaco dont les Indiens sauvages des marais (*Guaraunos del
Arco*) s'approchent à 15 lieues, tout annonce encore l'empire de la
Nature. Les tigres, les crocodiles, les singes même ne s'épouvan-
tent pas de l'homme ; les arbres les plus précieux, les guajacan,
les mahagony, les bois de Brésil, les campêches, les cuspa (2)
(quinquina) s'avancent jusque vers la côte, et par leurs rameaux
entrelacés en défendent quelquefois l'abordage. Les eaux et les
airs sont remplis des oiseaux les plus rares. Depuis les boas qui
dévorent un cheval jusqu'au colibri qui se berce sur le calice des
fleurs, tout nous dit ici combien la Nature est grande, puissante
et douce en même tems.

Depuis que nous avons quitté la Corogne (pendant six mois) nous
avons joui, mon compagnon et moi, de la plus parfaite santé.

(1) Don Vicente Emparan, capitaine de vaisseau de la marine royale, gouverneur de Portobello et Cumana. (*Relat. hist.*, t. I, p. 291.)
(2) Cf. *Relat. hist.*, t. I, p. 366, etc.

Nous sommes à présent assez acclimaté[s] pour voir qu'avec [de la] prudence un Européen peut travaille[r] en ces contrées presque autant qu'en Europe. Nous avons eu le bonheur de ne déranger ni briser aucun instrument depuis Madrid, quoique les plus délicats, les baromètres, les hygromètres, les cyanomètres, la boussole d'inclinaison, l'appareil chymique pour décomposer l'atmosphère, ont été continuellement en action, soit pendant la navigation (pendant laquelle le respectable chevalier Clavijo (1) nous a procuré toutes les commodités imaginables), soit en voyageant avec des mules dans la haute Cordillère. Bonpland a été d'un zèle et d'une activité inconcevables. Plus de 6.000 plantes séchées (en comptant les doubles), 600 descriptions d'espèces intéressantes ou neuves, des insectes, beaucoup de coquilles, des mesures barométriques ou trigonométriques de la haute chaîne des montagnes, des descriptions géologiques, un travail astronomique assez étendu sur la longitude et latitude des lieux, des immersions ou émersions des satellites, l'éclipse de soleil visible le 28 octobre (sa fin a été à Cumana en tems moyen à 2ʰ 14′ 22″), des expériences sur les déclinaisons et inclinaisons magnétiques, sur la longueur des pendules, la température, l'élasticité, la transparence, l'humidité, la charge électrique, la quantité d'oxigène de l'atmosphère, une cinquantaine de dessins sur l'anatomie des végétaux et des coquilles... tels ont été les fruits de nos travaux dans la province de Cumana. Je l'ai écrit à S. E. M. d'Urquijo et j'ose vous supplier de le lui répéter, que je ne puis assez me louer de la bonté avec laquelle tous les officiers du Roi favorisent nos excursions littéraires. Nous parlons déjà si coulement l'espagnol que nous n'avons aucune difficulté de suivre une conversation de quelques heures. J'admire parmi les habitans de ces contrées éloignées cette loyauté, cette simplicité de caractère, ce mélange d'austérité et de bonhomie, oui de tous les tems a signalé la nation espagnole. Si les lumières sont peu répandues, l'immoralité l'en est d'autant moins. A quarante lieues de la côte, dans les montagnes de Guanaguana (2), nous sommes arrivés sur des habitations, dont les maîtres ignoraient jusqu'à l'existence de ma patrie. Comment

---

(1) Don Rafaël Clavijo, directeur général des courriers maritimes. (*Relat. hist.*, t. I, p. 52.)

(2) Cf. *Relat. hist.*, t. I, p. 402.

vous peindre l'hospitalité touchante avec laquel'e on nous a traités ?
On se sépare après quatre jours comme si on avait passé toute sa vie
ensemble! Plus que je vi[s] dans les colonies espagnoles et plus je
m'y plais. De retour en Europe, j'aurai de la peine à me désespa-
gnoliser. Nous avons fait, malgré le tems des pluyes, des voyages
délicieux à la côte de Paria, dans les missions des capucins chez
les Indiens Chaymas et Gaaraunos. Jamais naturaliste [n']a été
dans ces missions. Nous y avons découvert nombre de plantes
nouvel'es, de nouveaux genres de palmes... Nous sommes grim-
pé s à la cime du Tumiriquiri, nous sommes descendu[s] dans la
Cueva del Guacharo (1), une caverne immense habité[e] par des
milliers d'oiseaux de nuit (nouvelle espèce de *Caprimulgus*, Linné)
dont la graisse donne la *aceite del Guacharo* (2). Rien de plus majestueux que l'entrée de cette caverne couronnée de la plus belle
végétation. Il en sort une rivière assez considérable. L'intérieur
retentit des cris lugubres des oiseaux. C'est l'Achéron des Indiens
Chaymas, car d'après la mythologie de ces peuples et des Indiens
de l'Orinoco, l'âme des défunts entre dans la Cueva. *Aller au Gua-*
charo veut dire mourir dans leur langage. Nous avons passé près
de 15 jours dans la vallée de Caripe (3) situé[e] à une hauteur de
952 vares cast. au-dessus du niveau de la mer. C'est une vallée
habitée par des Indiens nus et des singes noirs avec une barbe
rouge. Les capucins au couvent et les missionnaires parmi les Indiens à demi sauvages nous ont comblé[s] de bontés et de politesse[s]. Nous comptons, après avoir joui pendant trois mois de
cette grand[e] ville, où le luxe européen est très répandu, nous
enfoncer dans l'intérieur des terres à Varinas, et la Sierra-Nevada
de Merida, puis descendre l'Orinoco jusqu'à l'Angostura de la
Guyana, pour retourner par la vallée del Pao (4) à Cumana et y
attendre le courier de mai qui nous mènera (à moins que les tigres
et les crocodiles du Caziquiare ne nous ayent pas mangés) à la Havane. Un de nos amis, le Père Andujar, capucin, compte nous ac-

---

(1) Gnacharo (*celui qui crie et se lamente*), nom castillan de ce nouveau *Ca-*
primulgus. (*Relat. hist.*, t. I, p. 413, n° 1.)

(2) *Huile de guacharo.*

(3) *Relat. hist.*, t. I, p. 409.

(4) Le Rio Pao, qui coule du pied des collines de la Galera jusqu'à la Por-
tugueza, branche de l'Apure. (*Relat. hist.*, t. II, p. 75.)

compagner, car nous ne trouverons depuis Apuro rien que des Indiens et des missionnaires. Les Espagnols n'osent pas entrer dans les missions. Nous jouissons d'une protection distinguée de la part de l'évêque, du Père Guardien des Osservanti et du *Prefectus* des Capucins.

Cette lettre n'est déjà que trop longue pour être perdue et jettée dans l'eau. Mais comment écrire au baron de Forell, sans lui dire un mot de géognosie ? J'ai ramassé de beaux matériaux pour mon ouvrage *Ueber Schichtung und Lagerung der Gebirgmassen.* Quelle régularité de construction, quelle analogie de formation dans toutes les zones ! A 10° de latitude les couches primitives sont (comme au Saint-Gothard, en Silésie, dans les Pyrénées) inclinées au nord-ouest. L'Amérique méridionale est une péninsule immensément élevée au-dessus des eaux. *Los Llanos,* des plaines qui vont depuis Varinas jusqu'à Buenos-Ayres et sur lesquelles le ciel fait horizon, ont 800 à 900 vares castillanes de hauteur. Je crois qu'à 15° de latitude méridionale, elles s'élèvent à 1.400 vares et qu'elles forment des plateaux en étages comme le plateau du Thibet, et ce qu'en Afrique on nomme *déserts.* La haute Cordillère (un rameau de celle du Popayan et du Quito) se rapproche de la côte plus qu'elle s'étend à l'ouest. Elle consiste de granite feuilleté, mêlé, comme en Suisse, de Spakstein vert, de schiste micacé avec une infinité de grenat et de fer magnétique (à Caracas) et de l'ardoise primitive. J'ai vu des traces de syénite et de la formation primitive de Grünstein, un mélange intime de feldspath et de cornéenne dans le schiste micacé qui en Talkschiefer fait transition dans le Thenschiefer. Dans les roches primitives (comme en Europe) des couches subordonnées de pierre calcaire primitive, presque denses, mais avec les filons de spathcalcaire qui la caractérisent toujours, des couches de quarz avec un peu de cyanite (à Maniquarez et Chacao Aroa) (1)... *eine Kupfere Formation.* La Cordillère primitive, couverte de neige à Merida et à la Santa Martha et ayant encore 3.000 vares de hauteur, dans la Province de Caracas, s'abaisse avec une énorme rapidité, plus qu'elle s'étend à l'est. Les montagnes de schiste micacé n'ont dans la Province de Cumana que 600 à 700 vares de hauteur. Elles

(1) *Relat. hist.,* t. II, p. 124 et suiv., etc.

suivent l'isthme qui sépare le golfe de (1) Cariaco de l'Océan et se
terminent par les Bouches du Dragon, dans l'île de la Trinité. A la
pointe Araya la Cordillère primitive a seulement deux lieues de large,
et l'on n'y reconnaît plus une branche de la chaîne colossale de
Quito. En examinant le fond du golfe du Mexique et la partie de
la Margarita que l'on nomme Macañao, on arrive presque à croire
qu'en d'autres tems la Cordillère primitive s'étendait plus au
nord-est depuis le cap Cordera ; et que dans la grande catastrophe
d'où le golfe est résulté, fut détruite la partie de la Cordillère
opposée à Cumana. Il est au moins certain qu'aujourd'hui dans
les provinces de Nueva Barcelona et de Nueva Andalucia, la chaîne
secondaire se trouve trois o   quatre fois plus élevée au-dessus du
niveau de la mer que la primitive. Les points les plus élevés de la
chaîne secondaire sont, selon mes mesures, le Brigantin, le
Guacharo, le Cocollar et par-dessus tout le Tumiriquiri, dont la
cime composée de sablon et de roche calcaire secondaire a
2.244 vares castillanes de hauteur. Toute la chaîne conserve dans
une grande étendue, une hauteur de 1.200 à 1.500 vares castillanes, présentant une déclivité très rapide vers le nord (où est
l'océan) et au contraire une autre plus douce et insensible vers le
sud dans les *llanos* qui (comme toutes les plaines d'Amérique)
ont plus de 2.000 pieds de hauteur.

Les formations secondaires sont (en commençant par celles qui
reposent sur le schiste primitif) :

a) La roche calcaire des hautes Alpes (*Alpenkalkstein*) couleur
bleutée, compacte, passant parfois au fin grenu, ne présentant pas
de coquilles mêlées dans toute sa masse, mais unies en certaines
couches sur les cimes les plus élevées. La figure de ces montagnes,
l'irrégularité et la direction ondoyante de leurs couches (*gewundene
schichten*) indiquent la même formation calcaire que nous voyons
dans la majeure partie des Pyrénées, dans les Apennins, dans les
Alpes de la Suisse, des montagnes du Tyrol, de Salzbourg, de la
Styrie... enfin de toutes les Cordillères hautes que j'ai observées en

---

(1) L'exemplaire en français qui a servi à la publication de M. E. Lentz
s'arrêtait ici brusquement mutilé et l'éditeur allemand ne s'est pas aperçu
qu'il lui était possible de compléter la lettre en se servant de la traduction
espagnole. C'est ce que je fais de mon mieux (Cf. *Anales de Historia Natural*,
oct. 1800, p. 257 et suiv.)

Europe. C'est la roche calcaire de seconde formation (*Mittelkalkstein*) de Fichtel. Mais le caractère le plus distinctif dont la nature a marqué cette formation, le caractère qui me fit découvrir l'identité de cette roche calcaire des Alpes, avec celle qu'en Saxe on nomme *Zechstein* (roche calcaire compacte commune, marne dure de Thuringe) (1), c'est l'existence de couches de marne schisteuse et de schiste cuivreux qui se trouve dans la roche calcaire des Alpes de la Suisse, comme dans celle du Tumiriquiri de l'Amérique méridionale. Ces couches mesurent dans la Cordillère de la Nueva Andalucia de 1 à 3 toises d'épaisseur. Elles forment un mélange intime de terre calcaire, de silice et d'argile, teinté par une forte proportion de charbon. Exposées au soleil, elles blanchissent et m'ont donné de l'hydrogène carboné. Elles contiennent de la pyrite de cuivre, et quelquefois du pétrole. Dans une montagne de 100 toises de hauteur se présentent dix à douze de ces couches de marne schisteuse, exactement de même façon que dans les vallées de Lutschinen et du Grindelwald. Quelquefois (dans la Cuchilla de Guanaguana, el Purgatorio) elles forment le passage à une argile schisteuse, pareille à celle de Scheidek en Suisse. La pierre calcaire contient des indices de mine de fer grise (comme à Haslithal) et de grandes cavernes où naissent les rivières, mais je n'y ai pas toutefois découvert d'os fossiles ni de phosphate de chaux. Les quadrupèdes paraissent plus modernes que la formation de cette roche calcaire. Un phénomène fort curieux (quoique analogue aux boracites et aux cristaux d'améthyste dans le gypse de Luneburg, etc., Burgtonna en Saxe) a été pour moi d'avoir rencontré, distants de tout filon et couche hétérogène, disséminés au milieu de la roche calcaire des Alpes, de beaux cristaux de roches. Ils sont si rares, qu'une grande montagne (el Cuchivano) n'en contient pas plus de 4 ou 5. Ils se trouvent isolés (non groupés) au milieu de la masse, comme le feldspath dans le porphyre.

b) Une formation sableuse, très moderne, superposée à la roche calcaire (des Alpes). C'est un monceau de coquilles, de cailloux de quartz et de pierre calcaire secondaire (comme dans le Montserrat en Catalogne), unis par le carbonate de chaux. Il est très facile de se tromper sur la formation de ce sable, parce que, à 30 toises de

_____

(1) *Dictionn. de Reuss* (Ht.).

profondeur, ses couches paraissent roche calcaire très pure. Mais,
en examinant avec soin se découvrent quelques cailloux de quartz
dans la masse, et prolongeant les mêmes couches, on voit dispa-
raître peu à peu la base calcaire et augmenter de telle manière le
nombre des cailloux qu'enfin on ne distingue plus qu'une brèche
siliceuse. C'est une formation égale à celle des sables de la
Manche, du Royaume de Léon et à celle dans laquelle vous avez
fait d'importantes observations à Aranjuez.

Mais près du golfe de Mexique et dans quelques îles dont nous
avons pu examiner la structure (Cubagua, Coche, Margarita, peut-
être Tabasco rapproché au télescope), ce sablon enserre une multitude de coquilles de madrépores, méandrites et cellulaires, d'un
demi-pied de Cuba d'épaisseur.

L'ordre dans lequel se voient comme distribuées ces coquilles
prête à des observations curieuses, et quelques-unes contraires
aux opinions reçues en Allemagne, j'en citerai deux seulement.
La première est que la majeure partie des coquilles pétrifiées de
cette côte de l'Amérique méridionale sont de la même espèce que
celles que nous avons collectées dans le même globe. Et la seconde,
que durant le reflux j'ai vu clairement, dans les couches de sable
que forment le fond de l'Océan, que les *coquilles d'eau douce sont
mêlées aux marines*. Cependant je n'ai pu découvrir ni ammonites ni
bélemnites. Les terres qui sont au-dessous de l'équateur seraient-
elles par aventure de formation plus moderne, pour avoir été
couvertes d'eau plus de temps que les autres à cause de la rotation
et de la force centrifuge ?

c) Une formation de sel gemme. Je comprends sous cette dénomi-
nation toutes les substances que j'ai trouvées toujours réunies en
Pologne, en Angleterre, dans le Tyrol, en Espagne, etc. : à savoir,
premièrement *l'argile muriatique*, qui est la véritable matrice du
sel gemme, sa compagne fidèle sur tout le globe, de même que
l'argile schisteuse l'est du charbon de terre (argile moins connue
des minéralogistes que des mineurs, auxquels en tout temps elle a
servi de guide pour trouver le sel gemme) ; qui est un mélange
d'argile, de silice, d'un peu de chaux et de beaucoup de terre
talqueuse, de couleur grise ou sombre, par le carbure d'hydrogène qu'elle contient, possédant à un degré éminent la funeste
propriété de décomposer entièrement l'air atmosphérique en peu

de jours. Secondement, le *gypse*, soit en masse, soit lenticulaire, et troisièmement le *sel gemme*.

Cette argile muriatique très riche dans le Popayan et à Quito est si pauvre en sel gemme dans les provinces de l'Est (Nueva Barcelona, Nueva Andalucia) qu'à peine elle s'aperçoit avec le microscope. Elle contient plus de 0,3 de pétrole et est l'origine des fontaines de Crai à la Trinité, au *Buen Pastor* sur la côte de Paria, et dans ce même golfe de Cariaco, golfe formé, suivant la tradition géologique des Indiens Guaignoris, par un tremblement de terre et qui paraît toutefois se tenir en communication avec les volcans de Cumucata, qui vomissent du soufre, du gaz hydrogène, et des eaux chaudes hydro-sulfureuses.

Les tremblemens de terre les plus forts se sentent dans les environs du golfe ; nous en souffrîmes quelques-uns très cruels dans le mois de novembre à Cumana et ils firent varier l'inclinaison de l'aiguille magnétique, qui, avant le tremblement, le 4 novembre, indiquait 44° 20 (nouvelle division), et après 43° 35. On doit observer que les tremblemens se manifestent seulement à la fin des pluies, et que pour lors les cavernes du Cuchivano dégagent pendant la nuit du gaz inflammable qu'on voit reluire à 100 toises de hauteur. Il est très probable que la décomposition de l'eau dans la masse schisteuse, laquelle est pleine de pirites, et contient des carbures d'hidrogène, soit une des causes principales de ces phénomènes. La ville de Cumana conserve encore des ruines depuis deux années.

Dans le voyage pénible et périlleux que nous fîmes à la Silla de Caracas (1), et dans d'autres excursions, nous avons recueilli nombre de semences et minéraux, que j'enverrai pour le jardin et cabinet de Sa Majesté Catholique.

HUMBOLDT.

(1) La Silla de Caracas ou Montaña de Avila, au dessus du port de Guayra (*Vues des Cordillères*, pl. LXVIII, p. 208).

XXV

A DON JOSÉ CLAVIJO FAJARDO

Caracas, 3 février 1800 (1).

Le tems que j'ai séjourné dans les environs de Caracas, avant de continuer mon voyage vers les fleuves Méta et Orinoco, je l'ai proportionné dans les différentes excursions que j'ai faites pour mesurer la haute Cordillère de la côte, étudier la végétation et déterminer sa position astronomique, collecter divers minéraux d'autant plus précieux, qu'on ignore encore aujourd'hui de tout point la construction du globe dans cette partie du monde. J'ai destiné cette collection et celle des semences que nous avons rassemblées au cabinet et jardins de Sa Majesté. Je les enverrai du port de la Guayra, parce que le transport jusqu'à Cumana (où je conserve d'autres productions pour la même destination) me serait trop incommode et coûteux. Ces minéraux éclaireront les notices que je communique à M. le baron de Forell sur la disposition et la direction des couches dans l'Amérique méridionale et sur leur identité avec celles de l'ancien continent; problème intéressant que je pense traiter quelque jour avec plus grande clarté, lorsque j'aurai examiné un plus grand nombre de terres. Mon objet principal étant plus de bien observer que de collecter, j'ai mis la plus grande exactitude possible dans l'indication des parages où j'ai recueilli chaque production, afin qu'on en puisse demander de plus gros échantillons aux personnes qui, d'ordre royal, visiteront dans la suite ce pays ou aux autres personnes complaisantes et instruites qui l'habitent.

Dans une chaîne de montagnes peuplée de tigres et de serpens il est très difficile de transporter des minéraux, parce qu'il est né-

---

(1) Le texte de cette lettre en langue espagnole a paru dans le n° 6 des *Anales de Historia Natural* (octobre 1800) sous ce titre : *Extracto de otra carta del barón de Humboldt al Sr. D. Joseph Clavijo, Director del Real Gabinete de historia natural* (p. 262-268). La Roquette l'a traduite (t. I, p. 80-88) et je la traduis à mon tour.

cessaire de faire à pied toutes les excursions ; je crois donc
que le plus important se réduit à observer pour le mieux,
étudier la structure du globe et indiquer les relations générales, de manière que les minéralogistes de la capitale, recevant
les minéraux d'Amérique, puissent deviner leur nature géognostique. Ainsi nous savons qu'en Europe (par exemple) le jaspe porcelaine se trouve à côté du schiste porphyrin ; que les basaltes ou
les sources de l'hidrogène sulfuré sont dans le voisinage immédiat
du charbon de terre ; que le sel gemme accompagne le gipse
folliculaire, etc. Quand je serai de retour de l'Orinoco et que
j'aurai observé une grande partie de ces immenses plaines dont,
jusqu'à présent, j'ai vu seulement les dépendances dans les missions des Indiens Chaymas, j'enverrai un mémoire de plus grande
étendue sur cette partie de l'Amérique méridionale.

ROCHES DE L'AMÉRIQUE MÉRIDIONALE

1, 2. — Granite folliculaire de la cime de la Silla de Caracas, à
1.316 toises de hauteur, quelque peu plus basse que le Canigou.

3. — Granite folliculaire du fameux cap Codera à 141 toises de
hauteur. Toute la côte et le fond de la mer du golfe du Mexique, depuis
le cap Unare jusqu'à Santa-Martha, se compose de ce granite, rarement
granulaire ; sa direction (conforme à la loi générale que j'ai observée
en Allemagne, en Pologne, en Italie, en Suisse, dans les Pyrénées, en
Galice, etc.) est comme dans toutes les roches primitives à 3 ou 4 heures
d'inclinaison au nord-ouest, c'est-à-dire que la direction des couches
fait un angle de 45 à 60° avec le méridien. Ce parallélisme
extraordinaire en des pays si éloignés indique l'existence d'une cause
puissante qui a travaillé au temps où se solidifiait le globe, laissant la
direction indépendante de la forme des montagnes. (Voyez dans le
Journal de Physique de Laméthrie ma *lettre au C. Dolomieu.*)

4. — Granite de la montagne de Capaja, passage au talc ardoisier
ressemblant au granite folliculaire de l'*Himmelsfürst* à Freyberg.

5. — Formations subordonnées dans la Cordillère primitive qui,
depuis Popayan et le plateau élevé de Quito, s'étend à l'Est jusqu'à la
montagne de Paria et au volcan de Cumacatar.

5-14. — 1° Roches granitiques dans les *quebradas* de Chacaito,
Topo et presque toute la Sierra d'Avila, qui ont de 800 à 1.080 toises
de hauteur. Une autre série très curieuse des sources du Rio Catoche,
près de la ville de Caracas, à 426 toises de hauteur ; c'est un véritable
granite avec grenats et feldspath vitreux. On a choisi les exemplaires de
manière à prouver le passage du granite pur à la roche granitique.

Il est fort extraordinaire que la blende cornée schisteuse et le schiste micacé (matrices ordinaires des grenats en Europe) ne les contiennent pas dans la chaîne de la Sierra d'Avila.

15, 16, 17, 18, 19. — 2° Chlorite schisteuse près de Cabo Blanco : forme des rochers dans la mer, de sorte que l'accès en est difficile. Elle présente des passages à la blende cornée schisteuse.

3° Roche verte primitive (voyez les mémoires de Werner et Buch), mélange intime de roche cornée et de feldspath, qui forme des couches dans le granite, de manière que l'ancienneté de sa formation reste en dehors de tout doute. C'est une roche apparentée au *Patterlestein* du Fichtelgebirge, qui fond très facilement et s'emploie pour faire les boutons et perles que les Anglais achètent pour leur commerce d'esclaves (20, 21, 22, 23, 24). Il parait que près de la Guayra il y a aussi de la roche verte dans la mer.

4° Roche calcaire à gros grains, primitive, avec mica. Malgré mes recherches opiniâtres, je n'ai pas pu découvrir dans cette roche de traces de la trémolite. Elle contient du fer spathique et des pirites ferrugineuses en masse, et l'on doit observer que cette même pirite se trouve libre partout dans le granite folliculaire dans la pierre calcaire secondaire et dans le sable. L'Amérique méridionale renferme une masse énorme de soufre; ce qui fournira beaucoup de lumière pour découvrir la cause de tant d'eaux hidro-sulfureuses, de tant de fentes exhalant du gaz hidrogène, de tant de tremblemens qui agitent cette partie du globe. Partout il y a décomposition de l'eau, formation de fluides élastiques; et combien énorme est cette masse d'eau qui tombe en cinq mois!

La roche calcaire primitive du Cerro de Avila ne dépasse pas la hauteur de 720 toises.

31-32. — Cristaux de roche des montagnes granitiques de los Moriches, dans la province de Caracas, avec de la terre verte.

33. — Parait une galène très argentifère de la Valle del Cura; on dit que ce sable se rencontre dans les rivières.

34. — Couches de quartz à texture obscurément feuilletée, formant des roches au fond de la mer, aux environs de l'embouchure de la rivière Mamon.

35. — Entre le cap Codera et le cap Blanc, dans le golfe de Higerote, près de La Guayra, la mer rejette une quantité de sable magnétique. Sur les côtes (on y voit quelquefois du fer titané?), on ignorait d'où provenaient ces sables (N°s 36-37). J'ai rencontré dans les montagnes de Avila des couches de quartz, qui contiennent du fer magnétique. On peut voir dans le *Journal des Mines* le mémoire sur le fer magnétique de Saint-Domingue.

La *Roca verde* primitive (*grünstein*) de Werner, remplie de grenats et formant des boules qui se décomposent par couches concentriques, empâtées dans le granite folliculaire, phénomène géologique très curieux; près d'Alcabala de Caracas, dans le chemin d'Antimano, il y a un filon de cinq à six toises de large rempli de ces boules, qui ont quelquefois huit pieds de diamètre. La roche (Querergestein) est le schiste micacé, mais la matière qui sépare les boules est un granite folliculaire (38-42). Je connais seulement un autre phénomène semblable à Naila dans le Fichtelberg.

Des boules vraies de granite, avec parties distinctes squameuses, se rencontrent en Galice aux environs de la Corogne et dans le Geissen en Franconie. J'ai publié leur description dans le *Bergm. Journal* de Freyberg.

Les fossiles empâtés avec les grenats méritent un examen attentif.

43. — Deux pierres avec croix des montagnes de Neige de Truxillo.

44. — *Cianite* que j'ai decouverte près de Maniquarez dans la province de Nueva Andalucia.

45. — *Conglomérat*, formation de sable, très moderne, qui repose immédiatement sur le granite de la côte de la province de Venezuela, et se perd dans la mer. Des couches de grès à grains fins et presque sans pétrification, alternent avec des couches pleines de madrépores et de coquillages si récens qu'ils semblent morts, il y a peu de jours. Cette même formation s'observe dans les plaines à cent lieues de la côte (près de Calabozo), où elles paraissent présenter des vestiges de mercure (45-50).

51-52. — Oxide rouge de titane cristallisé que je découvris près de la Cruz de la Guayra, à 504 toises d'altitude, sur des filons de quartz. Nous n'avons pu recueillir une plus grosse portion, si fort que nous nous soyons opiniâtrés pour l'avoir, mais dans les instructions qu'on me pria de donner aux jeunes gens du collège sur les instrumens que j'avais avec moi, je leur fis voir le titane, et je ne doute pas qu'ils ne trouvent de grands cristaux que M. l'abbé Montenegro enverra au cabinet de Sa Majesté (53, 54, 55, 56). Je suppose que les dendrites sont aussi de l'oxide de titane, ce que décidera facilement Don Luis Proust avec son grand talent d'analyse. Il vaut mieux recueillir une chose inutile que d'abandonner des objets curieux dans la crainte de se compromettre!

57, 58, 59. — Quartz avec graphite ou carbure de fer? Quebrada de Rocumé, Chacaito, semblable à celui de Chamounix. La couleur rouge écarlate indique-t-elle l'oxide de fer? Il y a au moins du fer spathique dans les environs ; son altitude est de 1.100 toises.

60. — Pirites éparses dans le granite, sans veines et sans filons; on prétend qu'elles sont aurifères.

61. — Substances qui se trouvent dans des cailloux à de grandes hauteurs dans les montagnes granitiques ; 1.000 à 1.200 toises ; oxide de cuivre ?

62. — Oxide de cobalt (?) en couches dans le granite, ne serait-ce pas du cuivre? — A Bayreuth, près de Wunsiedel, j'ai découvert une

mine pareille, qui était un mélange de cobalt et de manganèse. Crux
de la Guayra.

63. — Terre à porcelaine, formée de couches de feldspath décomposé de la Silla de Caracas, avant d'entrer au Pexual, à 930 toises
d'altitude. Cette terre absorbe l'oxigène de l'atmosphère d'une manière
extraordinaire. Jusqu'à présent elle était inconnue sous ce rapport;
mais on commence à l'employer pour les briques.

64. — Roches intéressantes de la montaña de Avila. On les appelle
pulimientadas; c'est un granite folliculaire couvert de calcaire spathique. Il paraît que les eaux, chargées de chaux (par la décomposition
de la roche calcaire primitive), ont formé ce dépôt, il y a des
siècles, puisqu'aujourd'hui il n'existe plus de telles eaux dans ces parages.

65. — Nature du filon (formation du filon) 5/4 de toise de large
de la mine d'argent de Toxo (près de Catia) exploitée au tems de l'intendant Don Joseph de Avalo, et analysée par Don Luis Proust. La ga-
lerie s'étant affaissée, j'ai pu pénétrer seulement à quelques vares avec
assez de danger. Les malheureux restes de la mine d'or de Barato
offrent un filon de même nature.

66. — Roche (*Queerqestein*) de la mine de Topo (?); schiste micacé.

67. — Sel en efflorescence, du filon d'argent de Topo.

68. — Roche des *morros* de San Juan, entre Calabozo et Tisnas,
roches fameuses qui se dressent comme des obélisques dans les plaines
immenses. Ce sont les îles antiques de l'Océan primitif. La nature des
roches est digne d'attention : elle montre un passage de la roche cornéenne noire au schiste siliceux. J'ai vu le même schiste siliceux à
Barcelone et à Neveri (province de la Nueva Barcelona), formant des
couches dans la roche calcaire secondaire (1). — Caracas, 3 février
de 1800.

HUMBOLDT.

(1) En publiant cette lettre, Herrgen ajoutait les observations qui suivent :
Notes. Au n° 43.

Ces pierres ne doivent pas se confondre avec ce que nous appelons en
orictognose *piedra cruciforme* (genre *silice*, famille 30 de Widermann). C'est
identiquement le même fossile découvert en Espagne, mais non encore
déterminé par aucun minéralogiste. Sa couleur est d'un blanc verdâtre,
un peu jaunâtre. Dans sa section en largeur, il présente une croix parfaite
de Saint-André, de couleur vert noirâtre. Jusqu'à présent, je ne l'ai vu que
cristallisé en prisme à quatre pans, avec les arêtes latérales arrondies et
parfois les plans latéraux cylindro-convexes. Il est tendre et sa rayure présente une couleur grise. Sa matrice forme un passage du granite folliculaire
au schiste micacé et répand une forte odeur d'argile quand on le respire de
pres. Une portion de ces cristaux a été ultérieurement adressée de la ville
de Llano, dans les Asturies, à Don Luis Poggeti, directeur de la taille des
pierres fines à la fabrique royale de porcelaine de Buen-Retiro, lequel eut la
bonté d'en envoyer une partie à ce Laboratoire Royal de Minéralogie.

Les deux pierres dont parle le baron de Humboldt sont deux segmens taillés, non seulement dans leur largeur, mais encore sur les quatre plans latéraux du prisme. Ils sont identiquement de la même nature que ceux des Asturies, sans qu'on note la moindre différence dans leurs caractères extérieurs.

Du n° 51 au n° 59.

Ces cristaux de titane et le quartz qui leur sert de matrice présentent, sans la plus légère différence, les mêmes caractères oryctognostiques et géognostiques en Amérique méridionale que dans les environs de Horcajuelo en Espagne (1), à Aschaffenburg, territoire de Mayence, dans le Cornouailles en Angleterre, et dans l'Ohlapian en Transylvanie. Dans tous ces parages, on observe le même quartz, avec une inclination décidée à se cristalliser. Les taches rouge sang que cite le baron de Humboldt abondent dans les veines du quartz de Horcajuelo, de la même manière qu'on les voit dans les exemplaires d'Amérique, et elles doivent certainement leur origine au titane ou du moins au sidéro-titane.

Au n° 68.

Le schiste siliceux dont parle le baron de Humboldt sous ce numéro est le fossile simple de l'oryctognose, genre silice, famille 34 de Widermann, un fossile dont la nature n'est toutefois pas déterminée avec la plus grande exactitude et qui se rapproche tantôt de la roche cornéenne, tantôt de l'argile durcie, etc… Le baron de Humboldt prétend avoir trouvé par l'analyse une portion de carbone comme partie constitutive de ce fossile. Le lapis noir d'Espagne se trouve dans le même cas et présente à l'exception de sa dureté certaine analogie avec le schiste siliceux, dont la formation en général paraît *parasitique*.

Note. Cette collection géologique, remise par le baron de Humboldt, est conservée dans le Cabinet Royal de Minéralogie. Je publierai dans la suite la description systématique des différens numéros; j'observe seulement en passant, que la *roca verde primitiva* que nous a remise M. de Humboldt est un fossile composé, que reconnaissent seulement ceux de l'Ecole de Werner. Il présente beaucoup de ressemblance avec la siénite, mais ils en différencie essentiellement par sa nature géognostique.

La siénite est de formation plus moderne que le granite, granite folliculaire, granitin, porphire, et parfois aussi que quelques autres roches. *Elle repose toujours sur les roches susdites.* Son grain est plus menu que celui du granite et présente avec fréquence un entrelacement porphyrique. Toutefois on n'a pas observé de *chorles* (*tourmaline*) dans le mélange.

La *roca verde* (*groenstein* des Suédois) passe fréquemment au basalte et à l'amygdaloïde; elle appartient à la formation du *trapp* en général, formation qui comprend la wake, la *roca verde*, le basalte, l'amygdaloïde, le porphyre schisteux, etc.

---

(1) Don Francesco Angulo m'indiqua, dans une occasion, des cristaux de titane du royaume de Galice. Il ne cite point cette localité, parce qu'il manquait de renseignemens circonstanciés, et pour ne pas usurper des découvertes qui ne lui appartenaient point et dont les minéralogistes attendent la publication avec avidité. (Herrg.)

XXVI

A FOURCROY (1)

Cumana, 24 vendémiaire an IX (16 octobre 1800).

La prise de l'île de Curaçao par les Anglais et les Américains a forcé l'agent de la République, le citoyen Bressot, et le général Jeannot de rembarquer leurs troupes, pour se replier sur la Guadeloupe. C'est le manque de vivres qui les a engagés d'entrer dans le port de Cumana; et quoiqu'ils n'y restent que vingt-quatre heures, je verrai si je pourrai ramasser quelques objets qui pourront fixer votre attention et qui vous parviendront par cette voie. Vous connaissez assez la nature de mon voyage, les difficultés et les frais d'un transport au milieu d'un vaste continent, pour savoir que mon but est plutôt d'amasser des idées que des choses. Une société de naturalistes, envoyés par un gouvernement, accompagnés de peintres, d'empailleurs, de collecteurs..... peut et doit embrasser tout le *détail* de l'histoire naturelle descriptive. Un homme privé qui, avec une fortune médiocre, entreprend le voyage autour du monde, doit se borner aux objets d'un intérêt majeur. Etudier la formation du globe et des couches qui le composent, analyser l'atmosphère, mesurer avec les instrumens les plus délicats son élasticité, sa température, son humidité, sa charge électrique et magnétique, observer l'influence du climat sur l'économie animale et végétale, rapprocher en grand la chimie de la phisiologie des êtres organisés, voilà le travail que je me suis proposé. Mais sans perdre de vue ce but principal de mon voyage, vous concevez facilement, mon digne ami, qu'avec de la bonne volonté et un peu d'activité, deux hommes qui parcourent un con-

(1) *Lettre de M. Humboldt au citoyen Fourcroy, membre de l'Institut National.* (*Gaz. Nat. ou le Moniteur Universel.* An IX, n° 247, p. 1031.) Don Vicente Gonzalez de Reguero a traduit cette lettre en espagnol dans le *Real Estudio de Mineralogia* (vol. IV, p. 285, 1801). Cette traduction a été reproduite dans les *Anales de Ciencias Naturales,* n° 12 (t. IV, p. 285-294, oct. 1801).

tinent inconnu peuvent en même tems rassembler bien des choses, faire bien des observations de détail.

Depuis les seize mois que nous avons parcouru le vaste terrain situé entre la côte, l'Orénoque, la Rivière Noire (1) et l'Amazone, le citoyen Bonpland a séché, avec les doubles, plus de six mille plantes. J'ai fait, avec lui, sur les lieux, des descriptions de douze cents espèces, dont une grande partie nous ont paru des genres non décrits par Aublet (2), Jacquin, Mutis (3) et Dombey (4). Nous avons ramassé des insectes, des coquilles, des bois de teinture ; nous avons disséqué des crocodiles, des lamentins, des singes, des *gymnotus electricus* (dont le fluide est absolument galvanique et non électrique) et détruit beaucoup de serpens, de lézards et de poissons. J'ai dessiné nombre de ces objets. — Enfin, j'ose me flatter que si j'ai péché, c'est plutôt par ignorance que par manque d'activité. Quelle jouissance, mon digne ami, que de vivre au milieu de ces richesses d'une nature aussi majestueuse et imposante ! Le voilà donc rempli, le plus cher et le plus ardent de mes désirs ; au milieu des bois épais de la Rivière Noire, entouré de tigres et de crocodiles féroces, le corps meurtri par la piqûre des formidables *mosquitos* et fourmis, n'ayant eu pendant trois mois d'autre aliment que de l'eau, des bananes, du poisson et du manioc ; parmi les Indiens Otomaques qui mangent de la terre, ou sur les bords du Casiquiare (sous l'Equateur), où en cent trente lieues de chemin on ne voit aucune âme humaine ; dans toutes ces positions embarrassantes, je ne me suis pas repenti de mes projets. Les souffrances ont été très grandes, mais elles n'étaient que momentanées.

Quand je partis d'Espagne, je comptais passer directement au Mexique, de là au Pérou, aux îles Philippines... Une fièvre maligne qui éclata sur notre frégatte m'engagea de rester sur cette côte de l'Amérique méridionale, et voyant la possibilité qu'il y avait de

(1) *Rio Negro.*

(2) Fusée-Aublet, apothicaire et botaniste français (1720-1778', auteur de l'*Histoire des plantes de la Guiane françoise*, Londres et Paris, 1775, 4 vol. in-4°.

(3) José Celestino Mutis, botaniste espagnol (1732-1808), explorateur de la Nouvelle-Grenade (1783-1793).

(4) Joseph Dombey (1743-1794), naturaliste du Roi, voyageur au Pérou et au Chili (1778-1785).

pénétrer d'ici dans l'intérieur, j'ai entrepris deux voyages, l'un dans les missions des Indiens Chaymas du Paria, et l'autre dans ce vaste pays situé au nord de l'Amazone, entre le Popayan et les montagnes de la Guyane française. Nous avons passé deux fois les grandes Cataractes de l'Orénoque, celles des Atures et May-pure (lat., 5° 12' et 5° 39'; long. occid. de Paris, 4° 43' et 4° 44' 40"). Depuis la bouche du Guaviare et les rivières d'Atabapo, Temi et Tuamini, j'ai fait porter ma pirogue par terre jusqu'à la Rivière Noire; nous suivîmes à pied par les bois de *Hevea*, de *Cinchona*, de *Winterana-Canella*... Je descendis le Rio Negro jusqu'à San Carlos (1) pour en déterminer la longitude par le garde-tems de L. Berthoud, dont je suis encore très content. Je remontai [le] Ca-siquiare habité par les Ydapaminores qui ne mangent que des fourmis séchées à la fumée (2). Je pénétrai aux sources de l'Oré-noque jusqu'au-delà du volcan de Duida (3), jusqu'où la férocité des Indiens Guaicas et Guaharibos (4) le permit, et je redescendis tout l'Orénoque par la force de son courant jusqu'à la capitale de la Guyane, 500 lieues en 26 jours (en décomptant les jours de relâche).

Ma santé a résisté à ces fatigues d'un voyage de plus de 1.300 lieues; mais mon compagnon, le citoyen Bonpland, a failli devenir victime de son zèle et de son dévouement pour les sciences. Il eut après notre retour une fièvre accompagnée de vomissemens dangereux, dont il guérit cependant très promptement.

L'Amazone est habité depuis deux cens ans par des Européens, mais à l'Orénoque et à la Rivière Noire, il n'y a que 30 ans que les Européens ont osé faire quelques établissemens au-delà des Ca-taractes. Ceux qui existent ne comprennent pas 1.800 Indiens depuis le 8° jusqu'à l'Equateur et il n'y a d'autres blancs que six ou sept moines missionnaires qui nous ont facilité le voyage autant qu'ils ont pu.

(1) L'erreur en latitude (carte de d'Anville) est de plus de deux degrés. On n'y est jamais venu avec des instrumens astronomiques (Ht).

(2) Cf. *Relat. hist.*, t. II, p. 472, 500.

(3) Duida, groupe de montagnes entre le Rio Tamatata et le Rio Guapo, affluents de l'Orénoque.

(4) Les Indiens Guaharibos sont établis sur la rive droite de l'Orénoque en amont du confluent du Rio Gehette. Les Guaycas vivent un peu en aval vers le Cano Chiguire. (*Relat. hist.*, t. II, p. 569.)

Depuis la capitale de la Guyane (Saint-Thomé, lat., 8° 8′ 24″, long., 4° 25′ 2″), nous traversâmes encore une fois le grand désert que l'on appelle *Llanos*, habité par des bœufs et des chevaux sauvages.

Je suis occupé à former la carte des pays que j'ai parcourus. J'ai le bonheur d'avoir cinquante-quatre endroits où j'ai fait des observations astronomiques. J'ai observé à Caracas, à Cumana et au Tuy une douzaine d'éclipses des satellites de Jupiter, l'éclipse de soleil du 6 brumaire an VIII (27 octobre 1799). Avec ces moyens et le chronomètre, je me flatte de donner un jour une carte assez exacte. D'ici nous nous embarquons à la fin pour la Havane d'où nous suivons pour le Mexique. Voilà, mon digne ami, le récit de mes travaux. Je sais que vous, les Chaptal, les Vauquelin, les Guyton... que vous tous, vous vous intéressez à mon sort; c'est pour cela que je ne crains pas de vous ennuyer.

Nous sommes ici presque sans communications avec l'Europe. J'ai essayé souvent de vous écrire, comme à nos amis les citoyens Vauquelin et Chaptal; je vous ai envoyé quelques expériences sur l'air, et la cause des miasmes ; j'ai envoyé aux citoyens Delambre et Lalande des extraits de toutes nos petites observations astronomiques... Rien de tout cela ne vous serait-il parvenu? Par le consul de la République à Saint-Thomas, nous vous avons envoyé le lait d'un arbre que les Indiens nomment la *vache* (1), parce qu'ils en boivent le lait qui n'est pas du tout nuisible, mais très nourrissant. A l'aide de l'acide nitrique, j'en ai fait du caoutchouc et j'ai mêlé de la soude à celui que je vous ai destiné, le tout d'après les principes que vous avez fixés vous-même.

Au mois de nivôse an VIII (2) nous avons envoyé, par la corvette *El Philippina*, une collection de graines que nous avons faite pour le Jardin des Plantes à Paris. Nous avons su qu'elle est arrivée et doit être parvenue aux citoyens Jussieu et Thouin par la voie de l'ambassadeur de la République à Madrid. Avec le parlementaire que l'on attend ici de la Guadeloupe, le Musée recevra d'autres objets ; car aujourd'hui nous devons nous borner à vous présenter quelques produits pour l'analyse chimique.

---

(1) *Relat. hist.*, t. II, p. 111-130; t. III, p. 186.
(2) Décembre 1799, janvier 1800.

J'ai cherché d'abord à vous procurer le *curare* ou le fameux poison
des Indiens de la Rivière noire, dans toute sa pureté. J'ai fait exprès
un voyage à la Esmeralda (1) pour voir la liane qui donne ce sucre
(malheureusement pour nous nous l'avons trouvée sans fleurs) et
pour voir fabriquer ce poison par les Indiens Catarapenis et Maquiritares (2). Je vous donnerai une autre fois (l'agent presse trop
de partir) une description plus ample, j'ajoute seulement que je
vous envoie le *curare* dans la boîte de fer-blanc (3) et les rameaux
de la plante *maracury* qui donne le poison. Cette liane croît peu
abondamment entre les montagnes granitiques de Guandia et
Yumariquin, à l'ombre des *Theobroma Cacao* et des Caryocar.

On en enlève l'épiderme, on fait une infusion à froid (on presse
d'abord le suc ; on laisse reposer de l'eau sur l'épiderme déjà à
demi exprimé, puis on filtre l'infusion). La liqueur filtrée est
jaunâtre ; on la cuit, on la concentre par corporation et inspiration
à la consistance d'une mélasse (4).

Cette matière contient déjà le poison même ; mais n'étant pas
assez épaisse pour en enduire les flèches, on la mêle avec le suc
glutineux d'un autre arbre que les Indiens nomment *Kiracaguero ;*
ce mélange se cuit de nouveau jusqu'à ce que le tout se réduise à
une masse brunâtre. Vous savez que le *curare* est pris intérieure-
ment comme remède stomacal ; il n'est nuisible qu'en contact
avec le sang qu'il désoxide. Il n'y a que quelques jours que j'ai
commencé de travailler sur lui, et j'ai vu qu'il décompose l'air
atmosphérique. J'ose vous prier d'essayer s'il désoxide les oxides
métalliques, si les expériences de Fontaine sont bien faites...

J'ajoute au *curare* et *maracury* encore le *dapiche*, le *leche* de
Pindare et la terre des Otomaques.

La *dapiche* (5) est un état de la gomme élastique qui vous est
sans doute inconnu. Nous l'avons découvert dans un endroit où il

---

(1) Mission au pied du Duida ; c'était alors l'établissement chrétien le plus
isolé et le plus reculé du Haut-Orénoque (*Relat. hist.*, t. II, p. 541).

(2) Catarapenòs, Maquiritares (*Ibid.*, t. II, p. 547).

(3) La boîte mentionnée et les divers objets qu'elle contenait ne sont pas
arrivés au citoyen Fourcroy. (*Mon.*) — Cette note, ajoute La Roquette, a été
mise au moment de l'envoi de la lettre qui l'annonçait et nous ignorons si on
les a reçus depuis.

(4) Cf. *Relat. hist.*, t. II, p. 449.

(5) *Dapicho* (*Relat. hist.*, t. II, p. 424).

n'y a pas de *hevea*, dans les marais de la montagne de Javita (lat. 2° 5'), marais fameux par les terribles serpents boas qu'ils nourrissent.

Nous trouvâmes chez les Indiens Poimisanos et Paraginis (1) des instrumens de musique faits avec du caoutchouc, et les habitans nous dirent qu'il se trouvait dans la terre. Le *Dapiche* ou *Zapir* est vraiment une masse spongieuse, blanche, que l'on trouve sur les racines de deux arbres qui nous ont paru de nouveau genre, et dont nous donnerons des descriptions un jour, le *jacis* et la *curvara* (2). Le suc de ces arbres est un lait très aqueux, mais il paraît que c'est une de leurs maladies de perdre le suc par les racines. Cette *hémorrhagie* fait périr l'arbre et le lait se coagule dans la terre humide sans contact avec l'air libre. Je vous envoie le dapiche lui-même et une masse de caoutchouc faite du dapiche (prononcez *dapitsche*) simplement en l'exposant ou le fondant au feu. Cette substance et le lait de la *vache* jetteront peut-être, entre vos mains, un nouveau jour sur une matière aussi curieuse sous le rapport physique.

Le *leche* de Pindare (3) est le lait séché d'un arbre pindare, qui est un vernis blanc naturel. On enduit de ce lait, lorsqu'il est frais, des vases, des tucuma... Il sèche vite et c'est un vernis très beau ; malheureusement il jaunit lorsqu'on le sèche en grande masse, et c'est ainsi que je vous l'envoie.

La *terre des Otomaques* (4)..... Cette nation, hideuse par les peintures qui défigurent son corps, mange lorsque l'Orénoque est très haut et que l'on n'y trouve plus de tortues, pendant trois mois, rien ou presque rien que de la terre glaise. Il y a des individus qui mangent jusqu'à une livre et demie de terre par jour. Il y a des moines qui ont prétendu qu'ils mêlaient la terre avec le gras de la queue du crocodile : mais cela est très faux. Nous avons trouvé chez les Otomaques des provisions de terre pure qu'ils mangent ; ils ne lui donnent d'autre préparation que de la brûler légèrement et de l'humecter. Il me paraît très étonnant que l'on puisse être robuste et manger une livre et demie de terre, tandis

(1) *Relat. hist.*, t. II, p. p. 409.
(2) *Ibid.*, t. II, p. 424.
(3) *Leche para pintar*, lait végétal servant de vernis (*Relat. hist.*, t. II, p. 435.)
(4) *Relat hist.*, t. II, p. 668 et suiv.

que nous voyons quel effet pernicieux produit la terre chez les
enfans ; cependant nos propres expériences sur les terres et leurs
propriétés de décomposer l'air lorsqu'elles sont humectées, me
font entrevoir qu'elles peuvent être nourrissantes, c'est-à-dire agir
par des affinités.

J'ajoute, parce que cela me tombe entre les mains, pour le
Muséum, la tabatière des mêmes Otomaques (1), et la chemise
d'une nation voisine des Piaroas (2). Cette tabatière n'est pas des
plus petites comme vous voyez. C'est un plat sur lequel on met
un mélange du fruit râpé et pourri d'un mimosa, avec du sel et
de la chaux vive (3). L'Otomaque tient le plat d'une main et de
l'autre il tient le tube dont les deux bouts entrent dans ses narines
pour respirer ce tabac stimulant. Cet instrument a un intérêt
historique ; il n'est commun qu'aux Otomaques et aux Oméguas,
où La Condamine le vit, à deux nations qui sont à présent à
300 lieues de distance l'une de l'autre. Il prouve que les Oméguas
qui sont (selon une tradition ancienne) venus du Guaviare, descendent peut-être des Otomaques, et que la ville de Manoa a été vue
par Philippe de Vure, entre Meta et Guaviare ; ces faits sont intéressans pour savoir d'ou vient la fable du Dorado.

Le chemise, dont un de mes gens a porté une longtemps, est
l'écorce de l'arbre *Morime* (4), à laquelle on ne donne aucune préparation. Vous voyez que les chemises croissent sur les arbres
dans ce pays-ci. Aussi est-ce tout près du *Dorado*, où je n'ai vu de
curiosités minérales que du talc et un peu de titanium.

Il nous a été impossible de finir d'arranger les graines et les
plantes de la Rivière Noire, que nous destinons aux citoyens
Thouin, Jussieu et Desfontaines, qui ne m'auront pas tout à fait
oublié. Nous avons des choses bien rares ; par exemple de nouvelles
espèces de *befaria*, de nouveaux genres de palmes ; tout cela partira
sous peu et soyez sûr que les intérêts du Muséum ne seront pas
perdus de vue. Hélas ! Le capitaine Baudin est parti et nous sommes ici. Cela est bien dur et bien triste. Peut-être le trouverons-
nous dans la mer du Sud !

---

(1) *Relat. hist.*, t. II, p. 620.
(2) *Ibid.*, t. II, p. 561.
(3) C'est le *niopo*.
(4) *Relat. hist.*, t. II, p. 562.

J'ose vous prier de faire renaître mon souvenir auprès des respectables membres de l'Institut National. Mes respects aux
citoyens Bertholet, Chaptal, Vauquelin, Guyton, Jussieu, Desfontaines, Halley, Delambre, Laplace, Cuvier..... Dans la lettre que
j'envoie au citoyen Delambre, j'ai oublié une éclipse que je vous
prie de lui ajouter.

Immersion du III° Sat. le 4 octobre 1800, à Cumana, à 16ʰ 59′ 38″,
temps moyen.

HUMBOLDT.

P.-S. — Répétez de grâce mes prières auprès du Bureau des
Longitudes pour la *Connaissance des temps.*

Je pleure la mort du général Desaix (1) qui me voulait du bien.
Quelle perte pour la République et l'humanité entière !

XXVII

A W. DE HUMBOLDT (2)

Cumana, 17 octobre 1800.

Je ne puis assez te répéter combien je me trouve heureux dans
cette partie du monde, au climat de laquelle je me suis tellement
habitué qu'il me semble que je n'ai jamais habité l'Europe. Il
n'existe peut-être pas de pays dans tout l'univers où l'on puisse
vivre d'une façon plus agréable et plus tranquille que dans les
colonies espagnoles, que je parcours depuis quinze mois. Le climat est très salubre ; la chaleur commence à devenir intense seulement le matin vers 9 heures et ne dure que jusque vers 7 heures
du soir. La nuit et le matin, il fait beaucoup plus frais qu'en Europe. La nature est riche, variée, immense et majestueuse au-delà

---

(1) Desaix venait d'être tué à Marengo le 14 juin précédent. Humboldt
l'avait connu à l'armée du Rhin.

(2) Extrait d'abord publié en langue française dans le *Publiciste* (3 Tridi
pluviôse an IX) et ensuite traduit et imprimé dans la *Neue Deutsche Biblio-
thek* (vol. LVIII, p. 60-64). Berlin, 1801. — Cf. *Briefe*, s. 14-20. — Bruhns,
op. cit. Bd. I, s. 332-335.

de toute expression. Les habitans sont doux, bons et causeurs, à la vérité insoucians et ignorans, mais simplement et sans prétention.

Aucune situation ne pouvait être plus profitable pour l'étude et les recherches que celle dans laquelle je me trouve actuellement. Les distractions qui résultent dans les pays civilisés du commerce des hommes ne me détournent de rien ici; par contre la nature m'offre sans cesse des choses nouvelles et intéressantes. La seule chose qu'on pourrait regretter dans cette solitude est de rester étranger aux progrès de la civilisation et de la science en Europe et d'être privé des avantages qui résultent de l'échange des idées. Même si c'était là un motif de ne pas désirer de passer ici toute son existence, on pourrait y passer encore quelques années de la façon la plus agréable. L'étude des diverses races humaines, qui sont mélangées entre elles, des Indiens et surtout des sauvages est par elle-même assez laborieuse pour occuper l'observateur. Parmi les habitans de ce pays, qui sont originaires d'Europe, je désire surtout m'occuper des colons qui habitent le pays. Chez eux s'est conservée toute la simplicité des coutumes espagnoles du quinzième siècle; et on trouve souvent chez eux des traits d'humanité et les principes d'une vraie philosophie, que l'on cherche parfois en vain parmi les nations que nous considérons comme cultivées. Pour ces raisons, il me sera difficile de quitter cette région et de visiter les colonies riches plus peuplées. A la vérité, on y trouve plus de moyens de s'instruire; seulement on rencontre souvent des hommes qui, la bouche pleine de belles maximes philosophiques, démentent cependant les premiers principes de la philosophie par leurs agissemens; maltraitant leurs esclaves le Raynal à la main, et parlant avec enthousiasme de l'importance de la cause de la liberté, ils vendent les enfants de leurs nègres quelques mois après leur naissance. Quel désert ne serait pas préférable au commerce avec de tels philosophes !

J'ai pénétré à l'intérieur des terres, des côtes de Porto-Cabello et du grand lac de Valencia à travers les Llanos et au-delà de la rivière Apure jusqu'aux sources de l'Orénoque et à la rivière Noire sous l'Equateur; j'ai parcouru l'immense pays entre l'Orénoque et le fleuve des Amazones, le Popayan et la Guyane; pays dans lequel les Européens ne sont pas revenus depuis 1766; et où environ 1800 personnes seulement habitent en-deçà des chutes d'eau dans des espèces de villages. J'ai vu deux fois les chutes d'eau. Je suis revenu de San Carlos au Rio Negro vers la Guyane (1). En raison de la rapidité du fleuve nous avons parcouru en vingt-cinq jours, les jours de repos non compris, une distance de 500 milles français. J'ai déterminé la latitude et la longitude de plus de 50 localités, j'ai fait beaucoup d'observations sur l'entrée et la sortie des planètes, et je publierai une carte exacte de cet immense pays, habité par plus de 200 peuplades indiennes dont la plupart n'ont encore vu aucun blanc et ont des langues et des cultures tout à fait différentes.

J'ai surmonté toutes les difficultés de ces voyages pénibles. Pendant quatre mois nous avons cruellement souffert de la pluie, des terribles moustiques et des fourmis et surtout de la faim. Nous avons toujours dormi dans les forêts; les bananes, le manioc et l'eau et parfois un peu de riz ont été toute notre nourriture.

Mon ami Bonpland a été beaucoup plus éprouvé que moi des suites de nos excursions. Après notre arrivée à la Guyane il eut des vomissemens et une fièvre qui me fit craindre pour lui. C'était probablement la mauvaise influence d'une nourriture à laquelle nous n'étions pas habitués depuis longtemps. Comme je vis qu'il ne se rétablirait pas dans la ville, je l'amenai à la maison de campagne de mon ami D. Félix Fareras à quatre milles de l'Orénoque, dans une vallée un peu plus élevée et assez fraîche (2). Sous ce climat tropical il n'y a de remède plus expéditif que le changement d'air; et c'est ainsi qu'en peu de jours la santé de mon ami fut rétablie. Je ne puis te décrire l'inquiétude dans laquelle je me trouvais durant sa maladie; jamais je n'aurais retrouvé un ami aussi fidèle, actif et courageux. Il a fait preuve d'une résignation et d'un courage étonnans dans nos voyages où nous étions entourés de dangers parmi les Indiens et dans les déserts remplis de crocodiles, de serpens et de tigres. Jamais je n'oublierai son attachement dévoué dont il me donna la plus grande preuve dans un orage qui fondit sur nous le 6 avril 1800 au milieu de l'Orénoque.

(1) Santo Tomas de la Nueva Guayna, aujourd'hui d'Angostura. (Cf. *Relat. hist.*, t. II, p. 636).

(2) *Ibid.*, p. 637.

Notre pirogue était déjà aux deux tiers remplie d'eau ; et les Indiens qui étaient auprès de nous commençaient déjà à se jeter à
l'eau pour atteindre la rive à la nage. Mon généreux ami me pria
de suivre leur exemple et m'offrit de me sauver ainsi.

Le sort ne voulut pas que nous ayons péri dans ce désert, où à
dix milles à la ronde aucun homme n'eût découvert ni notre
perte, ni la moindre de nos traces. Notre situation était vraiment
effrayante ; la rive était à plus d'un demi-mille de nous et une
quantité de crocodiles se laissaient voir à demi émergés au-dessus de l'eau. Même si nous avions échappé à la fureur des flots et
à la voracité des crocodiles et si nous avions abordé sur la terre
ferme, nous serions devenus la proie de la faim ou des tigres ; car
les forêts sont si épaisses sur ces bords, enlacées par tant de lianes
qu'il est absolument impossible d'y pénétrer. L'homme le plus
robuste pourrait à peine franchir un mille français en vingt jours,
la hache à la main. La rivière même est si peu fréquentée que
c'est à peine s'il vient dans cet endroit un canot indien en deux
mois. Dans ce moment le plus dangereux et le plus critique un
coup de vent gonfla la voile de notre petit navire et nous sauva
d'une façon incompréhensible. Nous ne perdîmes que quelques
livres et des alimens.

Combien nous nous sentions heureux le soir, après avoir abordé
la terre ferme, assis ensemble sur le sable et prenant notre sou-
per, qu'aucun de nous ne manquât ! La nuit était sombre et la
lune n'apparut qu'un instant à travers les nuages chassés par le
vent. Le religieux qui était avec nous adressa sa prière à saint
François et à la sainte Vierge. Tous les autres étaient agités de
profondes pensées et occupés de l'avenir. Nous étions encore au
nord des grandes chutes d'eau que nous devions passer dans deux
jours, et nous avions encore à faire plus de 700 milles avec notre
pirogue, qui, ainsi que l'expérience nous l'avait appris, pouvait
chavirer très facilement. Cette inquiétude ne dura cependant
qu'une nuit. Le jour suivant fut très beau et le calme et la séré-
nité qui s'étendaient sur toute la nature revinrent aussi dans nos
âmes. Nous rencontrâmes dans la matinée une famille de Caraïbes
qui venait de l'embouchure de l'Orénoque pour chercher des œufs
de tortue et avait entrepris cet effroyable voyage de 200 milles,
plus par plaisir et amour de la chasse que par nécessité. Cette so-

ciété nous fit oublier complètement toutes nos tribulations (1)...

Après un mois de séjour à la Guyane nous prîmes de nouveau la route par les Llanos, pour arriver à Barcelona ou Cumanagota. Nous avions déjà traversé ce pays au mois de janvier. Nous avions alors beaucoup souffert de la poussière et du manque d'eau, et nous devions souvent faire un détour de trois à quatre milles pour trouver un peu d'eau croupie.

Cette fois c'était la saison des pluies et nous ne pûmes avancer qu'avec difficulté dans des plaines inondées. Ce pays ressemble en cette saison de l'année à la Basse-Égypte...

XXVIII

A J. C. DELAMÉTHRIE (2)

Cumana, 15 novembre 1800.

Je vous envoie, bon ami, un tableau géologique qui vous intéressera (3). Quoique j'aie eu beaucoup de privations dans le pays que je viens de parcourir, mon existence y est néanmoins délicieuse, parce que tout y est neuf, grand et majestueux ; nous recevons toutefois de bon traitement, de la part des Espagnols. Mon compagnon Bonpland et moi avons beaucoup travaillé. Nous avons décrit plus de 1.200 plantes rares et neuves.

Nous partons d'ici dans trois jours pour La Havane, nous irons de là au Mexique, puis aux Philippines, à la Chine... Voilà notre plan.

---

(1) Ici s'arrête le texte de Bruhns.

(2) *Journal de Physique, de Chimie, d'Histoire Naturelle et des Arts*, par J. Cl. Delaméthrie, t. LIII, p. 61 (Messidor an IX). — Cf. *Allgemeine Geographische Ephemeriden*, IX Bd. S. 340, 311. 1802.

(3) Le même numéro du *Journal de Physique* contenait en effet un mémoire de Humboldt intitulé : *Esquisse d'un tableau géologique de l'Amérique Méridionale*, (pp. 30, 60.) « Cette esquisse, dit Delaméthrie, est l'extrait d'un mémoire que M. Humboldt a envoyé avec une collection géologique aux directeurs du Cabinet d'histoire naturelle de Madrid. (*Ibid.*, p. 30, n° 1.) » Elle a été traduite en allemand, en même temps que la lettre, dans les *Allg. Geograph. Ephemerid.* de Gaspari et Bertuch, Bd. IX S. 310-329, 389-420.

J'ai trouvé l'inclinaison magnétique que l'on croyait être nulle, sous l'Equateur, d'après la boussole de Borda, à San Carlos del Rio Negro, latitude boréale 40° 35' ou 39° 20' de la nouvelle division. Quant à l'oscillation, j'en trouvai 21,6 en une minute de temps.

La température de la terre dans l'intérieur du globe est sous 40° 30' de latitude boréale de 14° 8, 15° 2 d'après Réaumur. Elle restait la même lorsque l'air du dehors descendait à 13° ou montait à 49°. Mais cette observation a été faite à 503 toises de hauteur au-dessus du niveau de la mer.

La température moyenne des eaux de la mer est, à la surface, de 20°.

    Salut et amitié.

HUMBOLDT.

Ne m'oubliez pas auprès de tous nos bons amis. Je vous ai écrit bien souvent, mais sans doute mes lettres ne vous sont pas parvenues.

XXIX

A DELAMBRE (1)

Nouvelle-Barcelone, 24 novembre 1800.

    Citoyen,

J'ai adressé plusieurs lettres à vous et au citoyen Lalande, pendant mon séjour dans l'Amérique méridionale. Je sais que vous vous intéressez à mon sort et je ne me lasse pas de vous écrire, quoique que je n'aie presque aucune espérance que mes lettres vous parviennent; je suis sur le point de partir pour La Havane et le

(1) *Lettres de M. A. Humboldt au citoyen Delambre, membre de l'Institut National. (Gazette Nationale* ou *Le Moniteur-Universel*, an IX, n° 224, p. 878.) Extr. dans Millin. *Magas. Encycl.*, 7° ann., t. L., pp. 105-110. et dans *Bull. de* Sc. par la *Soc. Philomath. de Paris*, t. III, p. 4, 6, an 9.) — Traduction espagnole par D. Martin de Parragua, dans les *Anales de Ciencias Naturales*, n° 11, t. IV, pp. 199-206.

Mexique, après avoir fait un voyage de treize cens lieues nautiques dans cette partie du Nouveau Monde, situé entre le Popayan, Quito et Cayenne. J'ai couché, pendant trois mois, en plein air dans les bois, entouré de tigres et de serpents hideux, ou sur des plages couvertes de crocodiles. Des bananes, du riz et du manioc ont été notre nourriture unique, car toutes les provisions pourrissent dans ce pays humide et ardent.

Que la nature est grande et majestueuse dans ces montagnes! Depuis le *barranco* de Uruana (que des nations inconnues ont couvert d'hiéroglyphes) jusqu'au volcan de Duida (que j'ai trouvé élevé de deux mille cent soixante-seize mètres, à soixante lieues du petit lac du Dorado) il n'y a qu'une haute Cordillère granitique, qui descend de Quito et va de l'Ouest à l'Est joindre les montagnes de la Guyane française. Quelle variété de races indiennes! toutes libres, se gouvernant et se mangeant elles-mêmes, depuis les Guaïcas de Gehette (une nation pygmée, dont les plus grands individus ont cependant quatre pieds deux pouces) jusqu'aux Guajaribos blancs (qui ont vraiment la blancheur des Européens); depuis les Otomacos (qui mangent jusqu'à une livre et demie de terre par jour) jusqu'aux Marivitanos et Maqueritares (qui se nourrissent de fourmis et de résines). Vous ayant déjà parlé de tout cela dans une lettre (1) que j'adressai, des Bouches de l'Orénoque, à notre bon ami le citoyen Pommard, je me borne aujourd'hui à vous communiquer quelques observations astronomiques, que je crois avoir faites avec beaucoup de soin.

Mon garde-tems de Louis Berthoud continue à être très exact dans sa marche ; je le contrôle tous les quatre, cinq ou six jours, par les hauteurs correspondantes que je puis prendre avec les instrumens que j'ai (des sextans de Ramsden et Throughton, un quart de cercle de Bird, un horizon de Caroché) et dont l'erreur ne va pas à une seconde de temps ; vous savez que je ne suis pas très savant en mathématiques, et que l'astronomie n'est pas le but de mon voyage ; cependant avec du zèle et de l'application, et en maniant journellement les mêmes instrumens, on parvient à faire quelque chose et à faire moins mal. Parcourant un pays dans lequel les Européens ne sont entrés que depuis trente ans, dans

(1) Cette lettre ne nous est pas encore parvenue (D).

lequel toutes les missions chrétiennes ne comprennent que dix-huit
cents âmes et où par conséquent on n'a pas pu penser à observer,
j'ai cru qu'il ne fallait pas négliger l'occasion de perfectionner nos
connaissances géographiques. Vous auriez ri en me voyant parmi
les Indiens Ydapaminaros (dans les bois du Casiquiare), mes instruments montés sur des caisses ou des coffres, des carapaces de
tortue nous servant de chaises, huit ou neuf singes que nous trai-
nions avec et qui avaient grand envie de manier aussi mes hygromètres, mes baromètres, mes électromètres...

Autour de tout cela, dix ou douze Indiens étendus dans leur ha-
mac, et puis des feux pour se garantir des tigres, qui ne sont pas
moins féroces là qu'en Afrique. Le manque de nourriture, les mosquites, les fourmis, les araderes, un petit acarus qui se met dans la
peau et la sillonne comme un champ, le désir de se rafraîchir par
un bain, et l'impossibilité de se baigner à cause de la férocité des
caïmans, la piqûre des rayes et la dent des petits poissons caribes;
il faut de la jeunesse et beaucoup de résignation pour souffrir
tout cela. Le mal est passé et j'ai recueilli plus que je n'osais
espérer.

On croit (voyez la carte du Père Caulin, la meilleure qu'il y
ait, quoique tous les noms soient faux) que les possessions espagnoles de la Guyane vont jusqu'à l'Equateur (1). Mais j'ai trouvé par
de très bonnes observations de α de la Croix et de Canopus, que j'ai
obtenues parmi les rochers de Culimacari, que San Carlos del Rio
Negro, l'établissement le plus méridional, est encore à 1° 53' de
latitude boréale, et que la Ligne passe dans le gouvernement du
grand Para, près de Saint Gabriel de las Cachuelas, où il y a une
cataracte, mais moins considérable que les deux fameuses d'Atures
et de Maypure. La Condamine trouva, au contraire, le long du
fleuve des Amazones les latitudes méridionales plus grandes qu'on
ne croyait en Europe.

A Cumana, avant le tremblement de terre que nous essuyâmes
le 4 novembre 1799, l'inclinaison magnétique, mesurée avec la
boussole de Borda, s'est trouvée de 44° 20 (nouvelle division).

Après le tremblement de terre, elle était de 43° 35 (des expériences ont prouvé que c'est cette partie du globe et non l'aiguille

(1) Cf. *Relat. hist.*, t. III, p. 183.

qui a changé de charge magnétique), l'aiguille faisait 229 oscillations en 10 minutes de tems.

A Calabozo, au milieu du Uana (latitude 8° 56' 56", longitude de Paris, 44° 40' 18") l'inclinaison était de 30° 30, nombre des oscillations 222.

A Atures, l'une des cataractes de l'Orénoque (latitude 5° 39' 0", longitude 44° 42' 19"), l'inclinaison était de 32° 35', nombre des oscillations 219.

A San Carlos del Rio Negro (latitude 1° 53°) l'inclinaison était 28° 20; nombre des oscillations 215.

Selon les règles données par MM. Cavendish et Dalrymple, on a toujours eu soin dans ces observations de tourner la boussole à l'est et à l'ouest, pour trouver les inclinaisons moyennes et corriger l'erreur qui a lieu quand l'axe de l'aiguille ne pose pas exactement par ses deux pointes.

Pendant ce voyage qui a duré un an, j'ai déterminé 54 points de l'Amérique Méridionale dans lesquels j'ai observé les latitudes et longitudes, les premières déduites pour la plupart de la hauteur méridienne de deux astres au moins; les dernières, ou par des distances de la lune au soleil et aux astres ou par le garde-tems et les angles horaires; je m'occupe de tracer la carte des pays que j'ai parcourus; et comme mes observations remplissent le vuide qui se trouve dans les cartes entre Quito et Cayenne, au nord de la rivière des Amazones, je me flatte qu'elles intéresseront les géographes.

Mon garde-tems ne me donne avec exactitude que des différences de méridien avec les endroits de mon départ, avec Caracas, Cumana et San-Thomé de Nueva Guayana (latitude 8° 8,24, longitude 21" en tems à l'ouest de Cumana). J'ai donc le plus grand intérêt pour ma carte à fixer ces trois endroits par rapport à Paris, et cela par des observations purement astronomiques. Outre qu'il est très nécessaire aux navigateurs de trouver, lors de leur arrivée sur cette côte, des ports bien déterminés en longitude pour connaître l'état de leurs chronomètres; car excepté la Martinique, la Guadeloupe, Portorico (ou M. de Churruca a observé), Cayenne et Quito, il y a si peu d'endroits sur la longitude desquels on puisse compter, surtout dans l'Amérique espagnole! Carthagène est d'après les connaissances des tems à 5ʰ 12' 12". Mais les trois émersions de satellites observées par Herrera donnent toutes 69° 24' 15" à l'occident de Cadix, ou 5ʰ 13' 11" à l'occident de Paris.

J'ai observé avec une lunette de Dollond de 95 fois de grossissement.

A Cumana latitude 10° 27' 37".

Immersion du 2ᵉ satellite le 16 brumaire an 8, à 11ʰ 41' 18" t. vrai.

Immersion du 2° satellite le 25 fructidor, à 16ʰ 31' 0" t. vrai.

Immersion du 1ᵉʳ satellite le 25 septembre 1800, à 17ʰ 10' 21" t. moyen.

Emersion du 4° satellite le 26 septembre, à 17ʰ 20' 0" t. moyen.

Emersion du 3° satellite le 27 septembre, à 16ʰ 25' 55" t. moyen.

Emersion du 4° satellite le 26 septembre, à 17ʰ 28' 0" t. moyen.

Je me défie donc de la longitude de Cumana, telle que me l'a donnée mon chronomètre lors de l'arrivée des Canaries au Continent. J'ai trouvé longitude 4ʰ 26' 4" et les observations de M. Fidalgo (qui a observé des émersions à la Trinité, mais non à Cumana), donnent plus encore : 4ʰ 26' 16". Fidalgo a trouvé 55° 16' 32" à l'occident de Cadix et Cumana 2° 41' 25" à l'occident de Puerta España. Mais la carte de l'isle de la Trinité publiée à Londres sur les belles observations de M. de Charucca donne Puerto España 61° 22' à l'occident de Londres. Je crois qu'en réduisant la carte on a eu sous les yeux le calcul du cit. Lalande de l'Occultation d'Aldebaran, observée le 21 octobre 1793 à Portorico. Car la capitale de Portorico est par les chronomètres de 4° 34' à l'occident de Puerto España (en calculant la longitude par celle de Portorico 63° 48'15") et pour Cumana 66° 29' 40" à l'occident de Paris. Les cinq éclipses de satellites que je vous envoie, mon digne ami, doivent jeter du jour là-dessus, et je pense que la longitude de Cumana ne sera pas beaucoup au-delà de 4ʰ 25' 20". Malheureusement l'éclipse du soleil que j'ai amplement observée le 6 brumaire à Cumana (en faisant passer les cornes par le fil horizontal et vertical) n'était pas visible en Europe. J'en ai observé la fin à 8ʰ 14' 22" tems moyen ; le tems certain à 1" près, ayant pris des hauteurs correspondantes le même jour.

A Carras (plaza della S. Trinidad), latitude 10° 31' 44", j'ai observé :

Immersion du 1er satellite le 16 frimaire an 8, à 16h 11' 57" t. vrai.

Immersion du 3e satellite 16 frimaire, à 17h 11' 36" t. vrai.

Emersion du 1er satellite 27 nivôse, à 11h 14' 8" t. moyen.

Emersion du 2e satellite 8 pluviôse, à 7h 58' 8" t. moyen.

Emersion du 4e satellite 28 nivôse, à 8h 13' 3" t. moyen.

Au Valle del Tuy, al Pico della Cocuiza, latitude 10° 17' 23".

Emersion du 1er satellite le 20 pluviôse an 8, à 11h 26' 57" t. moyen.

Emersion du 3e satellite 21 pluviôse, à 7h 58' 50" t. moyen.

Mais ces dernières éclipses ont été observées avec une lunette de Caroche qui, quoique très belle, n'est que de 58 fois de grossissement ; n'ayant pu traîner avec moi au Rio Negro la grande lunette de Dollond.

Déclinaison magnétique à Cumana le 5 brumaire : 4° 13' 45" est.

Déclinaison magnétique à Caracas : 4° 38' 45".

Déclinaison magnétique à Calabozo : 4° 54 (ancienne division).

Le port de la Guayra est très exactement de 29" en tems [moyen] de l'occident de Caracas, et j'espère que donnant des émersions et des immersions, le méridien de Caracas sera assez bien fixé.

J'ai décrit avec le citoyen Bonpland plus de 1.200 espèces (1).

(1) Une lettre du citoyen Hospel la Chenaye, chimiste à la Guadeloupe, en date du 15 nivôse, nous apprend que M. Humboldt est parti pour la Havane, après avoir laissé à l'agent du gouvernement de la Guadeloupe une caisse pour l'Institut et deux paquets, l'un pour le citoyen Fourcroy, l'autre pour le citoyen Delambre. La caisse n'étant pas encore arrivée, non plus que les paquets adressés au citoyen Fourcroy, il est à présumer que la lettre ci-dessus n'est pas celle dont parle le citoyen Hospel la Chenaye. Ainsi nous avons l'espérance de recevoir bientôt deux nouvelles lettres de M. Humboldt.

Si ces lettres renferment, comme il est à présumer, de nouveaux détails sur les voyages de ce savant aussi modeste qu'intéressant, nous nous empresserons d'en faire part à nos lecteurs (*Note du Rédacteur.*)

XXX

A D. GUEVARA VASCONCELLOS (1)

Nouvelle-Barcelone, 23 décembre 1800.

Afin de répondre au désir que vous m'avez témoigné d'avoir quelques informations sur les résultats de mon voyage à l'*Alto Orinoco* et au Rio Negro, je vais tâcher d'exécuter vos ordres le mieux que cela me sera possible. Permettez-moi d'abord, après vous avoir exprimé ma reconnaissance, de vous offrir mes hommages respectueux pour les faveurs dont vous m'avez comblé et pour la bonne réception que vous avez bien voulu me faire dans cette capitale pendant tout le tems que j'y ai séjourné ; enfin pour la protection que vous avez daigné m'accorder dans toutes les provinces soumises à votre commandement, protection à laquelle je dois principalement les bons résultats que je devais en attendre (2). Si les travaux d'un naturaliste l'exposent à beaucoup de privations et à de grands dangers, une semblable entreprise offre en même tems un ample dédommagement lorsque ceux qui gouvernent sont de justes appréciateurs des services et favorisent ceux qui les rendent. Le tems viendra où je pourrai mettre au jour le fruit de mes travaux et publier leur intérêt et les bontés dont vous avez honoré mes occupations littéraires, pas à pas, effet de votre bonté naturelle.

Si j'avais pu pénétrer jusqu'à Maracaïbo et à la Sierra Nevada, je pourrais me flatter d'avoir visité les limites extrêmes des vastes et riches provinces placées sous votre commandement.

Quelle variété de productions, depuis la montagne de Paria jusqu'au Rio Negro et à la Esmeralda, sites qui confinent d'un

---

(1) Cette lettre appartenait à un savant hispano-américain, D. Aristide Rojas, de Caracas, membre de la Société géologique de France, qui en a communiqué l'original à La Roquette. (*Rec. cit.*, t. II, p. 18-34.)

(2) Le maréchal de camp D. Marcel Guevara Vasconcellos avait succédé à D. Pedro Carbonell comme capitaine général et gouverneur des provinces de Caracas et Vénézuela (1799) ; Humboldt avait eu beaucoup à se louer de ses bons offices. (*La Roquette*, t. II, p. 406, n. 4.)

7

côté au Quito et de l'autre à Cayenne et à la belle vallée de l'Amazone! La plus riche et la plus fertile partie de ce continent est circonscrite dans ces limites, et si, après avoir passé le septième degré de latitude, la culture actuelle ne répond pas à ce que promet la nature du sol, on doit considérer que le genre humain ne marche qu'à pas lens vers la première réunion de la vie sociale, et que lorsque celle-ci est établie, le monde progresse avec une célérité démesurée.

Dans la dernière lettre, accompagnée d'une collection de productions naturelles destinées au cabinet de Madrid, que je vous ai adressée de Valencia (1), j'ai exposé les raisons qui me déterminaient à ne pas entrer dans l'Apure par Barinas et la Rivière de Santo-Domingo. Profitant du tems des brises, j'ai remonté l'Orinoco avec une promptitude incroyable, descendant ensuite, avec la force immense du courant, trois cent soixante lieues en moins de vingt jours, en décomptant le temps de séjour dans les populations.

En comparant mes mesures avec celles que l'illustre La Condamine a faites dans l'Amazone, il en résulte que ce fleuve est plus large près de son embouchure que l'Orinoco, mais que ce dernier mérite la même considération à cause de l'abondance de l'eau qu'il contient dans la partie intérieure du continent. A plus de sept cens lieues de la mer, l'Orinoco se répand sans former d'îles sur six ou sept mille vares (2) de large.

Depuis Valencia nous avons traversé toute la plaine qui sépare la Cordillère de la Côte de celle de l'Orinoco, en passant par Güigue, la bourgade de Cura et Calabozo à San-Fernando de Apure. La poussière, l'ardeur du soleil qui dans la réverbération du sol atteint jusqu'à 38° Réaumur, et le manque d'eaux potables nous ont fait beaucoup souffrir pendant la route. La plaine n'a pas plus de 76 vares d'élévation (3) au-dessus du niveau de la mer, Buenaventura en ayant 1.859, la lagune de Valencia 494 et les mornes de San-Juan (dont les environs possèdent des mines de cuivre qui ont beaucoup d'importance) 896 vares (4). Ce niveau de la plaine

(1) Cette lettre est perdue.
(2) 5.000 à 5.800 mètres.
(3) 63 à 64 mètres.
(4) 748 mètres.

permettra un jour, lorsque la province sera mieux cultivée, d'ouvrir une navigation depuis Valencia jusqu'à la lagune par la rivière del Pao, qui se débouchait auparavant dans la lagune et qui maintenant, en s'unissant aux rivières Tinaco, Guarico et Chirgua, mêle ses eaux avec celles de la Portuguesa et par conséquent avec celles de l'Apure et de l'Orinoco. Cette communication sera fort intéressante, en tems de guerre, lorsque les corsaires empêchent la navigation et les transports de Puerto-Cabello à l'Angostura.

A Calabozo vit un individu peu fortuné, mais possédant un grand talent mécanique, et assez instruit dans la physique expérimentale, le subdélégué des droits sur le tabac, Don Carlos del Pozo (1). De ses propres mains et sans avoir jamais vu de choses semblables, il a construit à Calabozo une machine électrique qu'on peut comparer aux meilleures que j'ai vues en Espagne et en France. Je ne m'étendrai pas davantage sur cet homme de talent, parce que je sais que vous l'honorez de votre protection.

Dans les plaines de l'Apure, nous avons fait des expériences très curieuses sur la force des gymnotes (*tembladores*) (2) dont six ou sept ont tué deux chevaux en peu de minutes. Le résultat de ces expériences a été très nouveau et contraire à ce qu'on avait pensé jusqu'alors en Europe par le manque de bons instrumens introduits dans les Indes. Ce poisson n'est point chargé d'électricité, mais de ce fluide galvanique dont je vous ai entretenu plusieurs fois et que j'ai décrit dans mon ouvrage sur les nerfs et sur le principe de la vitalité. A San-Fernando de Apure, nous avons rencontré le beau-frère du gouverneur de Barinas, le capitaine Don Nicolao Sotto, qui se détermina à partager avec nous les travaux du Cassiquiare et du Rio Negro (3). Nous avons chargé là une pirogue de quelques vivres que nous avons trouvés et entrepris une seconde navigation de plus de sept cens lieues, en descendant de l'Apure à l'Orinoco. Nous avons remonté ce dernier au sud jusqu'à 4° de latitude, en traversant les dangers et les fièvres épidémiques des rapides et des cataractes de Maypure et d'Atures. Partant le dimanche des Rameaux de l'isle de Pararumo, où la pêche des œufs de tortues rassemble tous les ans plus de quatre cens Indiens,

---

(1) *Relat. hist.*, t. II, p. 172.
(2) *Ibid.*, t. II, p. 173 et suivantes.
(3) *Ibid.*, t. II, p. 210.

pour faire un campement au milieu du fleuve, nous avons échappé
à un fatal naufrage. Une saute de vent fit chavirer la pirogue et
l'eau en remplit au moins le tiers; j'ai vu nager mes livres et mes
instrumens. Remplis tous de désespoir, nous nous préparions à
sauter dans l'eau, quoique la largeur du fleuve et la férocité d'un
grand nombre de caïmans ne nous laissassent que peu d'espérances, quand, par une faveur spéciale du ciel, la même saute ou
rafale tendit de nouveau la voile et nous redressa. A l'exception de
quelques livres, on n'a perdu aucun papier (1).

Après avoir passé Carichana, on ne voit plus que des chaînes de
montagnes et des bois impénétrables. Le terrain s'élève beaucoup
depuis San-Fernando de Atabapo et la grande plaine qui existe
entre le Rio Negro et le Cassiquiare jusqu'à Urbana, le fleuve
baisse de 414 vares. Nous avons laissé l'Orinoco, qui suit à l'est
par la Esmeralda et la partie montagneuse vers la Cayena, et nous
avons cherché le nouveau chemin par terre jusqu'au Rio Negro.

Entrant plus au sud, dans les petites rivières d'Atabapo, Tuamini et Temi (navigation si extraordinaire que par suite de
l'épaisseur des bois à traverser on est obligé de s'ouvrir avec la
machete une issue pour pouvoir passer), depuis la bourgade de
Javita, qui se trouve au 2° degré, notre embarcation fut traînée
pendant trois jours par vingt Indiens que nous suivions à pied.
Nous nous embarquâmes de nouveau dans le canal de Pimichin
qui, par quatre-vingt-cinq détours, nous conduisit à l'extrémité du
Rio Negro à Guaïnia, très près de ses sources. Là se termine le
fleuve sans fin des mosquites et des cousins, et sous un ciel obscur
et mélancolique, mais extraordinairement sain, on jouit de la plus
agréable fraîcheur.

Le thermomètre est toujours, comme à Caracas, au 18° ou
19° degré de Réaumur, mais toujours aussi, lorsque le soleil se
montre pendant deux jours à découvert, on éprouve une chaleur
africaine. Nous descendîmes le Rio Negro jusqu'à ses extrêmes
limites, où nous fûmes bien accueillis par le commandant Don
Juan Escovar, et nous rencontrâmes plusieurs embarcations portugaises chargées d'indigo et de riz, et circulant depuis l'Amazone jusqu'au Gran Para. Là, à San-Carlos, à deux lieues de la

(1) Voyez plus haut, p. 88.

Pedra Culimacari, j'eus la bonne fortune de recueillir des observations astronomiques qui peuvent vous offrir quelque intérêt et rendre un service réel. La ligne équinoxiale doit être la limite entre les possessions portugaises et celles de Sa Majesté Catholique et suivant la carte du très excellent Solano, publiée par le P. Caulin, le petit fort de San-Carlos et la forteresse portugaise de San-José de los Marivitanos (1). Je ne doute pas qu'il n'y ait ici une équivoque sur ce point important, erreur connue du gouvernement espagnol, mais très excusable au tems de Solano, attendu que ce chef n'a jamais remonté le Rio Negro, ses occupations l'ayant retenu à San-Fernando d'Atabapo, situé au 4° degré de latitude, d'après mes observations faites pendant la nuit du 29 avril et celle du 11 mai.

Le fort de San-Carlos se trouve à 1° 53' de latitude boréale et l'île de San-José de même que le pic de la Gloria de Cocuy, qui forment les limites actuelles, se trouvent encore à plus de 32 lieues de la Ligne. La défiance du gouvernement portugais, qui ne permet pas aux Espagnols de San-Carlos de descendre à terre, m'a mis dans l'impossibilité de pénétrer plus loin avec mes instrumens pour baser quelques avis sur la véritable situation de la ligne équinoxiale, mais d'après les informations que j'ai obtenues des Portugais eux-mêmes sur les distances et les détours du fleuve, la Ligne doit passer ou très près ou au sud de San-Gabriel de las Cachuelas, en sorte que la même forteresse de San-José de los Marivitanos, et très probablement les *pueblos* portugais de San-Juan-Bautista, Nuestra Señora da Guia, San-Felipe, Calderon, San-Joaquim, San-Miguel et les bois de Puchey (de toute espèce) du Guaïnia devraient appartenir au gouvernement espagnol; territoires gouvernés par des religieux, parfaitement cultivés et riches en indigo, en riz et en café. Il paraît bien qu'un monarque qui possède de si importantes et si vastes colonies n'a pas besoin de les augmenter d'un modique terrain de trente à quarante lieues, mais il est utile de considérer que ce qu'on a perdu vaut plus que tout le Rio Negro actuel, qui ne comprend que 700 Indiens réduits aux quatre *pueblos* de Maroa, Tomo, Davipe et S. Carlos. Il serait aussi inutile qu'on s'attachât alors davantage à soutenir les

_____

(1) *Relat. hist.*, t. II, p. 497 et suivantes.

limites de l'est, parce que, en ce moment, les Portugais, sans pouvoir être vus de la forteresse, montent par les rivières de Cobabury, Baria, Pacimony et Siapa, jusqu'à la lagune de Mavaca et à la Esmeralda, à plus de soixante lieues des établissemens espagnols, cherchant dans ces derniers la précieuse salsepareille, qui est supérieure à toutes celles qu'on connaît et dont ils font une branche de commerce au Grand Para.

Quoiqu'il n'y ait pas de probabilité que dans les circonstances politiques actuelles on puisse accomplir ces projets, il me paraît toujours très utile que le gouvernement soit exactement instruit de la véritable situation et des droits de ses limites.

Du fort de San-Carlos, nous sommes retournés à la Guayana, par le Cassiquiare, bras puissant de l'Orinoco, qui fait la communication de ce dernier avec le Rio Negro. La force du courant, l'immense quantité de mosquites et de *hormigas bravas*, et le manque d'habitans rendent cette navigation également pénible et pleine de dangers. Étant entrés dans l'Orinoco par le Cassiquiare au 3° 1/2, nous l'avons remonté jusqu'à la Esmeralda (1), dernier établissement espagnol à l'est, entouré d'*Indios bravos*, qui se nourrissent de la racine de gomme *Caraña*, et situé dans une belle savane pleine d'ananas, au pied du Cerro Duida, dont la forme majestueuse des murailles rend le lieu extrêmement pittoresque. Les émeraudes de cet endroit ne sont que des cristaux de roche colorée, mais le Cerro Duida présente beaucoup de traces ou de signes de minéraux remarquables ; il a une élévation de 3.045 vares (2) au-dessus du niveau de la mer et c'est le dernier volcan de ces contrées qui lance des flammes dans les mois de décembre et de janvier.

Les sources de l'Orinoco paraissent être près de ce fleuve à l'est, mais la nation des Guaycas, très bons archers, quoique d'une très petite stature (ceux que j'ai vus ont à peine quatre pieds deux pouces), empêche les Espagnols de remonter plus haut que le *raudal* des Guarahibos (3), lequel se trouve seulement à vingt-cinq lieues de distance de la Esmeralda. On trouve aussi du même côté la lagune du Dorado, petite lagune ayant peu d'eau, et

(1) *Relat. hist.*, t. II, p. 451.
(2) 2.542 mètres.
(3) Voy. plus haut, p. 83.

quelques petits îlots de pierre de talc qui ne méritent pas la mort
de tant de malheureux sacrifiés à la cupidité et à la cruauté.
Après nous être bien renseignés auprès des Indiens Catarateños
sur la fabrication du *curare*, poison végétal le plus actif que l'on
connaisse, nous avons parcouru tout l'espace depuis l'Orinoco
jusqu'à l'Angostura, en ayant la douleur de voir périr, lorsque
nous approchions de la côte, beaucoup de singes et d'oiseaux,
qui, dans une très petite pirogue, chargée de quatorze personnes,
nous avaient rendu la navigation assez pénible.

C'est ainsi que nous avons terminé un voyage de plus de trois
cens lieues, à partir de notre départ de Caracas. Pendant plus
de trois mois nous avons dormi sur les bords des fleuves ou dans
les forêts les plus touffues, entendant toujours les rugissemens
des tigres et nous défendant contre leurs attaques au moyen des
feux allumés autour de nos hamacs. L'humidité de l'air faisait
pourrir toutes les provisions que nous apportions, en sorte que
notre nourriture consistait en bananes, en riz, en poisson et en
cassave plus dure qu'une pierre. Les mosquites, les moucherons,
une quantité énorme de chiques et de fourmis irritaient notre
sang d'une manière d'autant plus insupportable que lorsque nous
nous trouvions sur les bords d'une rivière abondante et que nous
voulions nous y baigner pour rafraîchir notre corps, nous n'osions
pas l'essayer à cause de la férocité des caïmans, des raies, des
caribes, des gymnotes, des couleuvres d'eau ou boas. La meilleure tente ou bâche de la pirogue ne pouvait résister à la force
des averses qui se rencontrent au voisinage de la Ligne. Lorsque
les Indiens *Monteros* quittent les missions, ils font dix à douze
jours de navigation sans rencontrer d'autres êtres vivans que
de petits ouistitis, des singes capucins, des *viuditas*, ou des tigres.
Mais ces pénibles travaux sont oubliés au milieu de tant de
richesses de la nature.

Les résultats de ce voyage ont été infiniment plus grands qu'on
eût pu l'espérer. Quelle quantité de végétaux et d'animaux nouveaux n'ont-ils pas été découverts dans ce pays! Quel intérêt
n'offre pas à l'homme qui réfléchit la considération des différens
genres de culture du genre humain, depuis les nations vaga-
bondes de la Meta, qui mangent des terres, des fourmis et des
sauterelles! Combien d'observations astronomiques je suis par-

venu à faire dans un pays où la géographie est dans le même état d'enfance que dans la partie la plus reculée de l'Afrique! En joignant mes observations aux observations que nous devons à La Condamine dans l'Amazone, à Uiloa et au grand D. George Juan dans le Quito et à celles qui ont été faites à Cayenne, à Surinam, et dernièrement par ordre de Sa Majesté Catholique par D. Joaquin Hidalgo sur cette côte jusqu'à Carthagène, on pourra donner une carte un peu plus exacte de l'Amérique méridionale; étendue jusqu'au nord du Marañon, région qui comprend les plus riches parties de la monarchie. Au tems des Pères Jésuites les missions de l'Orinoco étaient les sources les plus abondantes du commerce de Santa Fe. Les mêmes pueblos, qui n'ont aujourd'hui que 60 habitans, en comptaient alors de 600 à 700. Le commerce de la Meta (par laquelle, à partir de son embouchure, on arrive en six jours à la province de Casanare, et en vingt au port de Pachequero, qui est à six journées de distance de la capitale Santa Fe) était alors libre et très actif. Les commerçans de Carthagène, jaloux de voir introduire des produits de la Guyane, ont mis un terme à cette navigation. L'Orinoco prendra un grand essor si l'on ouvre ce chemin, au moins jusqu'à la province de Casanare, et aux missions de Macuco, et ses rives, qui sont beaucoup trop éloignées, pourront se procurer en six jours par l'Orinoco ce qu'elles obtiennent par la route actuelle.

L'Alto Orinoco et le Rio Negro ne connaissent aujourd'hui qu'une viande pourrie qui arrive de l'Angostura jusqu'à San-Carlos, quoiqu'il ne manque pas de savanes pour la nourriture des bestiaux dans la Maipure. Les Pères Jésuites avaient à Carichana et Ature seulement de 4 à 500 têtes de bétail; au tems de l'expédition d'Iturraga on transportait les bestiaux dans l'Alto Orinoco; tout cela a pris fin à l'exception de quelques troupeaux à Santa-Barbara. Tout l'Alto Orinoco et le Rio Negro ne contiennent pas au moment actuel plus de douze villages, dans lesquels ne vivent pas plus de 1.100 âmes, dont une partie est infidèle, vivant par conséquent avec quatre ou cinq femmes, suivant la richesse du lieu et de la maison. Dix-neuf villages existent sur la route qu'on décrivait par terre, depuis la Esmeralda jusqu'à Caura au tems de Centurion; les établissemens d'Erevato et de Paragamusy ont disparu également. Ces derniers

villages devaient leur origine à D. Antonio Santos, homme extraordinaire qui parlait toutes les langues ou idiomes des Indiens, et
qui nu et peint d'*onoto*, passa méconnu au milieu des Indiens les
plus anthropophages, jusqu'au sortir de l'Angostura et du Caroni,
pour visiter la *laguna dorada*. Il tomba ensuite entre les mains des
Portugais et fut noyé par eux au confluent du Rio de Aguas
Blancas et de l'Amazone. Aucun Européen n'avait pénétré aussi
loin que lui dans la partie intérieure et la plus éloignée de ce continent et l'on a perdu par sa mort les renseignemens les plus
appréciables.

On ne peut douter que la petite portion du Rio Negro qu'occupent les missions espagnoles serait pour la communication avec
le Grand-Para plus utile aux Portugais qu'elle l'est à S. M. C. et
il peut arriver qu'un jour elle serve à un échange avec un terrain
plus convenable sur le Rio de la Plata. Mais d'un autre côté il
faut considérer que sans augmenter le territoire et avec très peu
de dépenses on pourrait abréger la navigation du Rio Negro. La
situation des *raudales* et la remonte du Cassiquiare sont les deux
grandes difficultés qui s'y opposent. Toutes deux seraient évitées
par deux canaux, dont l'un joindrait les rivières de Toparo et de
Cameji, pour éviter complètement le *raudal* de Maipure et l'autre
joindrait la rivière Temi au Cañon Camichin. J'ai pris par ce motif
le niveau de ces deux endroits : le premier canal n'aura pas plus
de 2.300 vares et le second au plus 1.200 de longueur (1) ; canaux
qui abrègent dans une plaine parfaite, dans beaucoup de *riecitos*
dont il serait facile de profiter. Cette œuvre terminée, plus une
embarcation n'aurait besoin de passer par le Cassiquiare et
de perdre plusieurs fois quatorze et même vingt-quatre jours, à
cause des détours de ce canal et de l'Orénoque.

Les Indiens de l'Alto Orinoco et du Rio Negro, parmi lesquels
il reste des castes extraordinairement blanches (2), sont une race
très différente de celles de la côte ; ils sont industrieux, sagaces
et très faciles à grouper en pueblos. La plaie des mosquites ne rend
pas non plus ces terres inhabitables. Dans tout le trajet du Rio
Negro, des petits cours d'eau d'Atabapo, Tuamini et Temi, dans

(1) Un peu plus de 1900 mètres dans le premier cas, un peu plus de 1.000
dans le second.
(2) Voy. plus haut, p. 92.

l'Orinoco même au nord des rapides et de Carichana, à une distance de plus de deux cens lieues il n'existe pas plus de mosquites qu'à Caracas et à Cumana. Dans d'autres parages il y en aurait moins, si les pueblos étaient un peu plus éloignés de la rivière et qu'on défrichât peu à peu les bois. L'air est salubre et les *calenturas* ne se connaissent pas plus que dans les trois villages de Carichana, Maipure et Atures. En ce moment on ne cultive que l'*yca* et les *platanes*, mais la nature de cette culture consiste en productions très convenables. Il existe des bois de cacao sylvestre dans le Cassiquiare et l'Alto Orinoco, vers les bouches du Duracape, d'Amaquara et de Sechete. Le peu d'arbres cultivés dans le Rio Negro n'ont besoin que de quatre à cinq années pour donner de riches et abondantes récoltes de fruits, en quelque saison que ce soit. Dans les villages de Moura, Tomar et San-Carlos, l'indigo croît sauvage dans tous les coins, mais on ne le cultive que dans le territoire portugais. La canne à sucre, le riz et le coton réussissent parfaitement partout où on a essayé de les semer. Le café du Rio Negro portugais est d'une qualité très supérieure et dans les environs du Padomo et de Sea, il existe des parages propres à la culture de tout fruit ou plante potagère qui demande de la fraîcheur. Le fameux tabac pour carotte se plaît également bien dans l'Orinoco, le Guaviare et la Guaïnia. Le bitume, espèce de brai composé de résine et de diverses racines aromatiques, ainsi que les cordages de palmier chiquichique, sont des articles très appréciés et très recherchés par les navigateurs. Ces câbles sont plus légers, plus incorruptibles dans l'eau et 60 pour 100 meilleur marché que ceux de chanvre. Un câble de soixante vares de long (1) et de cinq pouces de diamètre vaut, à la Guyane, 20 piastres et 13 seulement au Rio Negro.

Je n'ai pas besoin d'ajouter à cette énumération une longue série de racines et de végétaux précieux en médecine, l'huile de salsepareille, le suc de *pendove* qui est un vernis très beau, l'écorce de la *umbaruba*, de la *caucara*, le quina, le corony, la salsepareille, les amandes de la Esmeralda; la cannelle, le *morime*, arbre dont l'écorce sert à faire des chemises semblables aux pagnes d'Otahiti (2), la résine élastique et le *dapiche* dont nous avons décou-

(1) Un peu plus de 50 mètres.
(2) Voir plus haut, page 85.

vert une nouvelle espèce blanche dans le lit du Pimichin ; tant de teintures, de bois précieux pour meubles. Des siècles entiers s'écouleront avant que le genre humain puisse utiliser tous les biens dont la nature a enrichi de toutes parts les possessions de S. M. C. et l'amélioration de l'intérieur du Continent ne se peut espérer avant que toutes les parties voisines des côtes soient occupées.

Je ne vous demande point pardon de vous envoyer un mémoire en prussien castillan, au lieu de vous écrire une lettre. Vous ne serez pas mécontent, j'espère, de ma prolixité sur des sujets relatifs à l'état de vastes provinces qui sont sous votre commandement. Si j'ai commis quelques erreurs, je l'ai fait insciemment, et pour me conformer aux ordres que vous m'avez plusieurs fois renouvelés et qui me sont d'autant plus sacrés, que je me flatte que leur accomplissement même et mes informations peuvent contribuer quelque peu à l'utilité publique et au bien de ces colonies. Par suite de la faveur spéciale que vous avez daigné nous accorder, nous avons été accueillis partout d'une manière toute spéciale...

HUMBOLDT.

XXXI

A WILLDENOW (1)

La Havane, 21 février 1801.

Mon cher ami, mon frère !

Ignorant si cette lettre ne sera pas perdue comme tant d'autres que je t'ai écrites des Tropiques, je ne te parlerai que de la requête que j'ai à t'adresser. Dans un moment où la mer pullule de pirates, où l'on respecte aussi peu les passeports que les navires neutres, rien ne me préoccupe dans mon voyage autour du monde aussi obstinément que de sauver mes manuscrits et mes herbiers. Il

(1) *Spenersche Zeitung*, 1801, Nr. 86, 87. — *Intelligenzblatt z. Allg. Deutsch. Bibl.*, LXI, 352. — Löwenberg, *loc, cit.*, Bd. I, s. 335-344.

est très incertain, presque invraisemblable, que nous revenions tous deux, Bonpland et moi, sains et saufs, par les Philippines et le Cap de Bonne-Espérance Vu cet état de choses, comme il serait triste de savoir les fruits de son travail perdus!

Pour éviter ce malheur, nous avons copié nos manuscrits des plantes (2 volumes contiennent 1.400 espèces rares et nouvelles). Nous gardons un manuscrit par devers nous, nous envoyons l'autre par parties par l'intermédiaire des vice-consuls français au frère de Bonpland à la Rochelle (1). Nous avons distribué les plantes dans trois collections, car nous avons deux ou trois exemplaires de chaque plante. Nous emportons avec nous, autour du monde, un petit herbier, pour pouvoir faire des comparaisons. Un second, celui de Bonpland, avec qui je partage naturellement tout, est parti pour la France, et j'envoie aujourd'hui le troisième, avec M. John Fraser (2), par Charleston à Londres. (Il est emballé dans deux caisses, avec des Cryptogames et des herbes, il contient 1.000 espèces différentes provenant la plupart des parties inconnues de Parime et de la Guyana, entre le Rio Negro et le Brésil, où nous étions l'année passée.) Nous diminuons le danger par le dispersement des collections.

J'ai l'idée de présenter au lecteur mes observations dans différens volumes, vu que mon voyage embrasse beaucoup de sujets, qui ne peuvent intéresser le même lecteur. Mon récit du voyage, proprement dit, par exemple, ne contiendra que ce qui peut intéresser tout homme cultivé ; les observations physiques et morales, les conditions générales, le caractère des peuples indiens, les langues, les mœurs, le commerce des colonies et des villes, l'aspect du pays, l'agriculture, la hauteur des montagnes (rien que les résultats), la météorologie. —Puis je donnerai en volumes séparés : 1° la construction de la terre, géognosie; 2° les observations astronomiques, les longitudes et les latitudes, les observations de Jupiter, la réfraction... 3° la physique et la chimie : les essais d'analyse chimique de l'atmosphère, l'hygrométrie, l'électricité, des observations barométriques et pathologiques, l'irrita-

---

(1) *Relat. hist.*, t. III, p. 459 et suiv.

(2) John Fraser, botaniste écossais (1750-1811), avait voyagé cinq fois en Amérique depuis 1780; il avait rencontré Humboldt et Bonpland à Cuba. Son magnifique herbier est conservé par la Société Linnéenne.

bilité... 4° la description des nouvelles espèces de singes, de crocodiles, d'oiseaux, d'insectes, l'anatomie des vers de mer... 5° le travail botanique, fait avec Bonpland, et non seulement les *nova genera* et les espèces, mais, d'après le système de Linné, la description et l'énumération de toutes les espèces. Nous en avons vu plus que les autres, j'espère bien de 5 à 6.000, car la récolte sera très riche à Manille et à Ceylan. Ceci, mon cher, est mon plan général.

Si je devais mourir, Delambre éditera mes manuscrits astronomiques; V. Scheerer, les manuscrits physiques et chimiques; Freiesleben ou Buch, mes travaux géognostiques; Blumenbach, ceux qui traitent de la zoologie, et toi, mon cher (je l'espère au moins), mes études botaniques, en mon nom, et au nom de Bonpland. Mon frère enverra à chacun les manuscrits.

Je reste fidèle à ma parole. Toutes les plantes collectionnées pendant ce voyage et qui m'appartiennent, te sont destinées. Je ne veux jamais rien garder.

Comme je me réserve de faire une publication de mon herbier après mon retour, je te prie seulement de ne pas le mêler à ta collection avant cette publication, ou avant ma mort. Je n'ai pas voulu adresser directement à Hambourg les deux caisses (1.600 espèces) que je confie aujourd'hui à M. Fraser, non seulement parce qu'aucun bateau espagnol ne touche les ports neutres, mais encore parce que je ne sais si tu ne crois pas plus sûr de laisser les caisses chez M. Fraser jusqu'à la fin de la guerre. J'ai toute raison de croire que mes plantes seront bien gardées chez cet homme, car je lui ai rendu plus d'un service.

Tu te souviens, mon cher, que d'après la *Flora carolinensis* de Walter, M. Fraser a fait quatre voyages au Labrador et au Canada, en partie comme botaniste, en partie comme jardinier et marchand de semences. Depuis 1799, il a fait un cinquième voyage dans l'Ohio, le Kentucki et le Tenessee, pays très faciles à visiter à présent, car dans l'espace de quatre semaines on peut envoyer des marchandises par eau et par terre de Philadelphie à New-Orléans, en passant par Fort-Pitt, l'Ohio et le Mississipi. Fraser arrivait à la Havane pour collectionner des plantes sans se douter des difficultés et sans avoir la permission du roi d'Espagne pour pénétrer dans les colonies. Il a fait naufrage, et il a passé trois jours sur un banc de sable, à dix lieues de la côte ; des pêcheurs de Matanzas le sauvèrent enfin et ils l'ont amené ici, dépourvu de tout. Son nom et son métier suffisaient pour me le recommander. Je l'ai accueilli chez moi, je l'ai secouru avec de l'argent et avec tout ce qui lui manquait, et je lui ai procuré, par mes relations, la permission de parcourir Cuba, qu'il n'aurait certes pas obtenue sans le naufrage. J'ose espérer que lui et son très aimable fils feront tout pour m'être agréable. J'ai proposé au père de joindre le fils à mon expédition et de l'amener au Mexique, mais le jeune homme a peur des Espagnols, il ne comprend pas leur langue et il s'embarque pour Londres dans l'intention de décrire les plantes collectionnées dans le Kentucky.

Je vais d'ici à Acapulco pour finir de là, en passant par le Mexique et la Californie, le voyage autour du monde avec le capitaine Baudin.

Je t'ai dit, mon cher (pardonne mon misérable allemand (1), depuis deux ans je ne parle que l'espagnol et le français', que je pense publier mes plantes moi-même, après mon retour. Si tu trouvais cependant, dans les deux caisses que Fraser pourra te remettre, des espèces nouvelles, qui attirent ton attention, tu pourras, bien entendu, en disposer, seulement pas de beaucoup ni de toutes, pour les incorporer dans ta nouvelle édition des espèces. Au contraire Bonpland et moi, nous nous estimerons très honorés d'être cités par toi dans ton œuvre. Je dis avec intention « ni beaucoup ni toutes, » parce qu'il est impossible de décrire aussi exactement sur des exemplaires secs, que sur ce que nous avons dessiné d'après nature.

Bonpland et moi, nous croyons avoir fait des diagnoses fort exactes, nous n'osons cependant pas fixer le nombre des espèces nouvelles que nous possédons. Nous avons beaucoup de palmiers et d'herbes, des Mélastomées, des *Piper*, des *Malpighia*, le *Cortex Angosturæ*, qui est une nouvelle espèce différente du *Cipora Auble Cœsalpina*.

_____

(1) On sait déjà que toutes les lettres à Willdenow sont en allemand et n'ont jamais été traduites dans notre langue.

(2) « Pendant les cinq ans qu'a duré mon voyage dans l'Amérique espagnole, je n'ai trouvé occasion que deux fois de parler ma langue natale. » (*Relat. hist.*, t. III, p. 532.)

Je suis très résolu de ne rien publier pendant les cinq ou six ans que mon voyage durera. Je suis sûr que les deux tiers de nos genres et de nos espèces seront reconnus vieux comme le monde à notre retour en Europe. Mais la science gagne toujours par le tracé de nouvelles descriptions faites d'après nature dans des pays aussi éloignés. Quel trésor de merveilleuses plantes ne cache pas le pays entre l'Orinoco et l'Amazone, qui est couvert de forêts vierges et qui est habité par tant de nouvelles espèces de singes ? J'y ai fait 1.400 lieues géographiques ! J'ai collectionné à peine la dixième partie de ce que nous avons vu. A présent je suis convaincu complètement de ce que je ne voulais pas croire en Angleterre, quoique je m'en doutasse, après avoir vu les herbiers de Ruiz, de Pavon, de Nées (1) et de Henken ; je suis, dis-je, à présent convaincu que nous ne connaissons pas les trois cinquièmes des espèces de plantes existantes ! Quels fruits merveilleux ! Nous en avons envoyé, à notre retour des régions équatoriales, une caisse à Madrid et en France. Quel aspect que ce monde de palmiers dans les impénétrables forêts au bord du Rio Negro !

Mais, hélas ! c'est presque en pleurant que nous ouvrons nos caisses de plantes. Nos herbiers partagent le sort malheureux de ceux de Sparmann, Banks, Swartz et Jaquin. L'humidité immense du climat américain, l'exubérance de la végétation où il est si difficile de trouver de vieilles feuilles bien développées, a gâté plus que le tiers de nos collections. Chaque jour nous rencontrons de nouveaux insectes qui détruisent et le papier et les plantes. Toutes les inventions, trouvées en Europe, échouent ici, comme le camphre, la térébenthine, le goudron, les planches poissées et la suspension des caisses en l'air, et la patience se lasse. On reconnaît à peine son herbier après trois ou quatre mois d'absence. Sur huit exemplaires il faut en jeter cinq, surtout à Guyane, au Dorado et dans les Amazones, où nous nagions tous les jours dans la pluie.

Pendant quatre mois nous avons dormi dans des forêts, entourés de crocodiles, de boas et de tigres (qui assaillent ici même les

(1) Hipolito Ruiz et José Pavon, compagnons de Joseph Dombey au Pérou et au Chili, auteurs de la *Flora Peruviana et Chilensis*, dont les trois premiers volumes ont été seuls imprimés; Luis Nées, Français naturalisé espagnol, botaniste du voyage de Malaspina autour du monde.

canots) en ne mangeant que du riz, des fourmis, du manioc, du pisang et quelquefois des singes, en buvant de l'eau de l'Orinoco. Le trajet de Mandavaca jusqu'au volcan Duida, des frontières de Quito jusqu'à Surinam, des espaces de 8.000 lieues carrées où on ne rencontre aucun Indien, rien que des singes et des serpens, nous l'avons parcouru les mains et la figure enflées des piqûres des moustiques.

A la Guyane, où il faut couvrir la figure et les mains à cause des moustiques qui obscurcissent l'air, il est presque impossible d'écrire pendant le jour; on ne peut même pas tenir la plume tranquillement tellement les piqûres des insectes sont doulou-reuses. Tout notre travail a dû être fait près du feu, dans une hutte indienne, où aucun rayon de soleil n'a pénétré, et où on ne pénètre qu'en rampant. Mais alors la fumée vous étouffe, si vous souffrez moins des moustiques. A Maypure nous nous réfugions avec les Indiens au milieu de la cascade, où le fleuve bondit furieu-sement, mais où l'écume chasse les insectes. A Higuerote on s'en-terre dans le sable pendant la nuit, de sorte qu'il n'y a que la tête qui dépasse; la terre qui couvre tout le corps a une épaisseur de trois à quatre pouces. On croit que c'est un conte quand on ne le voit pas. C'est singulier qu'on ne trouve ni crocodiles, ni mous-tiques là où commencent les eaux noires, ou, pour mieux dire, les fleuves couleur de café. (Atabapo, Guaïnia, etc.)

Mais en revanche, quelle jouissance que de vivre dans ces forêts indiennes, où l'on rencontre tant de peuplades indiennes indépen-dantes, chez lesquelles on trouve un reste de culture péruvienne ! On y voit des nations qui cultivent bien la terre, qui sont hospi-talières, qui paraissent douces et humaines, tout comme les habi-tants d'Otahiti, mais qui sont comme ceux-ci anthropophages. Partout, partout dans la libre Amérique du Sud (je parle de la partie qui est au sud des cataractes de l'Orinoco, où aucun chré-tien n'a mis les pieds avant nous, sauf cinq à six moines Francis-cains) nous trouvions dans les huttes les traces horribles de l'an-thropophagie !

Ma santé et ma gaieté ont visiblement augmenté depuis que j'ai quitté l'Espagne, malgré l'éternel changement d'humidité, de chaleur et du froid des montagnes. Je suis créé pour les Tropiques, jamais je n'ai été si constamment bien portant que depuis deux ans.

Je travaille beaucoup, je dors peu ; souvent quand je fais des observations astronomiques, je suis exposé au soleil pendant cinq ou six heures, sans chapeau. J'ai séjourné dans des villes où la fièvre jaune faisait rage et jamais je n'ai eu même un mal de tête. Saint-Thomas-d'Angostura, capitale de la Guyane, et Nuova-Barcelona font exception à la règle. La première fois j'ai eu la fièvre pendant trois jours en revenant du Rio Negro, par suite des masses de pain que je dévorais, n'ayant rien mangé depuis quelque temps ; la seconde fois, j'ai été pris, par un soleil brillant, mouillé par une pluie fine qui toujours excite la fièvre. A Atabapo, où les indigènes souffrent continuellement de la fièvre putride, ma santé a résisté d'une façon inconcevable.

L'accueil qu'on me fait dans les colonies espagnoles est tellement flatteur, que l'homme le plus aristocratique et le plus vaniteux ne pourrait désirer mieux. Dans les pays où il n'y a pas d'esprit public, dans lesquels tout est soumis à l'arbitraire, la faveur de la Cour fait tout. Le bruit que j'ai été distingué par la reine et par le roi d'Espagne, les recommandations d'un nouveau ministre tout puissant, Don Urquijo, gagnent tous les cœurs. Jamais, de mémoire d'homme, un naturaliste n'a pu agir avec tant de liberté. Ajoutons que le voyage n'est pas moitié si cher qu'on pourrait le croire, quand on apprend qu'il a fallu, pour le transport des plantes et des instruments, 24 Indiens pendant des mois, sur les fleuves, et dans l'intérieur souvent 14 mules.

Mon indépendance m'est plus chère chaque jour, c'est pour cette raison que je n'ai jamais accepté le moindre secours d'aucun gouvernement, et si des journaux allemands traduisaient un article anglais, du reste très flatteur pour moi, qui dit que je voyage avec des ordres du Gouvernement espagnol et que je suis appelé à occuper un poste élevé dans le conseil des Indes, il faut en rire comme je le fais. Si jamais je retourne en Europe, d'autres projets m'occuperont qu'une place au *Consejo de Indias*. Une vie, commencée comme la mienne, est faite pour l'action, et, si je devais succomber, tous ceux qui me sont chers, comme toi, savent que je ne poursuis pas un but commun.

Nous autres Européens de l'Est et du Nord, nous avons de singuliers préjugés contre les Espagnols. J'ai vécu deux ans lié avec toutes les classes, à partir du capucin (car j'ai passé longtemps

8

dans leurs missions chez les Indiens Chaymas) jusqu'au vice-roi, je sais l'espagnol presque aussi bien que ma langue maternelle et grâce à cette connaissance précise, je prétends que la nation, malgré le despotisme de l'État et de l'Église, avance à pas de géant vers son développement, vers la formation d'un grand caractère. Bonpland et moi nous avons toutes les raisons d'être extrêmement contens. C'est un élève digne de Jussieu, de Desfontaine, de Richard ; il est actif, travailleur, il s'adapte facilement aux mœurs et usages des hommes, parle très bien l'espagnol, et il est courageux et intrépide — en un mot, il a des qualités exquises pour un voyageur naturaliste. Il a rangé seul les plantes, qui, avec les doubles, montent à 12.000.

Les descriptions sont à moitié son œuvre. Souvent nous avons décrit, chacun de notre côté, la même plante, pour être plus près de la réalité.

Et toi comment vis-tu ta vie de travail dans ton intérieur si tranquille et si heureux ? Quel bonheur pour toi de ne pas avoir vu ces forêts vierges au Rio Negro et ce monde de palmiers ! Il te paraîtrait impossible de t'habituer plus tard à une forêt de pins ! Quel coup d'œil que ce monde de palmiers dans les forêts impénétrables du Rio Negro ! Le monde n'est vraiment vert qu'ici, ici dans la Guayana, dans la partie tropicale de l'Amérique du Sud.

Il me semble que je rêve, quand je pense au temps où je t'apportais, pour le classer, un *Hordeum murinum* et où mes études botaniques contribuaient davantage, que mon voyage avec Forster à éveiller en moi le désir de voir les Tropiques ; ou enfin quand je rapproche en imagination les *Rehberge* et la *Puke* des cataractes d'Atures et d'une maison de *China* (*Chincona alba*) que j'ai habitée longtemps. Combien de difficultés ! Avoir attendu en vain pour me joindre au voyage de Baudin, autour du monde, avoir été tout près d'aller en Egypte et en Algérie ; puis être dans l'Amérique du Sud et avoir de nouveau l'espoir de retrouver dans la mer du Sud Baudin et Michaux. Comme une vie d'homme est miraculeusement enchaînée, car je vais d'ici à Acapulco, par le Mexique et la Californie, pour y retrouver le capitaine Baudin et achever avec lui le tour du monde !

Si je rêve quelquefois à la fin heureuse de cette périlleuse odyssée, je crois être dans la vieille chambre au coin de la Friedrich-

strasse, toujours autant aimé de toi. Si je me représentais vivement cette situation, je serais vraiment en état de devancer la fin
du voyage et d'oublier que dans les grandes entreprises il faut
écouter la raison et non le cœur. Une voix intérieure me dit que
nous nous reverrons.

Je n'ai jamais pu obtenir de réponse ni de Jaquin, ni de von
der Schott, que j'aime tant. Quand cette affreuse guerre, qui coupe
toutes les communications, finira-t-elle ?

Saluts cordiaux à ta chère femme, à ta belle-mère ; embrasse les
petits, surtout mon ami Hermes (1), rappelle-moi au souvenir de
nos excellents amis Klaproth, Karsten, Zollner, Hermbstedt, Bode,
Herz (2). Mille compliments à M. Kunth (3) que tu vas certainement voir, quand tu auras reçu cette lettre. Dis à ce vieil ami que,
fidèle à ma résolution de ne confier qu'une lettre à chaque poste,
je lui en envoie une aujourd'hui même, par un autre bateau. Avec
mon affection de frère,

> Ton vieil élève,

> ALEXANDRE HUMBOLDT.

XXXII

A W. DE HUMBOLDT (4)

Carthagène des Indes, 1er avril 1801.

Si tu as reçu ma dernière lettre (5) de la Havane, mon cher
frère, tu dois savoir que j'ai modifié mon plan initial et qu'au lieu
d'aller dans l'Amérique du Nord à Mexico, je suis revenu aux côtes

----

(1) J'ai déjà rappelé plus haut que Hermes est le jeune fils de Willdenow.

(2) On a parlé dans des notes précédentes de Hermbstedt et de Karsten.
Johann-Ehlert Bode (1747-1826) est le célèbre astronome hambourgeois ;
Marcus Herz est le médecin philosophe juif de Berlin (1747-1893).

(3) Gouverneur des deux frères Humboldt, le « Wirklich Geh. Ober Re-
gierungs' Rath » Künth est l'oncle du botaniste Karl Sigismund Künth qui
reprendra l'œuvre de Bonpland après le départ de celui-ci pour Buenos-Ayres.

(4) Extrait d'une lettre de M. Alexandre de Humboldt à son frère à Berlin.
(*N. Berlin. Monatsschr.* Bd. VI, s. 394-400. — Cf. *Briefe*, s. 14.)

(5) Cette lettre n'est pas arrivée. (*Note de l'éditeur* de la *N. Berl. Monatsschr.*)

méridionales du golfe du Mexique pour voyager de là vers Quito et Lima. Il serait trop long de t'expliquer toutes les raisons qui m'y ont décidé, la principale était que la route maritime d'Acapulco à Guayaquil est habituellement longue et difficile, et que j'aurais dù cependant retourner encore à Acapulco pour y trouver une occasion pour les Philippines.

Je partis le 8 mars de Batabano, sur la côte sud de l'île de Cuba, dans un très petit navire de 20 tonneaux à peine (1). Comme nous manquions d'eau, nous entrâmes dans le port de la Trinidad à l'extrémité orientale de l'île et nous y passâmes deux jours agréables dans une belle et romantique région (2). De là nous descendîmes à Carthagène seulement le 30 mars. Habituellement cette traversée ne dure que six à huit jours ; mais nous avions un calme presque ininterrompu ou un vent faible. Le courant marin et l'incrédulité du capitaine qui n'avait pas confiance en mon chronomètre nous emportèrent trop loin à l'ouest, de sorte que nous tombâmes dans le golfe de Darien. Nous dûmes alors remonter le long des côtes pendant huit jours, ce qui par le vent d'est qui souffle d'ordinaire constamment en tempête en cette saison dans ces parages et avec notre petit navire était aussi difficile que dangereux. Nous jetâmes l'ancre au Rio Sinu (3) et nous herborisâmes durant deux jours sur ses rives qu'aucun observateur n'a certainement jamais foulées. Nous trouvâmes une nature magnifique, riche en palmiers, mais sauvage, et nous récoltâmes un nombre considérable de plantes nouvelles (4). L'embouchure de la rivière (elle se jette entre le Rio Atrato et le Rio de la Magdalena) est large de près de deux milles et se trouve pleine de crocodiles. Nous y vîmes les Indiens-Dariens : petits, épaules larges, déprimés et en général le contraire des Caraïbes ; mais assez blancs et plus gras, plus musclés, plus replets que les Indiens que j'ai vus jusqu'à présent. Ils vivent sans contrainte et dans l'indépendance.

Tu vois ainsi que si notre voyage a été également long et difficile, il nous a offert cependant maints objets intéressants. Mal-

(1) Cf. *Relat. hist.*, t. III, p. 460 et suiv.
(2) *Ibid.*, p. 478.
(3) *Ibid.*, p. 530.
(4) *Ibid.*, p. 531.

heureusement nous eûmes à surmonter le plus grand danger à la fin de ce voyage, tout près de Carthagène même.

Nous voulions pénétrer de force contre le vent dans le port. La mer était furieusement démontée. Notre petit navire (et cependant ce n'était pas ma faute si je n'en avais pas pris de plus grand, car on n'en trouve que d'aussi petits entre Cuba et Carthagène), notre petit navire résista avec peine à la violence des flots et s'abattit subitement sur le flanc. Une vague épouvantable passa par-dessus et menaça de nous engloutir. Le pilote resta impassible à sa place; mais il s'écria tout à coup : « *No gobierna el timón*. » Nous nous sommes tous alors tenus pour perdus, seulement comme on tentait tout ce qui était possible et qu'on coupa une voile, qui flotta alors librement, le navire se releva d'un coup sur la crête d'une nouvelle vague et nous nous sauvâmes derrière le promontoire Gigante (1).

Ici cependant un nouveau et peut-être plus grand danger me menaça encore. Il y avait une éclipse de lune (2) ; et pour mieux l'observer je me fis conduire dans un bateau sur la côte. Mais à peine étais-je descendu avec mes compagnons, que nous entendîmes un bruit de chaînes; et des nègres *cimarones*, extrêmement forts, échappés de la prison de Carthagène, se précipitèrent hors du buisson, des haches à la main et courant sur nous, probablement dans l'intention de s'emparer de notre bateau, car ils nous avaient vus sans défense. Nous prîmes immédiatement la fuite vers la mer, mais à peine eûmes-nous le temps d'embarquer et de quitter la côte (3).

Le lendemain enfin nous entrions tranquillement et par tems calme dans le port de Carthagène. Par un hasard curieux, le jour où j'échappais à ce double danger était précisément le dimanche des Rameaux et c'était exactement le dimanche des Rameaux de l'année précédente que je me trouvais pareillement en danger de mort dans le gîte de tortues à Uruana sur le fleuve de l'Orénoque, comme je te l'ai alors écrit en détail (4).

(1) Punta Gigantes. (*Relat. hist.*, t III, p. 543).

(2) Cette éclipse fut totale dans la nuit du 29 au 30 mars ; mais en Allemagne elle n'était visible qu'en partie, car la lune se coucha pendant l'éclipse. (*Note de l'éditeur de la N. Berliner Monatsschrift.*)

(3) *Relat. hist.*, t. III, p. 544.

(4) *Ibid.*, p. 543. — V. plus haut p. 89.

J'ai laissé tous mes manuscrits, cartes, etc., à la Havane entre les mains de mon ami D. Francisco Ramirez, un adroit chimiste, qui, la guerre terminée, les emportera en Europe et t'informera de leur arrivée. J'ai également laissé un herbier à la Havane ; un deuxième (le premier en double) est parti avec Frère Juan Gonza-lès par l'Amérique du Nord vers l'Espagne et La Rochelle (1), et j'en ai envoyé un troisième (également en double) avec le bota-niste James Fraser à Londres et à Berlin (2). De cette manière, je pense, tout est assuré.

Ma santé continue à être très bonne et tu n'as pas à t'inquiéter de moi aujourd'hui, car depuis, je navigue seulement dans la mer calme du Sud. Je vais notamment d'ici à Santa-Fé et Popayan vers Quito, où je pense être en juillet de cette année ; ensuite de Quito à Lima, de là, en février 1802, à Acapulco et Mexico, d'Acapulco 1803 aux Philippines ; et j'espère te revoir en 1804.

Les nouvelles récentes d'Europe me font beaucoup défaut ici. Depuis mon départ d'Espagne je n'ai eu de toi qu'une seule lettre que j'ai reçue d'Utrera (3), et cependant je suis certain que tu m'as souvent écrit.

Depuis mars 1800, personne ici n'a reçu de lettres d'Europe.

H.

XXXIII

A BAUDIN (4)

Carthagène des Indes, le 12 avril 1801.

Citoyen,

Lorsque je vous embrassais pour la dernière fois rue Helvétius

---

(1) Le navire qui portait Gonzalès périt, corps et biens, sur la côte d'Afrique. (*Relat. hist.*, t. III, p. 459.)

(2) Ces plantes destinées à M. Willdenow sont heureusement arrivées à Londres. (*N. Berlin. Monatsschr.* — Cf. *Relat. hist.*, t. III, p. 459).

(3) La ville d'Utrera dans le royaume de Séville. Guillaume de Humboldt s'y trouvait en janvier de l'année précédente, voyageant de Cadix à Malaga. (*N. Berlin. Monatsschr.*)

(4) *Correspondance d'Alexandre de Humboldt avec Varnhagen von Ense...* trad. fr. Paris, 1860, in-12, p. 284-286. — La lettre originale est en français,

à Paris et que je comptais partir pour l'Afrique et les Grandes-
Indes, il ne me restait qu'un faible espoir de vous revoir et de
naviguer sous vos ordres. Vous êtes instruit, sans doute, par nos
amis communs, les CC. Jussieu, Desfontaines... combien mon
voyage s'est changé, comment le roi d'Espagne m'a accordé la
permission de parcourir ses vastes domaines en Amérique et en
Asie, d'y ramasser tous les objets qui pourraient être utiles aux
sciences... Indépendans, et toujours à mes propres frais, mon
ami Bonpland et moi avons parcouru depuis deux ans les pays
situés entre la côte, l'Orinoco, le Casiquiare, le Rio Negro et
l'Amazone. Notre santé a résisté aux dangers énormes que présentent les rivières. Au milieu de ces bois nous avons parlé de
vous, de nos visites inutiles chez le citoyen François de Neufcha-
teau, de nos espoirs trompés. Sur le point de partir depuis la
Havane pour le Mexique et les îles Philippines (1), il nous est
parvenu la nouvelle, comment votre constance a su enfin vaincre
toutes les difficultés. Nous avons fait des combinaisons, nous
sommes sûrs que vous relâchez à Valparaiso, à Lima, à Guayaquil. Nous avons changé à l'instant nos plans, et malgré la force
des brises impétueuses de cette côte, nous sommes partis sur un
petit pilotboat, pour vous chercher dans la mer du Sud, pour voir
si, revenant sur nos anciens projets, nous pouvions réunir nos
travaux aux vôtres, si nous pouvions parcourir avec vous la mer
du Sud...

Un malheureux passage de vingt et un jours, depuis la Havane
à Carthagène, nous a empêchés de prendre la route de Panama et
Guayaquil. Nous craignons que la brise ne souffle plus dans la
mer du Sud et nous entreprenons de poursuivre la route de terre
par le Rio de la Magdalena, Santa-Fé, Popayan, Quito. J'espère que
nous serons au mois de juin ou au commencement de juillet à la
ville de Quito, où j'attendrai la nouvelle de votre arrivée à Lima.
Ayez la grâce de m'y écrire deux mots sous l'adresse espagnole :
*Al señor barón de Humboldt, Quito, casa del señor governador barón
de Carondelet.* Mon plan est, au cas que je n'entende rien de vous,

---

telle qu'elle est ici reproduite. Humboldt avait écrit déjà dans le même
sens à Baudin au moment de son embarquement à La Corogne. (*Relat. hist.*,
t. I, p. 56.) Cette seconde pièce n'a pas été retrouvée.
   (1) Cf. *Relat. hist.*, t. III, p. 438.

mon respectable ami, de visiter le Chimboraço, Loxa... jusqu'en novembre 1801 et de descendre en décembre ou janvier 1802 avec mes instrumens à Lima.

Vous verrez par cette narration, mon respectable ami, que le climat des Tropiques ne m'a pas rendu flegmatique, que je ne connais pas de sacrifices lorsqu'il s'agit de suivre des plans utiles et hardis. Je vous ai parlé avec franchise, je sais que je vous demande plus que je ne vous offre, je puis croire même que des circonstances particulières pourraient vous empêcher de nous recevoir à votre bord... En ce cas, cette lettre pourrait vous embarrasser, elle vous embarrasserait d'autant plus que vous nous honorez de votre amitié. J'ose vous prier de me parler franchement je me réjouirai toujours d'avoir eu le plaisir de vous voir et je ne me plaindrai jamais des événemens qui nous gouvernent malgré nous. C'est par cette franchise que vous me donnerez le signe le plus précieux de vos bontés pour moi. Je continuerais alors ma propre expédition depuis Lima à Acapulco, Mexico, aux Philippines, Surate, Bassora, la Palestine... Marseille. Mais j'aime mieux croire que je puisse être des vôtres. Le C. Bonpland vous présente ses respects.

Salut et amitié inviolable.

A. Humboldt (1).

XXXIV

A. W. DE HUMBOLDT

Contreras à Ibague, dans le Royaume de la Nouvelle-Grenade
(4 degrés, 5 minutes de latitude nord),
le 21 sept. 1801 (2).

Je ne me fatiguerai pas à écrire des lettres pour l'Europe, si je suis en même temps convaincu que quelques-unes seulement

(1) Une note bien postérieure de la main de Humboldt est ainsi rédigée : « Cette lettre écrite au capitaine Baudin à mon arrivée à Carthagène des Indes (en venant de la Havane) m'a été rendue, le capitaine Baudin n'ayant pas relâché à Lima. (Berlin, en nov. 1846.) A. Humboldt. »

(2) Comme date de cette lettre la *N. Berline Monatsschr.* (p. 439) indique le

atteignent leur lieu de destination. Des courriers postaux partent, il est vrai, toutes les semaines ici des grandes villes vers les ports. Seulement, après que les lettres y ont attendu souvent quatre à six mois l'occasion d'un départ et sont enfin en route, la prudence exagérée des capitaines de navire les abandonne aux ondes à la moindre apparence de danger (1). Ma dernière lettre était de Sainte-Anne, de la Cordillère Orientale des Andes (2).

Il n'en va pas mieux des lettres que l'on envoie d'Europe ici. En dehors de quelques lettres d'Espagne, d'une seule lettre de toi et de deux de H[erme]s (3), je n'ai reçu absolument aucune lettre d'Europe depuis que j'ai quitté la Corogne le 5 juin 1799. Comme beaucoup se trouvent dans le même cas, on commence, pour si difficile que cela soit, à supporter avec résignation cette privation.

Je suis extrêmement heureux; ma santé est aussi bonne qu'elle l'a jamais été; mon courage est inébranlable; mes plans me réussissent; et partout où j'arrive je suis reçu avec un obligeant empressement. Je me suis si bien habitué au Nouveau-Monde qui m'entoure, à la végétation tropicale, à la couleur du ciel, aux places des constellations, à la vue des Indiens, que l'Europe n'apparaît plus à mon imagination que comme un pays que je vis dans mon enfance. Il ne m'en tarde pas moins de revenir et je pense être de nouveau chez nous en automne 1804.

La conséquence la plus désagréable de l'incertitude de l'échange des lettres est la nécessité où l'on se voit de toujours répéter ce que l'on a si souvent écrit. Cependant je vois d'après ta lettre (4), que jusqu'en novembre 1799, c'est-à-dire jusqu'après mon voyage chez les Indiens Chaymas, tu as assez souvent reçu des lettres de moi.

De novembre à janvier 1800, nous étions à Caracas. De là nous entreprîmes le voyage de l'Orénoque. Nous sommes arrivés à ce

---

21 septembre. Un extrait paru après cette dernière dans *Gilbert's Annalen der Physik* (XVI, 451), donne par erreur la date du 2 septembre (Cf. *Briefe*, s. 27, n° 1. — *Magas. Encycl.* Extr. 8° ann., t. IV, p. 236-238.)

(1) On se rappellera que ceci a été écrit à l'époque de la guerre maritime. (*N. Berl. Monatsschr.*)

(2) Cette lettre n'est pas parvenue.

(3) C'est le fils de Willdenow.

(4) C'était la lettre de Utrera, indiquée plus haut dans la lettre n° XXXII.

fleuve par les Apures, nous l'avons remonté au-delà des cataractes, nous sommes parvenus sous le 2ᵉ degré de latitude nord, aux petites rivières Atabapo, Tuamini et Temi ; et de là nous avons porté notre canot pendant trois jours, jusqu'au Cañon-Pimichin sur la rivière Noire (Rio Negro). Nous l'avons descendue d'abord jusqu'aux frontières de Grand-Para et du Brésil ; puis remonté pendant douze jours, jusqu'au Casiquiari : entre des forêts si inextricables que nous y aperçûmes des tigres et de gros tigres sur les arbres, parce que la végétation exubérante les empêchait de marcher sur le sol. Du Casiquiari nous revînmes à l'Orénoque, que nous avons alors remonté vers l'est du côté de sa source, poursuivant jusqu'au delà de la montagne volcanique Duida. La férocité des Guaias anthropophages nous empêcha de nous enfoncer plus avant. Un blanc n'a jamais non plus pénétré plus loin à l'est dans le pays inconnu de ces Indiens indépendants ; nous sommes allés dans les forêts, entre le Rio Negro, l'Orénoque et le fleuve des Amazones, 500 milles plus loin dans les terres que Loefling (1). De Duida nous parcourûmes en bateau tout l'Orénoque jusqu'à son embouchure, à 500 milles français plus loin.

Nous revînmes de ce voyage de plus de 1.200 milles, en juillet 1800, à Saint-Thomé de la Angostura. Nous y passâmes un mois, où j'examinai la région et les plantes, notamment l'écorce d'Angusture (2), tandis que le bon Bonpland souffrait de la fièvre : conséquence des miasmes terribles des forêts humides de l'Equateur. — De là nous allâmes à travers le pays (ou la mission) des Caraïbes et par delà la Nouvelle Barcelone à Cumana où nous arrivâmes en septembre. Les Caraïbes sont le peuple le plus fort et le plus musclé que j'aie jamais vu ; à eux seuls ils contredisent les rêveries de Raynal et de Pauw sur la faiblesse et la dégénérescence de l'espèce humaine dans le Nouveau-Monde. Un Caraïbe adulte ressemble à un hercule fondu dans l'airain.

(1) Pierre Loefling. naturaliste, attaché à la commission des limites de D. Josef de Yturiaga, mort victime de son zèle pour la science à Santa-Eulalia de Muracuri le 22 février 1756 (Cf. *Relat. hist.*, t. III, p. 184.)

(2) A ce propos se place ici la nouvelle que précisément alors ces deux caisses de plantes que M. de Humboldt avait récoltées dans le grand voyage au printemps de 180⁰ près de l'Equateur, résumé ici, et dont on trouve déjà plusieurs fois la mention, sont arrivées à Berlin chez M. le prof. Willdenow (*N. Berlin. Monatsschr.*).

En décembre, après une traversée très orageuse et très longue d'un mois et demi, où nous fîmes presque naufrage sur les écueils du banc de la Vipère (*Vibora*), dans le sud de la Jamaïque, nous arrivâmes à la Havane où nous passâmes trois mois (jusqu'en février 1801), soit dans la maison du comte Orelly, soit dans le pays chez le comte Jaruco et le marquis de Real Socorro. — J'avais déjà pris la décision de faire voile d'ici vers l'Amérique du Nord, d'aller jusqu'aux cinq lacs, de redescendre en bateau par l'Ohio et le Missisippi vers la Louisiane et delà, de faire route par la voie de terre peu connue, vers la Nouvelle-Biscaye et Mexico. Mais plusieurs circonstances me poussèrent à abandonner ce plan et à revenir vers l'Amérique du Sud. Je m'embarquai donc à Batabano (Cuba) ; mais comme par l'incrédulité du pilote en mes instrumens nous tombâmes dans le golfe de Darien, nous n'arrivâmes que 35 jours après (car autrement cette traversée dure tout au plus 14 jours) à Carthagène, le 1er avril 1801, non sans grand danger. Cependant j'avais eu l'occasion entre temps de déterminer, à l'aide de mon chronomètre, la situation géographique des deux Caymanes et d'autres bancs de sable et rochers qui n'étaient pas encore suffisamment connus (1).

De Carthagène nous avons souvent visité la célèbre forêt de Turbaco réputée pour l'épaisseur extraordinaire de ses arbres ; on y voit des troncs de huit pieds de diamètre, par exemple ceux du *Cavanillesia Mocando*, qui avaient échappé à l'attention de l'excellent Jacquin (2).

— Ici à Carthagène je rencontrai M. Fidalgo et la commission qui avait été envoyée pour relever le plan des côtes, munis de très beaux chronomètres et d'autres instruments (3). Comme mes observations géographiques dans le pays des Indiens, entre l'Orénoque, le Casiquiari, la rivière Noire et le Marañon (fleuve des Amazones) s'appuyaient sur plusieurs points de la côte, j'étais curieux de comparer mes déterminations avec celles qu'avait faites M. Fidalgo. Nous avons trouvé une parfaite et admirable unani-

(1) *Relat. hist.*, t. III, p. 329.

(2) On a déjà dit que ce grand botaniste avait été envoyé par l'empereur François Ier en Amérique pour les progrès de la science et pour enrichir les précieuses collections de Schönbrunn.

(3) Cf. *Relat. hist.*, t. III, p. 345.

mité dans ces observations de longitudes. Nous avons également constaté, par la comparaison de nos journaux, que l'aiguille aimantée depuis 1798 décline à l'ouest sur cette côte, comme en Europe à l'est, c'est-à-dire que dans l'Amérique du Sud la déclinaison orientale a déjà commencé à diminuer.

Le désir ardent de voir le grand botaniste, Don José Celestino Mutis (1), qui était un ami de Linné et habite aujourd'hui Santa-Fé de Bogota, et de comparer nos herbiers avec les siens ; et la curiosité de faire l'ascension de l'immense Cordillère des Andes qui s'étend de Lima (du côté nord), jusqu'à l'embouchure de la rivière Atrato, dans le golfe de Darien, afin de pouvoir donner d'après mes observations personnelles une carte de toute l'Amérique du Sud, depuis le fleuve des Amazones au nord, me poussèrent à préférer la route de terre, vers Quito au delà de Santa-Fé et Popayan, à la voie maritime au delà de Porto Bello, Panama et Guayaquil. Je n'envoyai par conséquent que mes instruments les plus volumineux, les livres dont je n'avais pas besoin et autres objets par la voie de mer ; et nous nous embarquâmes sur la Magdalena après un séjour de près de trois semaines à Carthagène.

La violence des vagues et du puissant courant nous retint pendant 45 jours sur la Magdalena, temps pendant lequel nous nous trouvions toujours entre des forêts peu habitées. On ne rencontre pas une maison ou autre habitation humaine sur une étendue de 40 milles français. Je ne te dis plus rien du danger des cataractes, des moustiques, des orages et des intempéries qui se prolongent ici d'une façon ininterrompue et mettent en flammes toutes les nuits la voûte céleste ; je t'ai décrit tout cela en détails dans quantité d'autres lettres. Nous naviguâmes de cette manière jusqu'à Honda, par cinq degrés de latitude nord. J'ai dessiné le plan topographique de la rivière dans quatre feuilles dont le vice-roi a gardé une copie ; j'ai dessiné des courbes de niveau barométrique

(1) José Celestino Mutis (1732-1808), botaniste et astronome, parti pour l'Amérique du Sud comme médecin du marquis de la Vega, nommé vice-roi de la Nouvelle-Grenade, et entré plus tard dans les ordres, a travaillé pendant près d'un demi-siècle à réunir des matériaux immenses sur la flore de Santa Fé de Bogota, qu'une coupable négligence a laissés inédits. Cavanilles et Humboldt ont toutefois fait connaître quelques-uns de ces travaux.

de Carthagène à Santa Fé ; j'ai recherché l'état de l'air dans quatre
lieux, car mes eudiomètres sont encore tous en état, de même que
pas un seul de mes coûteux instruments n'est brisé. A son retour
en France Bouguer a également parcouru la Magdalena, mais seulement en descendant ; il n'avait alors aucun instrument avec lui.

De Honda j'ai visité les mines de Mariquita et de Santa Anna
où l'infortuné d'Elhuyar trouva la mort (1).

Il y a ici des plantations d'une cannelle (*Laurus cinnamoïdes*
Mutis), qui est semblable à celle de Ceylan ; c'est la même que j'ai
trouvée déjà sur la rivière Guaviare et sur l'Orénoque.

On y trouve aussi le fameux amandier (*Caryocus amygdaliferus*),
des forêts de quinquina et l'Otoba qui est une vraie *myristica*
(noix muscade) et sur laquelle le gouvernement dirige aujourd'hui
toute son attention. M. Desieux, un Français qui est préposé à la
surveillance de ces plantations avec un traitement de 2.000 piastres
(500 francs d'or de notre monnaie), nous accompagnait dans notre
voyage maritime.

De Honda on monte à 1.370 toises vers Santa Fé de Bogota. La
route entre les rochers, — de petites marches taillées, larges seulement de 18 à 20 pouces, de sorte que les mulets ne passent qu'avec
peine — est mauvaise au delà de toute description. On sort de la
gorge de la montagne (*la boca del Monte*) à 4° 35 de latitude nord,
et nous nous trouvâmes immédiatement sur un grand plateau de
plus de 32 milles français carrés, sur lequel on ne voit pas d'arbres,
il est vrai ; mais qui est ensemencé avec des céréales d'Europe et
rempli de villages Indiens. Ce plateau (*los Llanos de Bogota*) est
le fond desséché du lac Funzhe qui joue un rôle important dans la
mythologie des indiens Muyscas. Le principe du mal ou la lune,
une femme, fit sortir un flot de péchés qui donna naissance au lac.
Mais Bochika, le principe du bien ou le soleil, pulvérisa le rocher

---

(1) A la fin de la lettre que M. de Humboldt avait donnée à la *N. Berl.
Monatsschr.* (Juin 1803) dans la forme actuelle de sa publication, se trouve,
entre autres notes, celle du conseiller des mines, Karsten de Berlin, dont on
a extrait ce qui suit : « Les deux célèbres chimistes espagnols Don José et Don
Fausto d'Elhuyar, étudièrent à Freiberg vers 1780. Don Fausto étudia aussi la
chimie à Upsala sous Bergmann. Il amena dans la Nouvelle Espagne. où il
était directeur général des mines de Mexico, des mineurs de la Saxe, tandis
que son frère aîné, Don José, était directeur des mines à Santa Fé de Bogota.
C'est là que ce dernier trouva la mort. »

Tequendama, où se trouve aujourd'hui la célèbre cascade ; le lac Funzhe s'écoula ; les habitants de la région, qui avaient pris la fuite sur les montagnes voisines pendant l'inondation, revinrent dans la plaine ; et après avoir donné aux Indiens une constitution politique et des lois qui étaient semblables à celles des Incas, Bochika alla habiter le temple de Sagamuri. Il vécut alors 25.000 ans et se retira dans sa maison, le soleil (1).

Notre arrivée à Santa Fé ressembla à une marche triomphale. L'archevêque nous avait envoyé sa voiture avec laquelle vinrent les notables de la ville. On nous donna un déjeuner à 2 milles de la ville et nous entrâmes avec une suite de plus de 60 personnes à cheval. Comme on savait que nous venions rendre visite à Mutis qui est tenu dans toute la ville en extrême considération en raison de son grand âge, de son crédit à la cour et de son caractère personnel, on chercha à donner un certain éclat à notre arrivée et à honorer cet homme dans nous-mêmes. Le vice-roi, suivant l'étiquette, ne doit manger avec personne dans la ville ; mais il était justement par hasard à sa maison de campagne de Fucha et nous invita chez lui. Mutis nous avait fait disposer une maison dans son voisinage et nous traita avec une amitié exceptionnelle. C'est un ecclésiastique âgé, vénérable, de près de 72 ans, et aussi un homme riche. Le roi compte pour l'expédition botanique ici même 10.000 piastres par an. Depuis 15 ans 30 peintres travaillent chez Mutis ; il possède 2 à 3.000 dessins grand in-folio, qui sont des miniatures. Après celle de Banks, de Londres, je n'ai jamais vu une bibliothèque botanique aussi grande que celle de Mutis. Malgré la proximité de l'Equateur le climat est ici sensiblement froid, en raison de l'altitude élevée indiquée plus haut : le thermomètre est le plus souvent à 6 ou 7 degrés Réaumur, souvent à 0°, jamais au-dessus de 18°.

Je suis resté tout à fait bien portant au milieu des miasmes des rivières et des piqûres de moustiques qui causent de l'inflammation, mais le pauvre Bonpland a eu de nouveau trois jours de fièvre sur la route de Honda à Santa Fé. Cela nous obligea à rester dans cette dernière ville deux mois pleins, jusqu'au 8 septembre 1801. J'ai cependant mesuré les montagnes environnantes dont plusieurs

(1) *Vues des Cordillères*, p. 17, 246

sont hautes de 2.000 à 2.500 toises ; j'ai visité le lac Guatavita, la cascade Tequendama, extrêmement belle à cause du volume de ses eaux, mais qui n'a que 91 toises de haut, les mines de sel gemme de Zipaguira, etc.

Dès que Bonpland a été rétabli, nous avons quitté Santa Fé et nous sommes aujourd'hui sur la route de Quito. Nous voulons traverser les Andes par Ibague et les contrées neigeuses de Quindiu. Bouguer alla à Guanacas.

J'écris ces lignes au pied des Cordillères que je gravis dans trois jours. Nous sommes plus à pied que sur nos mulets. Mais cette manière de voyager nous va mieux et nous sommes très bien pourvus de tout ce qu'il nous faut. En janvier 1802 je vais à Lima ; de là en mai à Acap''co ; et de là, après que j'aurai visité auparavant Mexico, je termine mon voyage autour du monde, en revenant en Europe par les Philippines, puis en tournant le cap de Bonne-Espérance.

XXXV

AU MÊME (1)

A Lima, ce 25 novembre 1802.

Tu dois savoir mon arrivée à Quito par mes lettres précédentes, mon cher frère. Nous y arrivâmes, en traversant les neiges de

(1) Ce texte dont l'original est conservé à la Bibliothèque de l'Institut dans les papiers de Cuvier (J. IX) a été imprimé par les soins de ce savant dans les *Ann. du Mus. d'Hist. nat.* (*Correspond.*, t. II, p. 322 et suiv.) et reproduit par Millin (*Magas. Encycl.*, 9ᵉ ann., t. II, p. 241). Il est précédé des quelques lignes que voici :

« *Extrait de plusieurs lettres de M. A. de Humboldt.* — Il y avait quelque tems qu'on n'avait point eu de nouvelles du voyage de M. Alexandre de Humboldt dans l'Amérique méridionale. Son frère, qui se trouve présentement à Rome, vient de recevoir trois lettres à la fois de lui : du 3 juin 1802 de *Quito* ; du 13 juillet 1802 de *Cuenca* ; et du 25 novembre 1802 de *Lima*, capitale du Pérou. Elles annoncent que M. Humboldt reviendra sous peu et qu'il compte débarquer, au mois d'août ou de septembre de cette année [1803] à Cadix ou à la Corogne ; mais c'est la dernière de ces lettres surtout, qui contient des détails intéressans En en donnant l'extrait suivant, on a eu soin d'insérer en même

Quindiu (1) et de Tolima : car comme la Cordillère des Andes forme trois branches séparées, et que nous nous trouvions à Santa Fé de Bogota sur celle qui est la plus orientale, il nous fallut passer la plus élevée pour nous approcher des côtes de la mer du Sud. Il n'y a que les bœufs dont on puisse se servir à ce passage pour faire porter son bagage.

Les voyageurs se font porter ordinairement par des hommes que l'on nomme *Cargueros* (2). Ils ont une chaise liée sur le dos, sur laquelle le voyageur est assis, font trois à quatre heures de chemin par jour et ne gagnent que 14 piastres en 5 à 6 semaines. Nous préférâmes d'aller à pied ; et, le tems étant très beau, nous ne passâmes que 17 jours dans ces solitudes où l'on ne trouve aucune trace qu'elles aient jamais été habitées : on y dort dans des cabanes formées de feuilles d'*Heliconia* que l'on porte tout exprès avec soi. A la descente occidentale des Andes, il y a des marais dans lesquels on enfonce jusqu'aux genoux. Le tems avait changé ; il pleuvait à verse les derniers jours, nos bottes nous pourrirent aux jambes et nous arrivâmes les pieds nus et couverts de meurtrissures à Carthago, mais enrichis d'une belle collection de nouvelles plantes, dont je rapporte un grand nombre de dessins.

De Carthago, nous allâmes à Popayan (3) par Buga, en traversant la belle vallée de la rivière Cauca, et ayant toujours à nos

---

tems ce qui, dans les deux premières, pouvait mériter l'attention du public. »

W. de Humboldt qui avait envoyé ce texte à Cuvier en adressait la version allemande à la *N. Berliner Monatsschrift* qui l'imprimait dans son numéro de juillet 1803 (S. 61 ff.), précédée d'un avis un peu plus développé. On l'a reproduite, telle quelle dans l'élégant petit volume publié à Stuttgart en 1880, par les Humboldt d'Ottmachau. (*Briefe Alexander's von Humboldt an seinen Bruder Wilhelm* herausgegeben von der Familie von Humboldt in Ottmachau. Stuttgart, 1880, in-32 ; s. 39 ff.). — Cf. *Extracto de las últimas cartas que el Barón de Humboldt escribió à su hermano*, Residente de S. M. Prusiana en Roma. (*Anal. de Cienc. Naturales*, t. VIII, octobre de 1803, n° 18, pp. 267-280.) — Gilbert's *Annalen der Physik*, XVI, 457-475.

(1) Et non Quiridin, comme l'ont imprimé les *Annales du Muséum*, p. 322, reproduites par La Roquette qui observe toutefois que dans la version espagnole on a corrigé Quindin. Le Nevado de Quindiu (5.150 m. d'alt.) est voisin de celui de Tolima (5.616 m.). (Cf. *Vues des Cordill.*, pl. V, pp. 13-19.)

(2) Et non *largeros* comme l'ont imprimé les *Annales du Muséum* et comme l'a recopié La Roquette. (T. I, p. 132.)

(3) On sait que Popayan est situé par 2° 27 N. entre les deux chaînes des Andes de Quito. Buga est une petite ville à 200 kilomètres au N. de Popayan.

côtés la montagne du Choco et les mines de platine qui s'y trouvent.

Nous restâmes le mois de novembre de l'année 1801 à Popayan
et nous y allions visiter les montagnes basaltiques de Julusuito, les
bouches du volcan de Puracó, qui avec un bruit effrayant dégagent
des vapeurs d'eau hydro-sulfureuses (1), et les granites porphyriques de Pisché, qui forment des colonnes 5 à 7 gones, semblables à celles que je me souviens d'avoir vues dans les monts
Euganéens de l'Italie, décrites par Strange.

La plus grande difficulté nous restait à vaincre pour venir de
Popayan à Quito. Il fallait passer les Paramos de Pasto, et cela
dans la saison des pluies, qui avoit commencé en attendant. On
nomme *Paramo* dans les Andes tout endroit où à la hauteur
de 1.700 à 2.000 toises la végétation cesse et où l'on sent un froid qui
pénètre les os. Pour éviter les chaleurs de la vallée de Patia, où l'on
prend dans une seule nuit des fièvres qui durent trois ou quatre
mois et qui sont connues sous le nom de *calenturas* (2) (fièvres)
de Patia, nous passâmes au sommet de la Cordillère par des
précipices affreux de Popayan à Almager (3) et de la à Pasto (4),
situé au pied d'un volcan terrible.

L'entrée et la sortie de cette petite ville, où nous passions les
fêtes de Noël, et où les habitants nous reçurent avec l'hospitalité
la plus touchante, est tout ce qu'il y a de plus affreux au monde.
Ce sont des forêts épaisses situées entre des marais ; les mules y
enfoncent à mi-corps ; et l'on passe par des ravins si profonds, si
étroits, que l'on croit entrer dans les galeries d'une mine. Aussi
les chemins sont-ils pavés des ossements des mules qui y ont péri
de froid et de fatigue. Toute la province de Pasto, y compris les
environs de Guachucal et de Tuquères (5), est plateau gelé,
presque au-dessus du point où la végétation peut durer, et entouré

---

(1) Le volcan de Puracé (2.646 m. d'alt.), à 25 kilom. à l'est de Popayan
(Cf. *Vues des Cordillères*, pl. XXI, p. 220.)

(2) Et non calcuturas (*Annales du mus.*, p 324 et La Roquette, p. 133)

(3) C'est le *nœud* d'Almager, d'où partent vers le N. les trois Cordillères des
Andes de Colombie.

(4) Pasto, ch.-l. de district à 100 kil. S.-S.-O. de Popayan. Le volcan de
Pasto, El Galera, s'élève à 4.264 m. d'alt.

(5) Tuquerres, ch.-l. de municip., à 130 kil. S.-O. de Popayan ; Guachucal,
bourg du municipe d'Obondo, à 10 kil. plus loin.

de volcans et de soufrières qui dégagent continuellement des tourbillons de fumée. Les malheureux habitans de ces déserts n'ont d'autres alimens que les *patates*, et si elles leur manquent, comme l'année dernière, ils vont dans les montagnes manger le tronc d'un petit arbre nommé *achupalla* (*Fourretia pitcairnia*) (1), mais ce même arbre étant l'aliment des ours des Andes, ceux-ci leur disputent souvent la seule nourriture que leur présentent ces régions élevées. Au nord du volcan de Pasto, j'ai découvert dans le petit village indien de Voidaro, à 1.370 toises au-dessus de la mer, un porphyre rouge, à base argileuse, enchâssant du feldspath vitreux et de la cornéenne qui a toutes les propriétés de la serpentine du Fichtel-Gebirge. Ce porphyre a des pôles très marqués et ne montre aucune force attractive. Après avoir été mouillés jour et nuit pendant deux mois et après avoir manqué de nous noyer près de la ville d'Ibarra (2), par une crue d'eau très subite accompagnée de tremblemens de terre, nous arrivâmes le 6 janvier 1802 à Quito, où le marquis de Selvalègre avait eu la bonté de nous préparer une belle maison, qui, après tant de fatigues, nous offrait toutes les commodités que l'on pourrait désirer à Paris ou à Londres.

La ville de Quito est belle, mais le ciel y est triste et nébuleux ; les montagnes voisines offrent peu de verdure et le froid y est très considérable. Le grand tremblement de terre du 4 février 1797, qui bouleversa toute la province et tua dans un seul instant 35-40.000 hommes, a été aussi-funeste à cet égard aux habitants. Il a tellement changé la température de l'air, que le thermomètre y est ordinairement à 4-10° de Réaumur et que rarement il monte à 16 ou 17°, tandis que Bouguer le voyait constamment à 15 ou 16°. Depuis cette catastrophe il y a des tremblemens de terre continuels ; et quelles secousses ! Il est probable que toute la partie haute de la province n'est qu'un seul volcan. Ce qu'on nomme les montagnes de *Cotopaxi* et de *Pichincha* ne sont que de petites cimes, dont les cratères forment des tuyaux différens, tous aboutissant au même creux. Le tremblement de terre de 1797 n'a malheureusement que trop prouvé cette hypothèse ; car la terre s'est

---

(1) *Vues des Cordillères*, pl. XXX, p. 224.
(2) San Miguel de Ibarra, à environ 100 kilom. N.-E. de Quito.

ouverte partout alors, et a vomi du souffre, de l'eau, etc. Malgré ces horreurs et ces dangers dont la nature les a environnés, les habitans de Quito sont gais, vifs et aimables. Leur ville ne respire que la volupté et le luxe et nulle part peut-être il ne règne un goût plus décidé et plus général de se divertir. C'est ainsi que l'homme s'accoutume à s'endormir paisiblement sur le bord d'un précipice.

Nous avons fait un séjour de presque huit mois dans la province de Quito, depuis le commencement de janvier jusqu'au mois d'août. Nous avons employé ce tems à visiter chacun des volcans qui s'y trouvent et nous avons examiné l'une après l'autre les cimes du Pichincha (1), Cotopaxi, Antisana et Iliniza, en passant 15 jours à 3 semaines auprès de chacune d'elles, et en revenant dans les intervalles toujours à la ville de Quito, dont nous sommes partis le 9 juin 1802, pour nous rendre aux environs du Chimboraço qui est situé dans la partie méridionale de la Province.

Je suis parvenu deux fois, le 26 et le 28 mai 1802, au bord du cratère du Pichincha (2), montagne qui domine la ville de Quito. Jusqu'ici personne, que l'on sache, que La Condamine ne l'avait jamais vu et La Condamine lui-même n'y était arrivé qu'après 5 ou 6 jours de recherches inutiles et sans instrumens et n'y avoit pu rester que 12 à 15 minutes à cause du froid excessif qu'il y faisait. J'ai réussi à y porter mes instrumens, j'ai pris les mesures qu'il était intéressant de connoître et j'ai recueilli de l'air pour en faire l'analyse. Je fis mon premi. r voyage seul avec un Indien. Comme La Condamine s'était approché du cratère par la partie basse de son bord, couverte de neige c'est là qu'en suivant ses traces je fis ma première tentative. Mais nous manquâmes de périr. L'Indien tomba jusqu'à la poitrine dans une crevasse, et nous vîmes avec horreur que nous avions marché sur un pont de neige glacée ; car à peu de pas de nous il y avoit des trous par lesquels donnait le jour. Nous nous trouvions donc, sans le savoir, sur des voûtes qui tiennent au cratère même. Effrayé, mais non pas découragé, je changeai de projet. De l'enceinte du cratère sortent, en s'élançant pour ainsi dire sur l'abîme, trois pics, trois rochers qui ne sont pas couverts de neiges, parce que les vapeurs qu'exhale la bouche du volcan les y fondent sans cesse. Je montai sur un de ces rochers et je trouvai

(1) Cf. *Vues des Cordillères*, pl. X, p. 41-47. LXI, p. 291.
(2) *Ibid.*, pl. LXI, p. 291.

à son sommet une pierre qui, étant soutenue par un côté seulement et minée par dessous, s'avançait en forme de balcon sur le précipice. C'est là que je m'établis pour faire mes expériences. Mais cette pierre n'a qu'environ 12 pieds de longueur sur 6 de largeur et est fortement agitée par des secousses fréquentes de tremblemens de terre, dont nous comptâmes dix-huit en moins de trente minutes. Pour mieux examiner le fond du cratère, nous nous couchâmes sur le ventre et je ne crois pas que l'image puisse se figurer quelque chose de plus triste, de plus lugubre et de plus effrayant que ce que nous vîmes alors. La bouche du volcan forme un trou circulaire de près d'une lieue de circonférence, dont les bords, taillés à pic, sont couverts de neige par en haut ; l'intérieur est d'un noir foncé, mais le gouffre est si immense, que l'on distingue la cime de plusieurs montagnes qui y sont placées. Leur sommet semblait être à trois cens toises au-dessous de nous. Jugez donc où doit se trouver leur base. Je ne doute point que le fond du cratère ne soit en niveau avec la ville de Quito. La Condamine avait trouvé ce cratère éteint et couvert de neige ; mais c'est une triste nouvelle que nous avons dû porter aux habitans de Quito, que le volcan qui leur est voisin, est embrasé actuellement. Des signes évidens nous en convainquirent cependant à n'en pouvoir pas douter. Les vapeurs de soufre nous suffoquèrent presque en nous approchant de la bouche ; nous voyions même se promener çà et là des flammes bleuâtres ; et de 2 à 3 minutes nous sentions de fortes secousses de tremblemens de terre dont les bords du cratère sont agités, et dont on ne s'aperçoit plus à 100 toises de là. Je suppose que la grande catastrophe du 7 février 1797 a aussi rallumé les feux du Pichincha. Après avoir visité cette montagne seul, j'y retournai deux jours après, accompagné de mon ami Bonpland et de Charles de Montufar, fils du marquis de Selva Alegre. Nous étions munis de plus d'instrumens encore que la première fois et nous mesurâmes le diamètre du cratère et la hauteur de la montagne. Nous trouvâmes à l'un 754 toises et à l'autre 2.477. Dans l'intervalle de deux jours qu'il y eut entre nos deux courses au Pichincha, nous eûmes un tremblement de terre très fort à Quito. Les Indiens l'attribuèrent à des poudres que je devais avoir jetées dans le volcan.

A notre voyage au volcan d'Antisana le tems nous favorisa si

bien, que nous montâmes jusqu'à la hauteur de 2.773 toises. Le
baromètre baissa dans cette région élevée jusqu'à 14 pouces
27 lignes et le peu de densité de l'air nous fit jeter le sang par les
lèvres, les gencives et les yeux même. Nous sentions une faiblesse
extrême et un de ceux qui nous accompagnaient dans cette course
s'évanouit. Aussi avait-on cru impossible jusqu'ici de s'élever
plus haut que jusqu'à la cime nommée le *Corazon* (1), à laquelle
La Condamine était parvenu, et qui est de 2.470 toises. L'analyse
de l'air rapporté du point le plus élevé de notre course nous
donna 0,008 d'acide carbonique sur 0, 218 de gaz oxigène.

Nous visitâmes également le volcan de Cotopaxi, mais il nous
fut impossible de parvenir à la bouche du cratère. Il est faux que
cette montagne ait baissé à l'époque du tremblement de terre
de 1797 (2).

Le 9 juin 1802, nous partîmes de Quito pour nous rendre dans
la partie méridionale de la Province, où nous voulions examiner
et mesurer le Chimboraço et le Tunguragua et lever le plan de
tous les païs bouleversés par la grande catastrophe de 1797. Nous
avons réussi à nous approcher jusqu'à environ 250 toises près de la
cime de l'immense colosse du Chimboraço. Une traînée de roches
volcaniques, dépourvues de neiges, nous facilita la montée. Nous
montâmes jusqu'à la hauteur de 3.031 toises, et nous nous sentions
incommodés de la même manière que sur le sommet de l'Antisana.
Il nous restait même encore, deux ou trois jours après notre retour
dans la plaine, un malaise que nous ne pouvions attribuer qu'à
l'effet de l'air dans ces régions élevées, dont l'analyse nous donna
20 centièmes d'oxigène. Les Indiens qui nous accompagnaient
nous avaient déjà quittés avant que d'arriver à cette hauteur,
disant que nous avions intention de les tuer. Nous restâmes donc
seuls, Bonpland, Charles [de] Montufar, moi et un de mes domestiques qui portait une partie de mes instrumens. Nous aurions
poursuivi malgré cela notre chemin jusqu'à la cime si une crevasse trop profonde pour la franchir ne nous en eût empêchés :
aussi, fîmes-nous bien de descendre. Il tomba tant de neige à
notre retour que nous eûmes de la peine à nous reconnaître. Peu
garantis contre le froid perçant de ces régions élevées, nous souf-

(1) *Vues des Cordillères*, pl. LI, p. 273.
(2) *Ibid.*, pl. XVI, XXV, p. 102-107, 200-202.

frions horriblement, et moi, en mon particulier, j'eus le désagrément d'avoir un pied ulcéré d'une chute que j'avais faite peu de jours auparavant ; ce qui m'incommoda horriblement dans un chemin, où à chaque instant on heurtait contre une pierre aiguë et où il fallait calculer chaque pas. La Condamine a trouvé la hauteur du Chimboraço de près de 3.247 toises. La mesure trigonométrique que j'en ai faite, moi, à deux différentes reprises, m'a donné 3.267 et j'ai lieu de mettre quelque confiance dans mes opérations. Tout cet énorme colosse (ainsi que toutes les hautes montagnes des Andes) n'est pas de granit, mais, depuis le pied jusqu'à la cime, du Porphyre, et le Porphyre y a 1.900 toises d'épaisseur. Le peu de séjour que nous fîmes à l'énorme hauteur à laquelle nous nous étions élevés était des plus tristes et lugubres. Nous étions enveloppés d'une brume qui ne nous laissait entrevoir de temps en temps que les abîmes affreux qui nous entouraient. Aucun être animé, pas même le condor qui, sur l'Antisana, planait continuellement sur nos têtes, ne vivifiait les airs. De petites mousses étaient les seuls êtres organisés qui nous rappelaient que nous tenions encore à la terre habitée.

Il est presque vraisemblable que le Chimboraço soit également comme le Pichincha et l'Antisana, de nature volcanique. La traînée sur laquelle nous y montâmes est composée d'une roche brûlée et scorifiée, mêlée de pierre ponce ; elle ressemble à tous les courans de laves de ce pays-ci et continue au-delà du point où il fallut mettre un terme à mes recherches, vers la cime de la montagne. Il est possible, il est probable même, que cette cime soit le cratère d'un volcan éteint. Cependant l'idée de cette seule possibilité fait frémir avec raison. Car si ce volcan se rallumait, ce colosse détruirait toute la province.

La montagne de Tunguragua a baissé à l'époque du tremblement de terre de 1797. Bouguer lui donne 2.620 toises ; je ne lui en ai trouvé que 2.531 : elle a donc perdu près de 100 toises de sa hauteur. Aussi les habitans des contrées voisines assurent-ils avoir vu s'écrouler son sommet devant leurs yeux.

A notre séjour à Rio-bamba, où nous passâmes quelques semaines chez le frère de Charles de Montufar, qui y est *corregidor*, le hazard nous fit faire une découverte très curieuse. On ignore absolument l'état de la Province de Quito avant la conquête de l'Inca Tupayupangi (1). Mais le Roi des Indiens, Leandro Zapla, qui vit à Lican et qui, pour un Indien, a l'esprit singulièrement cultivé, conserve des manuscrits rédigés par un de ses ancêtres au seizième siècle, qui contiennent l'histoire de cette époque. Ces manuscrits sont écrits en langue Purugnay. Cette langue était autrefois la langue générale du Quito ; mais dans la suite des tems elle a cédé à la langue de l'Inca ou Quichua, et est perdue maintenant. Heureusement qu'un autre des ayeuls de Zapla s'est amusé à traduire ces mémoires en Espagnol. Nous y avons puisé de précieux renseignemens, surtout sur la mémorable époque de l'éruption de la montagne nommée *Nevado del Altar* qui doit avoir été la plus haute montagne de l'univers, plus élevée que le Chimboraço et que les Indiens nommaient *Capa-urcu*, chef des montagnes. Ouaïna Abomatha, le dernier *cochocando* (Roi) indépendant du païs, régnait alors à Lican. Les prêtres l'avertirent que cette catastrophe était le présage sinistre de sa perte. « La face de l'univers, lui dirent-ils, se change, d'autres dieux chassent les nôtres. Ne résistons pas à ce que le Destin ordonne. » En effet les Péruviens introduisirent-ils le culte du soleil dans le pays. L'éruption du volcan dura sept ans, et le manuscrit de Zapla prétend que la pluye de cendres à Lican était si abondante que pendant sept ans il y fit une nuit perpétuelle. Quand on envisage la quantité de matières volcaniques qui se trouvent dans la plaine de Tapia, autour de l'énorme montagne écroulée alors et que l'on pense que le Cotopaxi souvent a enveloppé Quito dans les ténèbres de quinze à dix-huit heures, on peut croire que l'exagération au moins n'est pas de beaucoup trop forte.

Ce manuscrit, les traditions que j'ai recueillies à la Parime, et les hiéroglyphes que j'ai vus dans le désert du Casiquiare où aujourd'hui il ne reste guère de vestiges d'hommes, tout cela joint aux notions données par Clavijero sur l'émigration des Mexicains vers le midi de l'Amérique, m'a fait naître des idées sur l'origine de ces peuples, que je me propose de développer dès que j'en aurai le loisir.

Je me suis beaucoup occupé aussi de l'étude des langues Américaines, et j'ai vu combien ce que La Condamine dit de leur pau-

(1) La conquête de Quito par les Péruviens se fit en 1470.

vreté est faux. La langue Caribe, p. e., est à la fois riche, belle, énergique et polie. Elle ne manque point d'expressions pour les idées abstraites, on y parle de postérité, d'éternité, d'existence, etc., et les signes numériques suffisent pour désigner toutes les combinaisons possibles des chiffres. Je m'applique surtout à la langue Inca, on la parle communément ici dans la société et elle est si riche en tournures fines et variées, que les jeunes gens, pour dire des douceurs aux femmes, commencent à parler Inca, quand ils ont épuisé les ressources du castillan.

Ces deux langues, et quelques autres également riches, suffiraient seules pour prouver que l'Amérique possédait un jour une plus grande culture que celle que les Espagnols y trouvèrent en 1492. Mais j'en ai recueilli bien d'autres preuves encore. Non seulement au Mexique et dans le Pérou, mais même à la Cour du roi de Bogota (païs dont on ignore absolument l'histoire en Europe, et dont même la mythologie et les traditions fabuleuses sont très intéressantes), ies Prêtres savaient tirer une méridienne et observer le moment du solstice; ils réduisaient l'année lunaire à une année solaire par intercalations et je possède moi-même une pierre heptagone, trouvée près de Sta-Fé, qui leur servait pour calculer ces jours intercalaires (1). Mais ce qui plus est, même à l'Erevato, dans l'intérieur de la Parime, les sauvages croyent que la lune est habitée par des hommes et savent par les traditions de leurs ancêtres que sa lumière vient du soleil.

De Riobamba je dirigeai ma course par le fameux Paramo de l'Assuay vers Cuenca. Mais je visitai auparavant les grandes mines de soufre de Tirrau. C'est à cette montagne de soufre que les Indiens révoltés en 1797, après le tremblement de terre, voulurent mettre le feu. C'était sans doute le projet le plus désespéré qui eût jamais été conçu. Car ils espéraient de former par ce moyen un volcan qui engloutirait toute la province de l'Assuay (2).

Au haut du Paramo de l'Assuay, à une élévation de 2.300 toises sont les ruines du magnifique chemin de l'Inca. Il conduisait

---

(1) Cf. *Vues des Cordillères*, pl. XLIV, p. 244 et suiv. — On sait aujourd'hui que ces soi-disant calendriers des Mayscas ou Chibchas ne sont que des pierres à pousser les feuilles d'or, dont les indigènes fabriquaient des figures décoratives en relief.

(2) *Ibid.*, p. 107.

presque jusqu'au Cuzco, était entièrement construit de pierres de taille et très bien aligné; il ressemblait aux plus beaux chemins Romains. Dans les mêmes environs se trouvent aussi les ruines du palais de l'Inca Tupayupangi (1), dont La Condamine a donné la description dans les *Mémoires de l'Académie de Berlin* (2). On voit encore, dans la carrière qui en a fourni les pierres, plusieurs à demi travaillées. Je ne sais si La Condamine a aussi parlé du soi-disant *Billard de l'Inca*. Les Indiens nomment cet endroit, en langue Quichua, *Inca Chungana, le jeu de l'Inca*. Je doute cependant qu'il ait eu cette destination. C'est un canapé taillé dans le roc, avec des ornemens en forme d'arabesques, dans lesquels on croit que courait la boule. Il n'y a rien de plus élégant dans nos jardins anglais et tout y prouve le bon goût de l'Inca. Car le siège est placé de manière à y jouir d'une vue délicieuse. Non loin de là, dans un bois, on trouve une tache ronde, de fer jaune, dans du grès. Les Péruviens l'ont ornée de figures, croyant que c'était l'image du soleil. J'en ai pris le dessin.

Nous ne sommes restés que dix jours à Cuenca, et de là nous nous sommes rendus à Lima par la province de Jaën, où, dans le voisinage de la rivière des Amazones, nous avons passé un mois. Nous sommes arrivés à Lima le 23 octobre 1802.

Je compte aller d'ici au mois de décembre à Acapulco et de là au Mexique pour me rendre, au mois de mai 1803, à la Havane. C'est là que sans perdre de tems je m'embarquerai pour l'Espagne. J'ai abandonné, comme vous voyez, l'idée de retourner par les Philippines. J'aurais fait une immense traversée de mer sans voir autre chose que Manille et le Cap ; ou si j'avais voulu faire une tournée aux Indes orientales, j'aurais manqué des facilités nécessaires pour ce voyage qu'il était impossible de me procurer ici (3).

Nous avons eu plus de quarante à cinquante jeunes crocodiles sur la respiration desquels j'ai fait des expériences curieuses. Au lieu que d'autres animaux diminuent le volume de l'air dans lequel ils vivent, le crocodile l'augmente. Un crocodile mis dans 1.000 parties d'air atmosphérique, qui en contiennent 274 de gaz

---

(1) Cf. *Vues des Cordillères*, p. 111 et suiv., p. 292 et pl. XLII.
(2) *Mém. de l'Acad. de Berlin*, 1746, p. 413, 452, etc.
(3) La lettre de Lima se termine ici.

oxigène, 15 d'acide carbonique et 74 d'azote, augmente en
1 h. 43 minutes cette masse de 124 parties, et ces 1124 parties
contiennent alors (comme je l'ai vu par une analyse exacte)
106,8 d'oxigène, 79 d'acide carbonique, et 938,2 de gaz azote
mêlé d'autres substances gazeuses inconnues. Le crocodile produit donc, en 1 h. 3/4, 64 parties d'acide carbonique ; il absorbe
167,2 d'oxigène, mais comme 46 parties se retrouvent dans
64 parties d'acide carbonique, il ne s'approprie que 121 d'oxigène,
ce qui est très peu, vu la couleur de son sang. Il produit 227 parties
d'azote ou autres substances gazeuses, sur lesquelles les bases aci-
difiables n'exercent point d'action.

J'ai fait ces expériences dans la ville de Munpox (1) avec de
l'eau de chaux et du gaz nitreux très soigneusement préparé. Le
crocodile est si sensible au gaz acide carbonique et à ses propres
exhalaisons qu'il meurt quand on le met dans de l'air corrompu
par un de ses camarades. Cependant il peut vivre deux à trois heures
sans respirer du tout. J'ai fait ces expériences avec des crocodiles
de sept à huit pouces de long. Malgré cette petitesse, ils sont capables de couper le doigt avec leurs dens et ils ont le courage
d'attaquer un chien. Ces expériences sont très pénibles à faire et
demandent beaucoup de circonspection. Nous portons des descriptions très détaillées du caïman ou crocodile de l'Amérique méridionale ; mais les descriptions de celui de l'Egypte que l'on avait
à mon départ d'Europe n'étant pas également circonstanciées, je
n'ose décider si c'est la même espèce. A présent, certainement
l'Institut d'Egypte en aura fait qui lèveront tout doute à cet égard.
Ce qu'il y a de certain, c'est qu'il y a trois différentes espèces de
crocodiles sous les Tropiques du Nouveau Continent et que le peuple
y distingue sous les noms de *Bava*, *Caïman* et *Crocodile*. Aucun naturaliste n'a encore distingué suffisamment les espèces et cependant
ces monstres sont les vrais poissons de ces climats, tantôt (comme
à la Nouvelle-Barcelone) d'un si bon naturel qu'on se baigne à
leur vue, tantôt (comme à la Nouvelle-Guyane) si méchants et si
cruels que dans le tems où nous y fûmes, ils dévorèrent un
Indien au milieu de la rue, au quai. A Orotuen nous avons vu
une fille Indienne de dix-huit ans, qu'un crocodile tenait par le

_____

(1) Mompox, ville de l'État de Bolivar, Colombie, à 183 kilom. S.-E. de
Carthagène des Indes, sur la Magdalena.

bras. Elle eut le courage de chercher de l'autre main son couteau dans sa poche et d'en donner tant de coups dans les yeux du monstre, qu'il la lâcha, en lui coupant le bras près de l'épaule. La présence d'esprit de cette fille fut tout aussi étonnante que l'adresse des Indiens pour guérir heureusement une playe aussi dangereuse. On eût dit que le bras avait été amputé et traité à Paris.

Près de Sta-Fé se trouvent dans le Campo de Gigante, à 1.370 toises de hauteur, une immensité d'os fossiles d'éléphans, tant de l'espèce d'Afrique que des carnivores qu'on a découverts à l'Ohio. Nous y avons fait creuser, et nous en avons envoyé des exemplaires à l'Institut National(1). Je doute qu'on ait trouvé jusqu'ici ces os à une si grande hauteur. J'en ai reçu aussi depuis d'un endroit des Andes situé vers le 2° de l'altitude, de Quito et du Chili, de manière que je puis prouver l'existence et la destruction de ces éléphans gigantesques depuis l'Ohio jusques aux Patagons. Je rapporte une belle collection de ces os fossiles pour M. Cuvier. On a découvert, il y a quinze ans, dans la vallée de la Madelaine, un squelette entier de crocodile pétrifié dans une roche calcaire, l'ignorance l'a fait briser et il m'a été impossible de m'en procurer la tête qui existait encore il y a peu de tems (2).

XXXVI

A DELAMBRE (3)

Lima, le 25 novembre 1802 (4).

Mon respectable ami,

Je viens de l'intérieur des terres où, dans une grande plaine,

(1) *Relat. hist.,* t. III, p. 106.
(2) Ici s'arrête également le texte du *Magasin encyclopédique.*
(3) *Copie d'une lettre de Humboldt adressée au citoyen Delambre,* l'un des secrétaires de l'Institut National (*Gaz. Nat. ou le Moniteur Universel,* an II, n° 326, p. 1445, 14 août 1803). — Cf. *Annales du Muséum National d'Histoire Naturelle. Correspondant,* t. II, p. 170-180, an XI (1803). — Millin : *Magas. Encycl.,* 8° année, t. VI, p. 537-543, 1803. — *Gilbert's Annalen der Physik,* XVI, 475.
(4) Omise par La Roquette, qui l'a confondue faute de vérification, avec celle de la Nouvelle-Barcelone du 24 novembre 1800. (Voir plus haut, p. 91),

j'ai fait des expériences sur les petites variations horaires de l'aiguille aimantée, et j'apprends avec regret que la frégate *Asti-garraga*, qui ne devait partir que dans quinze jours, a accéléré son départ pour Cadix et qu'elle met cette nuit même à la voile. C'est, depuis cinq mois, la première occasion que nous ayons pour l'Europe, dans les solitudes de la mer du Sud, et le manque de tems me rend impossible d'écrire, comme je le devais, à l'Institut National qui vient de me donner la marque la plus touchante de l'intérêt et des bontés dont il m'honore. C'est peu de jours avant mon départ de Quito pour Jaën et l'Amazone, que j'ai reçu la lettre en date du 2 pluviôse an IX (1), que cette société illustre m'a adressée par votre organe. Cette lettre a mis deux ans pour aller me trouver dans la Cordillère des Andes. Je la reçus le lendemain d'une seconde expédition que je fis au cratère du volcan de Pichincha pour y porter un électromètre de Volta, et pour en mesurer le diamètre, que je trouvai de 752 toises, tandis que celui du Vésuve n'en a que 342. Cela me rappela qu'au sommet du Guapi-chincha où j'ai été souvent (2) et que j'aime comme sol classique, La Condamine et Bouguer reçurent leur première lettre de la ci-devant Académie, et je me figure que Pichincha (*si magna licet componere parvis*) porte bonheur aux physiciens. Comment vous exprimer, citoyen, la joie avec laquelle j'ai lu cette lettre de l'Institut, et les assurances réitérées de votre souvenir? Qu'il est doux de savoir que l'on vit dans la mémoire de ceux dont les travaux avancent sans cesse les progrès de l'esprit humain! Dans les déserts des plaines de l'Apure, dans les bois épais du Casi-quiare et de l'Orénoque, partout vos noms m'ont été présens, et parcourant les différentes époques de ma vie errante, je me suis arrêté avec jouissance à celle de l'an VI et de l'an VII (3) où je vivais au milieu de vous et où les Laplace, Fourcroy, Vauquelin, Guyton, Chaptal, Jussieu, Desfontaines, Hallé, Lalande, Prony et vous surtout, âme généreuse et sensible, dans les plaines de Lieursaint (4), me comblâtes de bontés. Recevez tous ensemble

(1) 22 janvier 1801.
(2) *Vues des Cordillères*, p. 201.
(3) Humboldt a séjourné à Paris, de mai à octobre 1798.
(4) On a vu plus haut que c'est dans la plaine entre Lieusaint et Melun que fut mesurée la base de la triangulation française (le 3 juin 1798).

l'hommage de mon tendre attachement et de ma reconnaissance
constante. Longtemps avant de recevoir la lettre que vous m'avez
écrite en qualité de secrétaire de l'Institut, j'ai adressé successivement trois lettres à la classe de Physique et de Mathématiques, deux
de Santa-Fé-de-Bogota, accompagnées d'un travail sur le genre
Cinchona (c'est-à-dire des échantillons d'écorce de sept espèces,
des dessins colorés qui représentent ces végétaux, avec l'anatomie
de la fleur si différente des étamines et les squelettes séchés avec
soin). Le Dr Mutis, qui m'a fait mille amitiés et pour l'amour
duquel j'ai remonté la rivière en quarante jours ; le docteur Mutis
m'a fait cadeau de près de cent dessins magnifiques en grand
folio, figurant de nouveaux genres et de nouvelles espèces de sa
Flore de Bogota manuscrite. J'ai pensé que cette collection, aussi
intéressante pour la botanique que remarquable à cause de la
beauté du coloris, ne pourrait être en de meilleures mains qu'entre
celles des Jussieu, Lamarck et Desfontaines, et je l'ai offerte à l'Institut National comme une marque de mon attachement (1). Cette
collection et les *Cinchona* sont partis pour Carthagène des Indes
vers le mois de juin de cette année, et c'est M. Mutis lui-même
qui s'est chargé de les faire passer à Paris. Une troisième lettre
pour l'Institut est partie de Quito avec une collection géologique
des productions de Pichincha, Cotopaxi et Chimborazo. Qu'il est
affligeant de rester dans une triste incertitude sur l'arrivée le ces
objets, comme sur celle des collections de graines rares que
depuis trois ans nous avons adressées au Jardin des Plantes de
Paris (2)!

Le peu de loisir qui me reste aujourd'hui ne me permet de vous
tracer le tableau de mes voyages, et de mes occupations depuis
notre retour du Rio Negro. Vous savez que c'est à la Havanne que
nous avons reçu la fausse nouvelle du départ du capitaine Baudin
pour Buenos-Ayres. Fidèle à la promesse que j'avois donnée de la
rejoindre où je pourrois et persuadé d'être plus utile aux sciences
en joignant mes travaux à ceux des naturalistes qui suivent le

_____

(1) J'ai vainement cherché la collection Mutis à l'Institut de France. Elle
n'y est point parvenue.
(2) Les procès-verbaux détaillés des Assemblées des Professeurs du Muséum
ne font mention d'aucun envoi de Humboldt avant le 23 germinal an XI
(13 avril 1803).

capitaine Baudin, je n'ai pas hésité un moment à sacrifier la petite gloire de finir ma propre expédition, et j'ai frété à l'instant un petit bâtiment au Batabano pour me rendre à Carthagène des Indes. Les tempêtes ont allongé ce court trajet de plus d'un mois ; les brises avaient cessé dans la mer du Sud, où je comptais chercher le capitaine Baudin ; et je me suis engagé dans la pénible route de Hondas Hagué, le passage de la montagne de Quindiu, Popayan, Pasto à Quito. Ma santé a continué à résister merveilleusement au changement de température auquel on est exposé dans cette route, descendant à chaque jour des neiges de 2.460 toises à des vallées ardentes où le thermomètre ne descend pas de 26 ou 24° Réaumur. Mon compagnon, dont les lumières, le courage et l'immense activité m'ont été du plus grand secours dans les recherches botaniques et d'anatomie comparée, le citoyen Bonpland a souffert des fièvres tierces pendant deux mois. Le tems des grandes pluyes nous a pris dans le passage le plus critique, le haut plateau de Pasto ; et après un voyage de huit mois nous sommes arrivés à Quito pour y apprendre que le capitaine Baudin avait pris la route de l'ouest à l'est par le cap de Bonne-Espérance. Accoutumés aux revers, nous nous sommes consolés par l'idée d'avoir fait de si grands sacrifices pour avoir voulu le bon : jetant les yeux sur nos herbiers, nos mesures barométriques et géodésiques, nos dessins, nos expériences sur l'air de la Cordillère, nous n'avons pas regretté d'avoir parcouru des pays qui, en grande partie, n'ont jamais été visités par des naturalistes. Nous avons senti que l'homme ne doit compter sur rien que sur ce qu'il produit par sa propre énergie. La province de Quito, ce plateau le plus élevé du monde, et déchiré par la grande catastrophe du 4 février 1797, nous a fourni un vaste champ d'observations physiques. Des volcans si énormes, dont les flammes s'élèvent souvent à 500 toises de hauteur, n'ont jamais pu produire une goutte de lave coulante ; ils vomissent de l'eau, du gaz hidrogène sulfureux, de la boue et de l'argile carbonnée. Depuis 1797, toute cette partie du monde est en agitation : nous éprouvons à chaque instant des secousses affreuses et le bruit souterrain, dans les plaines de Rio Bamba, ressemble à celui d'une montagne qui s'écroule sous nos pieds. L'air atmosphérique et les terres humectées (tous ces volcans se trouvent dans un

porphyre décomposé) paraissent les grands agens de ces com-
bustions, de ces fermentations souterraines.

On a cru jusqu'ici à Quito que 2.470 toises étaient la plus grande
hauteur à laquelle les hommes peuvent résister à la rareté de l'air.
Au mois de mars 1802, nous passâmes quelques jours dans les
grandes plaines qui entourent le volcan d'Antisana à 2.107 toises,
où les bœufs, quand on les chasse, vomissent souvent du sang. Le
16 mars nous reconnûmes un chemin sur la neige, une pente
douce sur laquelle nous montâmes à 2.773 toises de hauteur.
L'air y contenait 0,008 d'acide carbonique, 0,218 d'oxigène et
0,774 d'azote. Le thermomètre de Réaumur n'était qu'à 15°, il ne
fit pas froid du tout, mais le sang nous sortait des lèvres et des
yeux. Le local ne permit de faire l'expérience de la boussole de
Borda que dans une grotte plus basse à 2.467 toises ; l'intensité
des forces magnétiques était plus grande à cette hauteur qu'à
Quito, en raison de 230-218 ; mais il ne faut pas oublier que souvent le nombre des oscillations augmente quand l'inclinaison
diminue, et que cette intensité augmente par la masse de la montagne dont les porphyres affectent l'aimant. Dans l'expédition
que je fis le 23 juin 1802 au Chimborazo (1), nous avons prouvé
qu'avec de la patience on peut soutenir une plus grande rareté de
l'air. Nous parvînmes 500 toises plus haut que La Condamine
(au Corazon) et nous portâmes au Chimborazo des instrumens à
3.031 toises, voyant descendre le mercure dans le baromètre
à 13 pouces 11,2 lignes ; le thermomètre était de 1° 3 au-
dessous de zéro. Nous saignâmes encore des lèvres. Nos Indiens
nous abandonnèrent comme de coutume. Le citoyen Bonpland et
M. de Montufar, fils du marquis de Salvalègre, de Quito, étaient
les seuls qui résistassent. Nous sentîmes tous un malaise, une
débilité, une envie de vomir qui certainement provient autant du
manque d'oxigène de ces régions, que de la rareté de l'air. Je ne
trouvai que 0,20 d'oxigène à cette immense hauteur. Une crevasse affreuse nous empêcha de parvenir à la cime du Chimborazo
même, pour laquelle il ne nous manquait que 236 toises. Vous
savez qu'il y a encore une grande incertitude sur la hauteur de ce
colosse, que La Condamine ne mesura que de très loin, en lui

(1) *Vues des Cordillères*, pl. XVI et XXV, p. 102-107, 200-202.

donnant à peu près 3.220 toises, tandis que Don George Juan la
met de 3.380 toises, sans que la différence provienne de la différente hauteur qu'adoptent ces astronomes pour le signal de Cara-
bura. J'ai mesuré dans la plaine de Tapia une base de 1.702 mètres
(pardonnez si je parle tantôt de toises, tantôt de mètres suivant
la nature de mes instruments. Vous sentez bien qu'en publiant
tout se réduira à mètre et thermomètre centigrade.) Deux opérations géodésiques me donnent Chimborazo de 3.267 toises sur la
mer ; mais il faut rectifier les calculs par les distances du sextant à
l'horizon artificiel, et d'autres circonstances. Le volcan de Tunguragua a diminué beaucoup depuis le temps de La Condamine :
au lieu de 2.620 toises je ne le trouve plus que de 2.531 toises, et
j'ose croire que cette différence ne provient pas d'une erreur
d'opération parce que dans mes mesures de Cayamba, d'Antisana,
de Cotopaxi, d'Iliniza, je ne diffère souvent pas de 10 à 15 toises
des résultats de La Condamine et de Bouguer. Aussi tous les habitans de ces malheureuses contrées disent que Tunguragua a
baissé à vue d'œil. Au contraire je trouve Cotopaxi, qui a eu des
explosions si immenses, de la même hauteur qu'en 1774, ou plutôt
de quelque chose plus haut, ce qui proviendra d'une erreur de ma
part. Mais aussi la cime pierreuse du Cotopaxi indique que c'est
une cheminée qui résiste et conserve sa figure. Les opérations que
nous avons faites depuis janvier à juillet dans les Andes de Quito,
ont donné à ces habitans la triste nouvelle que le cratère de
Pichincha, que La Condamine vit plein de neige, brûle de nouveau
et que le Chimborazo, que l'on croyait être si paisible et inno-
cent, a été un volcan et peut-être le sera un jour de nouveau. Nous
avons trouvé des roches brûlées et de la pierre ponce à 3.031 toises
de haut. Malheur au genre humain si le feu volcanique (car on
peut dire que tout le haut plateau de Quito est un seul volcan à
plusieurs cimes), se fait jour à travers le Chimborazo ! On a souvent imprimé que cette montagne est du granit, mais on n'en
trouve pas un atome ; c'est un porphyre, par-ci par-là en colonnes, enchâssant du feldspath vitreux, de la corncerre et de
l'olivin. Cette couche de porphyre a 1.900 toises d'épaisseur. Je
pourrais vous parler à ce sujet d'un *porphyre* polarisant que nous
avons découvert à Voisaco près de Porto, porphyre qui, analogue
à la serpentine que j'ai décrite dans le *Journal de Physique*, a

des pôles sans attraction. Je pourrais vous citer d'autres faits relatifs à la grande loi du parallélisme des couches et de leur énorme
épaisseur près de l'Équateur, mais c'est trop pour une lettre qui
peut-être se perd, et j'y reviendrai une autre fois.

J'ajoute seulement qu'en outre des dens d'éléphans que nous
avons envoyées au citoyen Cuvier, du plateau de Santa-Fé, de
1.350 toises de hauteur, nous lui en conservons d'autres plus
belles, les unes de l'éléphant carnivore, les autres d'une espèce un
peu différente de celles d'Afrique, du val de Timana, de la ville
d'Ibarra et du Chili. Voilà constatée l'existence de ce monstre
carnivore depuis l'Ohio, au 60° latitude boréale au 35° austral (1). J'ai passé un tems très agréable à Quito. Le président
de l'audience, le baron de Carondelet, nous a comblés de bontés ;
et depuis trois ans je n'ai pas eu à me plaindre un seul jour des
agens du gouvernement espagnol qui m'a traité partout avec une
délicatesse et une distinction qui m'obligent à une reconnaissance
perpétuelle. Que les tems et les mœurs sont changés ! Je me suis
beaucoup occupé des pyramides et de leur fondement (que je ne
crois pas du tout dérangé quant aux pierres molaires). Un particulier généreux, ami des sciences et des hommes qui les ont illus-
trées, tels que La Condamine, Godin et Bouguer, le marquis de
Salvalègre à Quito, pense à les reconstruire ; mais cela me mène
trop loin.

Après avoir passé l'Assuay et Cuenca (2) (où on nous a donné des
fêtes de taureaux), nous avons pris la route de Loxa pour compléter nos travaux sur le *Cinchona*. De là nous passâmes un mois
dans la province de Jaën de Bracamorros et dans les Pongos de
l'Amazone, dont les rivages sont ornés d'*Andiva* et de *Bougainvillea* de Jussieu. Il me parut intéressant de fixer la longitude de
Tomependa et Chunchungata, où commence la carte de La Condamine, et de lier ces points à la côte. La Condamine n'a pu fixer
que la longitude de la bouche de Napo : les garde-tems n'existaient
pas ; de sorte que les longitudes de ces contrées méritent beaucoup de changemens. Mon chronomètre de Louis Berthoud fait
merveille, comme je le vois en m'orientant de tems en tems par

(1) Cf. G. Cuvier, 4ᵉ éd., t. II, p. 12.
(2) Santa Ana de Cuenca, chef-lieu de province de l'Ecuador, à 365 kilomètres
S.-S.-O. de Quito.

le premier satellite, et en comparant point pour point mes différences de méridien à celles qu'a trouvées l'expédition de M. Fidalgo qui, par ordre du Roi, a fait des opérations trigonométriques
de Cumana de Carthagène.

Depuis l'Amazone, nous avons passé les Andes par les mines de
Hualgayoc (1) (qui donnent un million de piastres par an et où la
mine de cuivre gris argentifère se trouve à 2.065 toises). Nous des-
cendions par Cajamarca (2) (où dans le palais d'Atahualpa, j'ai
dessiné les arcs des voûtes péruviennes) à Truxillo, suivant de là
par les déserts de la côte de la mer du Sud à Lima, où la moitié de
l'année le ciel est couvert de vapeurs épaisses. Je me hâtai de
venir à Lima pour y observer le *passage de Mercure* du 9 novembre 1802...

Nos collections de plantes et les dessins que j'ai faits sur l'anatomie des genres, conformément aux idées que le citoyen de Jussieu m'avait communiquées dans des conversations à la Société
d'histoire naturelle, ont augmenté beaucoup par les richesses que
nous avons trouvées dans la province de Quito, à Loxa, à l'Amazone et dans la Cordillère du Pérou. Nous avons retrouvé beaucoup de plantes vues par Joseph de Jussieu (3), telles que le *Lloque
affinis*, *Quillapa* et d'autres. Nous avons une nouvelle espèce
de *Jussiæa* qui est charmante, des *Colletia*, plusieurs passiflores
et le *loranthus* en arbre de 60 pieds de haut. Surtout nous sommes
très riches en palmiers et en graminées, sur lesquels le citoyen
Bonpland a fait un travail très étendu. Nous avons aujourd'hui
3.734 descriptions très complètes en latin et près d'un tiers des
plantes dans les herbiers que, par manque de temps, nous n'avons
pas pu donner. Il n'y a pas de végétal dont nous ne puissions
indiquer la roche qu'il habite et la hauteur en toises à laquelle il
s'étend ; de sorte que la géographie des plantes trouvera dans mes
manuscrits les matériaux très exacts. Pour mieux faire, le citoyen
Bonpland et moi, nous avons souvent décrit la même plante sépa-

---

(1) Hualgayoc, à 75 kilomètres au N.-O. de Cajamarca. Le *mineral* de Mi-
chipampa est le plus riche de la province.

(2) Cajamaca, (Pérou septentrional), à 180 kilomètres au N.-E.-O. Truxillo,
ancienne capitale d'Atahualpa.

(3) Joseph de Jussieu, frère d'Antoine et de Bernard, parti en qualité de
médecin naturaliste avec la mission de l'arc du méridien.

rément. Mais deux tiers et plus des descriptions appartiennent seules à l'assiduité du citoyen Bonpland, dont on ne peut trop admirer le zèle et le dévouement pour le progrès des sciences. Les Jussieu, les Desfontaines, les Lamarck ont formé en lui un disciple qui ira très loin. Nous avons comparé nos herbiers à ceux de M. Mutis, nous avons consulté beaucoup de livres dans l'immense bibliothèque de ce grand homme. Nous sommes persuadés que nous avons de nouveaux genres et de nouvelles espèces ; mais il faut bien du temps et du travail pour décider ce qui est vraiment neuf.

Nous rapportons aussi une substance siliceuse analogue au *tabascher* des Indes Orientales, que M. Macié a analysé. Elle existe dans les nœuds d'une graminée gigantesque qu'on confond avec le bambou, mais dont la fleur diffère du *bambusa* de Schreiber. Je ne sais ni le citoyen Fourcroy a reçu le lait de la *vache végétale* (arbre ainsi nommé par les Indiens) (1) ; c'est un lait qui, traité avec de l'acide nitrique, m'a donné un caoutchouc à odeur balsamique, mais qui, loin d'être caustique et nuisible comme tous les laits végétaux, est nourrissant et agréable à boire. Nous l'avons découvert sur le chemin de l'Orénoque, dans une plantation où les nègres en boivent beaucoup. J'ai aussi envoyé au citoyen Fourcroy, par la voye de la Guadeloupe, comme à sir Joseph Banks, par La Trinité, notre *Dapiché* ou le caoutchouc blanc oxigéné que transsude, par ses racines, un arbre dans les forêts de Pimichin, dans le coin du monde le plus reculé, vers les sources du Rio Negro.

Je ne vais pas aux Philippines ; je passe par Acapulco, le Mexique, La Havane et l'Europe, et je vous embrasse, à ce que j'espère, en septembre ou octobre 1803, à Paris!

Je serai en février au Mexique, en juin à La Havane, car je ne pense à rien qu'à conserver les manuscrits que je possède, et à publier. Que je désire être à Paris !

Salut et respect.

HUMBOLDT.

(1) Voyez plus haut, p. 84.

XXXVII

A L'ABBÉ CAVANILLES (1)

Mexico, 22 avril 1803.

Monsieur (2),

Nous ne faisons que d'arriver dans cette grande et magnifique ville de Mexico (3), et désirant vous donner un nouveau signe de notre existence, je hasarde celle-ci pour voir si elle aura un meilleur sort que mes lettres antérieures. Mon estimable Bonpland et moi, nous nous sommes toujours conservés robustes, malgré le défaut d'abri et la famine que nous avons éprouvée dans les déserts, le changement de climat et de température et la fatigue excessive dans nos pénibles voyages, spécialement dans le dernier, de Loxa à Jaën de Bracamoros, dans celui sur les rives du fleuve des Amazones, pays couvert de *Bougainvillea,* d'*Andina* et de *Godoya* (3), et dans le district que nous avons traversé pour atteindre à Lima.

Beaucoup d'Européens ont exagéré l'influence de ces climats sur l'esprit, et affirmé qu'il est impossible de supporter ici le travail intellectuel ; mais nous devons publier le contraire et dire, d'après

(1) D. Antonio-José Cavanilles, ecclésiastique, né à Valence le 16 janvier 1745, mort directeur du Jardin botanique de Madrid (1804), venu comme précepteur des fils du duc de l'Infantado à Paris (1777), où il se fit le disciple et l'ami d'Antoine Laurent de Jussieu. Il a fait paraître d'importants travaux sur la flore espagnole, parmi lesquels il faut citer les *Icones et descriptiones plantarum* (6 vol in-f°) et les observations sur l'histoire naturelle du Royaume de Valence.

(2) Cette lettre est une traduction de celle que le grand voyageur avait écrite en espagnol à Cavanilles. Cette traduction française a paru dans le t. IV des *Annales du Muséum* (an XII, 1804, p. 475-478) ; elle est accompagnée de la note suivante : « En attendant que M. de Humboldt, qui vient d'arriver à Paris, veuille bien nous donner quelques détails plus étendus sur son voyage, nous pensons qu'on lira avec plaisir la traduction d'une lettre qu'il avait écrite en espagnol à Cavanilles, et que celui-ci a publiée dans le 18° numéro des *Anales de Ciencias Naturales,* de Madrid, 1803 n° 18 (vol. VI, p. 281).

(3) Genres dédiés à Bougainville et à Manuel Godoy, prince de la Paix. Le troisième porte le nom de la Grande Chaîne.

, notre expérience propre, que jamais nous n'avons joui d'autant de
forces qu'en contemplant les beautés et la magnificence qu'offre
ici la nature. Sa grandeur, ses productions infinies et nouvelles
nous électrisaient pour ainsi dire, nous remplissaient d'allégresse
et nous rendaient invulnérables. C'est ainsi que nous travaillions
exposés trois heures de suite au brûlant soleil d'Acapulco et de
Guayaquil, sans éprouver d'incommodité notable, c'est ainsi que
nous foulions les neiges glacées des Andes, que nous parcourions
avec allégresse les déserts, les bois épais, la marine et les bour-
biers (1).

Nous sortîmes de Lima le 25 décembre 1802 ; nous nous arrêtâmes un mois à Guayaquil où nous eûmes la satisfaction d'herboriser en compagnie de MM. Tafala et Manzanilla (2) qui travaillaient avec ardeur et habileté, et nous atteignîmes Acapulco le
22 mars, après avoir éprouvé une tempête horrible en face du
golfe de Nicoya.

Le volcan de Cotópaxi, que j'avais foulé tranquillement l'année
précédente (3), fit, le 6 janvier, une grande explosion, et continua
avec une telle force que, naviguant à soixante lieues de distance,
nous en entendîmes le fracas. La neige a disparu entièrement
de son sommet, et il est sorti de ses entrailles des flammes et des
nuages de cendres. On n'a pas appris qu'il ait occasioné jusqu'à
présent le moindre dommage, mais comme il n'est point éteint,
l'alarme est continuelle dans la province de Quito. Vous connaissez l'ardeur et l'enthousiasme de mon ami et compagnon Bonpland, et dans cette intelligence vous pouvez calculer des richesses
que nous avons recueillies en parcourant des contrées qui n'ont
jamais été visitées par des botanistes, contrées où la nature s'est
plu à répandre ses faveurs en multipliant des végétaux de formes
neuves et de fructifications inconnues. Il en résulte que notre collection actuelle dépasse 4.200 plantes, parmi lesquelles il se trouve

_____

(1) *La marina y sitios cenagosos*, que la Roquette traduit, *les marais bour-
beux.*

(2) Juan Tafalla, élève et continuateur de Ruiz et Pavon dans leurs travaux
au Pérou et au Chili, et professeur de botanique à Lima. Manzanilla, que
Colmeiro nomme Mencilla, lui était agrégé et herborisa avec lui et avec Humboldt (Colmeiro, *op. cit.* p. 181.)

(3) Voyez plus haut, p. 133.

beaucoup de genres nouveaux, une multitude de graminées (1) et un nombre croissant de palmiers. Nous avons tous les mélastomes de Linné ; tout compris, ceux de notre herbier dépassent 100 : nous avons fait la description des 4.200, et nous en avons dessiné un très grand nombre (2) d'après les originaux vivants. Nous ne pouvons fixer aujourd'hui le nombre de celles qui sont véritablement nouvelles ; ce n'est qu'à notre retour en Europe que nous les comparerons toutes avec celles qui ont été publiées par les savants ; mais nous espérons que les matériaux amassés pendant nos voyages suffiront pour former une œuvre digne de l'attention du public. De même que la botanique a été une partie accessoire de l'objet principal, de même en a-t-il été de l'anatomie comparée, dont nous avons beaucoup de pièces préparées par mon compagnon Bonpland.

J'ai dessiné plusieurs profils et cartes géographiques, et sur ces cartes, des échelles hygrométriques, électrométriques, eudiométriques, etc., etc., pour indiquer les qualités physiques qui exercent tant d'influence en physiologie végétale, en sorte que je puis signaler, en toises, l'altitude qu'occupe chaque arbre sous les Tropiques.

J'ai vu avec infiniment de peine ce qui est survenu sur les quinas, parce que les sciences ne gagnent rien quand on mêle le fiel et les personnalités dans les discussions, et parce que la manière dont on a traité le vénérable Mutis (3) m'a frappé jusqu'au cœur.

.es idées qu'on a répandues en Europe sur le caractère de cet homme célèbre sont on ne peut plus fausses. Il nous a traités à Santa-Fé avec cette franchise qui avait de l'analogie avec le caractère particulier de Banks (4) ; il nous a communiqué sans réserve toutes ses richesses en botanique, zoologie et physique ; il a comparé ses plantes avec les nôtres et il a permis enfin de prendre toutes les notes que nous désirions obtenir sur les genres nouveaux de la flore de Santa-Fé de Bogota. Il est déjà vieux (5), mais on est étonné des travaux qu'il a faits et de ceux qu'il

(1) *Gramas*. La Roquette traduit *Gramens*.
(2) *Muchissimas*. La Roquette traduit la plupart.
(3) Voyez plus haut, p. 124, n. 1.
(4) Sir Joseph Banks.
(5) José Celestino Mutis était né à Cadix en 1732.

prépare pour la postérité; on admire qu'un homme seul ait été
capable de concevoir et d'exécuter un si vaste plan.

M. Lopez (1) m'a communiqué son mémoire sur le quina avant
de l'imprimer, et je lui dis alors que ce mémoire faisait voir avec
évidence que M. Mutis avait découvert le quina dans les montagnes de Tena en 1772, et que lui, Lopez, l'avait vu près de
Honda, en 1774.

Quant à l'arbre qui donne le quina fin de Loxa, nous devons
dire que l'ayant examiné dans son pays natal, et comparé avec le
cinchona que nous avons vu dans le royaume de Santa-Fé, de
Popayan du Pérou et de Jaen, nous croyons qu'il n'a pas même
été décrit : il se rapproche du *cinchona glandulifera* de la flore du
Pérou quant à la forme de ses feuilles, mais il en diffère par sa
corolle.

Nous avons envoyé à l'Institut national de France (2) une collection curieuse des quinas de la Nouvelle-Grenade, qui consistait
en écorces bien choisies, en beaux exemplaires, en fleurs et fruits,
et en magnifiques dessins enluminés grand in-folio dont nous a
gratifiés le généreux Mutis. Nous y avons ajouté quelques osse-
mens d'éléphans fossiles de la Cordillère des Andes trouvés à
1.400 toises d'élévation. Quoique j'aie reçu de l'Institut une lettre
honorable peu avant de sortir de Quito, je ne sais si la collection
ci-dessus mentionnée est parvenue à sa destination (3).

Je vous rends mille grâces pour les éloges qu'on m'a prodigués
dans le numéro 15 des *Anales* (4); mais je désirerais que dans quelqu'un des numéros suivans on avertît que dans le dessin gravé à
Madrid (5), les hauteurs ont presque toujours 40 à 70 toises d'ex-
cédent, dont la différence est trop notable dans des observations
astronomiques pour qu'on ne la rectifie pas. Ma franchise à communiquer à tous ceux d'Amérique mes cartes fondées sur des

(1) La brochure de Lopez Ruiz dont parle ici Humboldt, intitulée : *Defensa
y demostracion del verdadero descubridor de las Quinas del Reino de Santa Fe*,
a été imprimée à Madrid en 1802.

(2) Voy. plus haut, p. 157.

(3) *Ann. du Mus. d'Hist. nat.*, t. IV, p. 477.

(4) Cf. *Nivelacion barometrica hecha por el baron de Humboldt en 1801 desde
Cartagena hasta Santa-Fé de Bogota.* (*Anales de Ciencias Naturales.* Nov. 1802,
n. 15, pp. 831-833. — Cf. *Allg. Geogr. Ephemeriden.* s. 180.)

(5) *Ibid.*, tab. 42.

observations astronomiques comme également les matériaux réunis sur la géographie des plantes et les mesures géodésiques, avant de leur donner la dernière main qui exige de la tranquillité, de la réflexion et du tems, a été sans doute la cause pour laquelle il est parvenu quelques copies dues au zèle d'un grand nombre de personnes qui les ont multipliées par l'intérêt qu'elles prenaient à cette partie de la géologie, mais ces copies se sont trouvées différentes de celles que je possède en ce moment et que je publierai dans mon ouvrage sur la construction de notre globe (1).

Si la franchise avec laquelle j'ai communiqué sans réserve mes animaux, mes cartes géographiques et mes observations, en permettant avec plaisir que chacun copiât tout ce qu'il désirait, donna motif aux équivoques mentionnées, elle m'a procuré aussi les moyens de rectifier la localité de plusieurs points importans d'après les renseignemens fournis par des personnes intelligentes. Je voudrais qu'on imprimât seulement ce que j'ai moi-même écrit dans mes lettres et mémoires, parce que personne n'ignore que les premières idées ne sont qu'une esquisse qui doit être terminée et que les calculs et les mesures exigent un examen ultérieur et qui ne peut se faire qu'avec du tems et de la tranquillité.

Les savans La Condamine et Bouguer nous ont donné une excellente preuve de cette vérité ; considérant leurs opérations comme terminées et exactes, ils firent graver en partant de Quito sur une pierre du Collège des Jésuites la longitude de cette ville, quoiqu'il existât une différence d'un degré avec celle qu'ils ont adoptée depuis en Europe.

J'ai lu avec beaucoup de plaisir vos observations sur les fougères et j'ai reconnu que vos idées étaient vraiment physiologiques et indispensables pour établir bien des genres avec solidité.

Vous vous rappellerez très bien sans doute cette substance siliceuse, ressemblant à l'opale, que M. Macié analysa en Angleterre. Nous l'avons découverte à l'ouest du volcan de Pichincha, dans les bambous ou gros roseaux appelés *Guaduas*, dans le royaume de Santa-Fé. J'ai fait des expériences chimiques avec le suc de cette graminée colossale, avant que la substance siliceuse se fût déposée, et j'y ai remarqué des phénomènes curieux, car elle est

(1) C'est le fameux *Cosmos* dont Humboldt a déjà conçu le projet.

susceptible d'une putréfaction animale et paraît prouver certaine combinaison d'une terre simple avec l'azote.

Nous avons vu également que cette plante doit former un genre nouveau très différent de l'*Arondo* de Linné et du *Bambusa* de Schreber. Nous avons eu bien de la peine à trouver ses fleurs parce qu'elle fleurit si rarement que, quoique plusieurs botanistes l'aient observée pendant trente ans dans les vastes contrées où elle est abondante, ils n'ont jamais pu les rencontrer, et que les Indiens nient leur existence. Mais nous avons été plus heureux, car nous l'avons vue dans le coin le plus reculé du monde, c'est-à-dire sur la rivière Casiquiare, qui forme la communication de l'Orinoco avec le Marañon; et ensuite dans la vallée de Cauca, située dans la province de Popayan, où je la dessinai. Je ne le fis pas auparavant dans le Casiquiare à cause de la multitude infinie et incommode des mosquites qui s'y trouvent.

Nous vous en avons destiné quelques exemplaires, que nous apporterons avec sûreté à notre retour qui s'exécutera, nous l'espérons, au commencement de l'année prochaine. En attendant je vous prie de faire connaître notre reconnaissance pour les innombrables faveurs que nous devons aux Espagnols dans toutes les parties de l'Amérique que nous avons visitées, parce que nous serions ingrats si nous ne faisions pas les plus grands éloges de la générosité de votre nation et de votre gouvernement, qui n'a cessé de nous honorer et de nous protéger.

Je suis toujours votre, etc.

Le texte publié par Cavanilles se termine par une note de Bonpland omise dans la traduction des Annales du Muséum de Paris.

« Le citoyen Bonpland a ajouté ce qui suit à cette lettre.

Venant d'Acapulco dans cette ville (Mexico), j'ai eu le plaisir de rencontrer la plante à laquelle vous avez bien voulu perpétuer mon nom (1), et de vérifier l'exactitude de votre description. Je l'ai vue cultivée dans ce jardin, avec deux autres espèces qui, je crois, doivent se réduire au même genre *Bonplandia*. Je dois noter que celle-ci se distingue de l'*Hoitzia* (Jussieu : *Gen. Plant.*) parce

---

(1) Cavanilles avait, en effet, créé le genre *Bonplandia*. (Cf. *Descripcion de genero Bonplandia y de otras plantas. (Anales de Hist. Nat.*, nᵒ 5, Setiembre 1800, t. II, pp. 131-132.)

que son calice est simple et non double (*bracteatus !*) comme dans
l'*Hoitzia*, et parce que ses cellules sont toujours monospermes, ce
qui ne se trouve jamais dans l'*Hoitzia*.

Dans le nombre des plantes que nous vous avons destinées, il
s'en trouve plusieurs bien désirées, et parmi celles-là vous pourrez
voir les différences qui règnent entre le *Phlox*, l'*Hoitzia* et le
Bonplandia.

Le jardin de Mexico n'est pas très grand, mais il est parfaitement entretenu et disposé avec l'habileté propre à M. Cervantes (1).
Ce professeur a beaucoup d'instruction et de mérite, qu'il est juste
qu'on connaisse en Europe.

XXXVIII

A WILLDENOW (2)

Mexico, 29 avril 1803.

Quelques jours après mon arrivée dans cette grande et belle
capitale de la Nouvelle-Espagne, j'ai reçu ton aimable lettre du
1er octobre 1802. Ma joie en était d'autant plus grande, que,
depuis que j'ai quitté l'Europe, c'est la seule et unique fois que je
lis quelque chose de toi, bien que je sois convaincu que tu m'as
souvent écrit. Depuis mon départ de la Corogne, j'ai reçu également tout au plus cinq ou six lettres de mon frère en l'espace de
quatre ans. Il semble qu'une mauvaise étoile hostile règne sur
nous plus pour les lettres que pour les navires. Cependant, je ne
veux pas me plaindre, car j'aurai bientôt la joie de vous embrasser
encore tous.

Nous avons déjà fait d'ici plus de dix ou douze gros envois de
graines fraîches, soit au jardin botanique de Madrid où Cavanilles,
comme je vois, a déjà décrit dans les *Anales de Historia natural*
quelques nouvelles espèces provenant de ces graines, soit au Jardin

---

(1) Vicente Cervantes, pharmacien de Madrid, devenu professeur au Jardin botanique de Mexico sous Martin Sessé, et collaborateur de la *Flora Mexi-
cana* avec Sessé et Mocino. Il est mort en 1830.

(2) Biester's *Neue Berlin. Monatsschrift.* Bd. X, s. 268-872.

de Paris et à la Trinité, à sir Joseph Banks de Londres. Mais ne pense pas que mes richesses s'épuisent ou que j'oublie Berlin. Je possède une collection remarquable que j'ai rassemblée à Quito, à Loxa, sur le fleuve des Amazones à Jaen, dans les Andes du Pérou et sur la route d'Acapulco à Chilpancingo et Mexico. Je ne veux pas confier ce trésor au hasard des postes qui sont d'une incroyable négligence, mais comme je suis sur le point de partir pour la Havane et l'Europe, je te les remettrai à toi-même. J'ai tout desséché avec un soin extrême. Ce que je t'apporte, ce sont beaucoup de graines de *Melastoma, Psychotria, Cassia, Bignonia, Mimosa* (sans nombre), *Solanum, Jacquinia, Embothrium, Ruellia, Gyrocarpus* Jacq., *Barnadesia, Achras, Lucuma, Bougainvillea, Lobelia* et une cinquantaine de paquets d'espèces inconnues des Andes, du pays des Amazones, etc. — En outre mes amis d'Amérique seront toujours disposés à t'envoyer sur ma demande des graines très souvent tout à fait fraîches. Je ne te nomme en même tems que les hommes les plus actifs : Tafalla (1) à Guayaquil, Olmedo (2) à Loxa, Mutis le premier peintre de fleurs du monde et un excellent botaniste à Santa-Fé, élève de Mutis ; en même tems quelques capucins de la Nouvelle Andalousie et de la Guyane. M. Caldas (3) à Popayan est aussi un naturaliste éminent et plein de zèle.

Je me félicite que mes plantes te soient enfin arrivées par M. Fraser (4).

Tu dois savoir par mes anciennes lettres qu'après avoir passé six mois aux volcans de Quito et avoir presque escaladé le sommet du Chimborazo, nous sommes allés à Cuença et Loxa pour y étudier les espèces de Cinchona. De Loxa, nous sommes allés par des chemins terribles à Lima et à Acapulco. Tu sais que depuis longtemps j'ai abandonné le voyage aux Philippines.

J'aurais fait un saut immense simplement pour voir quelques groupes d'îles. L'état actuel de mes instrumens ne me permet

---

(1) Voy. plus haut, p. 149.

(2) Vicente Olmedo et non pas Olivedo, botaniste envoyé en 1790 à Loxa pour étudier les quinquinas.

(3) Francisco-Jules Caldas, botaniste et astronome, devenu directeur de l'Observatoire de Santa-Fé.

(4) Voy. plus haut, p. 108.

pas non plus aujourd'hui d'allonger le voyage qui dure déjà depuis quatre années, et il m'a été impossible de me procurer de nouveaux instrumens d'Angleterre. On est ici complètement séparé du reste du monde... comme dans la lune.

Je désirais être en Europe à la fin de cette année. Mais le *Vomito Negro* qui règne déjà à la Vera Cruz et à la Havane et la crainte d'une mauvaise traversée en octobre doivent me retenir. Je ne veux pas finir par une tragédie! Mais comme je choisis la voie la plus sûre, j'arriverai en Europe probablement seulement en avril ou en mai 1804.

Je ne sais pas si j'aurai aujourd'hui le temps d'écrire à mon frère. Sois assez bon pour lui communiquer cette lettre et lui dire que je me porte tout à fait bien et qu'il ne me manque rien que ses lettres.

A. H.

XXXIX

ALEXANDRE HUMBOLDT ET LE CITOYEN BONPLAND
A L'INSTITUT NATIONAL DE FRANCE (1)

A la capitale du Mexique, le 21 juin 1803 (2 messidor an XI) (2).

Citoyens,

Depuis le mois de Brumaire an VII (oct.-nov. 1798) ou depuis le commencement de l'expédition dans laquelle nous nous sommes engagés pour le progrès des sciences physiques, nous n'avons cessé de chercher des moyens pour vous faire parvenir des objets dignes d'être conservés dans le Musée National. Sans compter les collections nombreuses de graines adressées au Jardin des Plantes de Paris et les produits de l'Orénoque dont le citoyen Bresseau, ci-devant Agent de la République à la Guadeloupe, s'est chargé,

---

(1) *Annales du Muséum National d'Histoire naturelle*, t. III. *Correspondance*, Paris, an XII (1804), in-4°, p. 398. — Cf. Gilbert's *Annal. der Physik.* Bd. XVIII, s. 48, 1804.

(2) La Roquette, qui a recopié cette lettre, la date de l'an IX (1801).

nous vous avons envoyé, depuis, de Santa-Fé de Bogota et de Carthagène des Indes, *deux caisses accompagnées de lettres*, datées de messidor an IX (juin-juillet 1801). L'une de ces caisses contient un travail sur le quinquina du Royaume de la Nouvelle-Grenade, savoir : des dessins enluminés de sept espèces de *Cinchona*, avec l'anatomie de la fructification des échantillons d'herbier en fleurs et en graines, et les écorces sèches de ce produit précieux digne d'une nouvelle analyse chimique. L'autre caisse renferme une centaine de dessins en grand folio représentant de nouveaux genres et de nouvelles espèces de la Flore de Bogota. C'est le célèbre Mutis (1) qui nous a fait ce cadeau, aussi intéressant pour la nouveauté des végétaux que pour la grande beauté des planches coloriées. Nous avons cru, citoyen, que ces collections seraient plus utiles aux progrès de la Botanique, en les offrant à l'Institut National comme une faible marque de notre reconnaissance.

Depuis Quito et Guayaquil, nous vous avons adressé *une caisse de minéraux très curieux* pour les recherches géologiques, contenant des roches porphiritiques et des produits volcaniques du Cotopaxi, de l'Antisana, du Pichincha, et surtout du Chimborazo (2) sur lequel nous avons réussi à porter des instrumens à l'énorme hauteur de 5.849 mètres ou 3.015 toises (Formule de Trembley), voyant descendre le mercure dans le Baromètre à 13 pouces 11 lignes, le Thermomètre étant à 1°3 Réaum. au-dessous du zéro. Cette dernière collection est partie par le cap Horn dans la Frégatte *la Guadeloupe*, que nous savons être arrivée heureusement à Cadiz, et je ne doute pas que M. Herrgen, professeur de minéralogie au Cabinet de Madrid, à qui j'ai dirigé ces objets, ne les aura déjà remis à l'Ambassadeur de la République en Espagne.

Quoique nous ayons pris toutes les précautions imaginables pour assurer les différens envoys que nous avons pris la liberté de vous faire, nous nous trouvons cependant jusqu'aujourd'hui dans la plus cruelle incertitude à ce sujet, n'ayant eu depuis plus de deux ans aucune nouvelle d'Europe. Vraisemblablement notre séjour dans l'intérieur des missions de l'Amérique méridionale à l'Est des Andes, comme celui sur les côtes de la mer du Sud,

(1) Voy. plus haut, p. 124.
(2) Voy. plus haut, p. 133.

nous a privés de cette consolation. Accoutumés à des privations
et des revers plus grands, nous continuons sans relâche des travaux que nous croyons utiles aux hommes et nous nous hâtons de
profiter de l'occasion qui se présente en ce moment pour vous
réitérer, citoyens, les assurances d'un dévouement auquel vos
bontés nous obligent à jamais. Une grande partie de nos collections se trouvant encore à Acapulco, nous ne pouvons vous offrir
cette fois-ci que le peu d'objets que renferme la caisse ci-jointe.

Parmi les roches de la Cordillère des Andes addressées à
M. Herrgen à Madrid, se trouvent des Obsidiennes très curieuses
des volcans de Quito, surtout du Quincha, des Obsidiennes noires,
vertes, jaunes, blanches et rouges, mêlées de fossiles probléma-
tiques. Pour compléter l'histoire de cette roche si intéressante
pour la géologie, nous vous offrons aujourd'hui une *Collection
d'Obsidiennes* du Royaume de la Nouvelle-Espagne. La grande
facilité avec laquelle quelques variétés, les noires et les vertes, se
convertissent au feu en une masse blanche spongieuse, quelquefois fibreuse (augmentant sept huit fois son volume), et la grande
résistance avec laquelle d'autres Obsidiennes, surtout les rouges
et les brunes, conservent leur état primitif, indiquent des différences de mélange, que l'analyse chimique découvrira facilement.
Pendant que l'Obsidienne incandescente se gonfle, il s'échappe
une substance gazeuse qui mériterait bien d'être recueillie dans
des cornues de fer.

Dans aucune partie du monde, le Porphire n'est en plus grande
abondance et ne forme des masses plus énormes que sous les Tropiques. Occupés de mesurer, dans les différens climats, tantôt
par un nivellement barométrique, tantôt par des opérations géo-
métriques, la hauteur à laquelle s'élèvent les différentes Roches
et l'épaisseur de leurs couches, nous avons trouvé que les Porphires des environs de Rio-Bamba et de Tunguragua, par exemple,
ont 4.040 mètres, ou près de 2.080 toises d'épaisseur. On voyage
des mois entiers dans la Cordillère des Andes, sans voir l'ardoise,
le schiste micacé, le gneis et surtout sans observer le moindre
vestige du Granite, qui en Europe et dans toutes les zones tem-
pérées occupe les plus hautes parties du Globe. Au Pérou, surtout
dans les environs des Volcans, le Granite ne vient au jour que
dans les régions les plus basses, dans les vallées profondes.

Depuis 2.000 à 6.000 mètres de hauteur sur le niveau de la mer du Sud, la roche granitique est partout couverte de Porphires, d'Amigdaloïdes, de Basaltes et d'autres roches de la formation du Trapp. C'est le Porphire qui y est partout le site du feu volcanique ; c'est dans ces Porphires enchâssant du feldspath vitreux, de la Cornéenne (Hornblend des Allemands) et même de l'Olivin que gisent les Obsidiennes, tantôt en couches, tantôt en rochers de figure grotesque et à demi détruits par les révolutions qui ont déchiré cette partie du monde. La réunion des circonstances indiquées fait que dans les Volcans de Popayan, dans ceux de Pasto, de Quito et d'autres parties des Andes, le feu volcanique a exercé ses forces sur les Obsidiennes. De grandes masses de ce fossile sont sorties des cratères et les parois de ces gouffres, que nous avons examinés de près, consistent en Porphires dont la base tient le milieu entre l'Obsidienne et la pierre de poix (Pechstein). Ces mêmes phénomènes nous ont frappé au sommet du Pic de Teyde, montagne dans laquelle on distingue clairement les roches changées par le feu des couches porphiritiques qui ont conservé leur état primitif et qui ont préexisté à toute éruption volcanique. Étudiant l'histoire de notre Planète dans les monumens antiques qu'elle nous présente ; appliquant les faits chimiques à la géologie, nous ne pouvons énoncer les phénomènes que tels qu'ils s'offrent à nos yeux. Nous n'ignorons pas que des Minéralogistes respectables continuent de regarder le Basalte, le Porphire basaltique et surtout l'Obsidienne comme des produits volcaniques ; mais il nous paraît qu'un fossile qui, comme l'Obsidienne des Andes et du Mexique, se décolore, se gonfle et devient spongieux et fibreux au moindre degré de chaleur d'un four, ne peut pas être le produit du feu des Volcans! Au contraire cette énorme augmentation de volume de l'Obsidienne incandescente et la quantité de gaz qu'elle dégage, ne serait-on pas en droit de les regarder comme une des causes des secousses volcaniques dans les Andes ?

L'élévation, à laquelle les Porphires se trouvent dans la plus grande abondance dans le nouveau continent, est à 1.800 à 1.900 mètres au-dessus du niveau de la mer. C'est au-dessus de cette limite que nous avons observé le plus d'Obsidiennes. Près de Popayan, aux volcans de Puracé et Sotara, les Obsidiennes commencent à 4.560 mètres de hauteur. Dans la Province

de Quito, elles abondent à 2.700 mètres. Dans le royaume de la
Nouvelle-Espagne, les Obsidiennes de l'Oyamel et du Cerro de los
Navajos (que la caisse ci-jointe contient) se trouvent depuis
2.292 mètres à 3.918 mètres au nord-est de la Capitale de Mexique
dont la plazza-major a, d'après les formules de Trembley,
2.236 mètres ou 1163 toises et d'après la formule de Deluc
2.198 mètres ou 1.133 toises sur la mer du Sud. Cette contrée était
infiniment intéressante pour les anciens habitans d'Anahuac.
Quoique le fer est très abondant au Pérou et au Mexique, où près
de Toluca et dans les provinces du Nord on trouve de grandes
masses de fer natif éparses sur les champs (masses semblables à
celles du Chaco et de la Sibérie et d'une origine également pro-
blématique). Les anciens habitans de ces contrées ne se servoient
cependant pour des instrumens tranchans que du cuivre et de
trois sortes de pierres dont nous trouvons encore l'usage dans les
mers du Sud et chez les sauvages de l'Orénoque. Ces fossiles sont
le jade, la pierre lidique de Werner, souvent confondue avec le
Basalte et l'Iztli ou l'Obsidienne. Hernandès vit encore travailler
des couteliers mexicains qui faisoient dans une heure plus de
100 couteaux d'Obsidienne (1). Cortès raconte dans une de ses
lettres à l'empereur Charles V, qu'il vit à Tenochtitlan des rasoirs
d'Obsidienne avec lesquels les Espagnols se faisaient faire la
barbe. C'est entre Moran, Totoapa et le village indien de Tulan-
cingo, au pied des rochers porphyritiques du Jacal, que la nature
a déposé cette immensité d'Obsidiennes. C'est là que les sujets de
Montezuma fabriquaient leurs couteaux (2), circonstance qui a fait
donner à cette Cordillère le nom de *Cerro de los Navajos*, qui veut
dire Montagne des Couteaux. On y voit encore une immensité de
puits dont les Mexicains tirent ce matériel précieux ; on distingue
les vestiges des ateliers et on y trouve des pièces à demi-ache-
vées. Il paraît que quelques milliers d'Indiens y travaillaient sur
plus de deux lieues carrées. J'ai observé à Moras, un peu au sud de
ces mines d'Obsidienne, par Antarès, la latitude de 20° 9′ 26″.

  Les numéros de la caisse sont :

  (1) Voyez le chapitre XIII de la seconde partie du livre IV, p. 280, de la
reimpression de M. N. Léon. (*Cuatro libros de la Naturaleza y virtutes medi-
cinales de la Nueva España, etc.* Morelia 1880, in-8.)
  (2) Cf. *Arch. de la Comm. du Mexique*, t. I, p. 452, 1865.

N. 1. Obsidienne chatoyante du Cerro de los Navajos, élevé de 604 mètres au-dessus du lac de Tescuco et de 2.948 mètres au-dessus de celui de la mer. Des stries transversales causent au soleil un reflet métallique analogue à celui de l'aventurine.

N. 2, 5, 6. Obsidiennes remarquables par leur surface.

N. 4, 8. Obsidiennes striées et soyeuses.

N. 3. Obsidienne brune, verdâtre, d'un mélange chimique très différent des numéros 2 et 8.

N. 9, 10, 11. Obsidiennes qui contiennent un fossile qui se rapproche de la pierre perlée. (*Pechstein* de Werner.)

N. 11. Fossile neuf inconnu, également digne d'analyse, de Zina Pequaro, près de Valladolid. MM. Texada et Delrio ont décrit ce fossile sous le nom de wernerite. Il forme des compartimens 3, 4, 5 gulaires, comme dans les Equinites. Gravité spécifique 3.464. Il se dissout au chalumeau avec effervescence dans l'alcali, mais non dans le borax. Cette substance contient quelquefois dans ses compartimens de très petits cristaux d'Obsidiennes d'un vert d'olive et transparent. Ce sont des tables quadrangulaires avec les arrêtes en biseau et les coins tronqués.

N. 12. Soufre natif dans une couche de quartz qui passe à la pierre de corne, de la grande Montagne de Soufre de la Province de Quito, entre Alausi et Ticsan, élevée de 2.312 mètres. Ce soufre qui, en Europe, se trouve constamment dans des montagnes secondaires, surtout dans du gipse, forme ici, avec le quartz, une couche dans une montagne primitive, dans du schiste micacé. Voilà sans doute un phénomène bien rare en géologie ! Nous publierons deux autres soufrières de la Province de Quito, toutes deux dans du porphire primitif, l'Azufral à l'occident de Cuesaca, près de la Villa de Ibarra et au volcan d'Autisana, au Machay de Saint-Simon, à plus de 4.850 mètres d'élévation.

N. 14 Mine de plomb brune de Zimapan, analogue à celle de Zchop. pan en Saxe, de Hoff en Hongrie, de Pollewen en Bretagne. C'est dans cette mine de plomb de Zimapan que M. Delrio, Professeur de Minéralogie au Mexique, a découvert une substance métallique très différente du chrôme et de l'uranium et de laquelle nous avons déjà parlé dans une lettre au citoyen Chaptal (1). M. Delrio la croit nouvelle et la nomme *Erithrone*, parce que les sels érithronates ont la propriété d'y prendre une belle couleur rouge au feu et avec les acides. La mine contient 80,72 d'oxide jaune de plomb, 14,80 d'erithrone, un peu d'arsenic et de l'oxide de fer.

N. 14. Hyalites de Zimapan, analogues au verre de Muller ou de Francfort, se trouvant sur des pilons d'opale dans des porphyres.

N. 13. Mine d'étain fibreuse de Goanaxoato, identique avec le woodtin de Cornouailles.

---

(1) Cette lettre est perdue.

N. 16. Une nouvelle cristallisation du quarz, quarz rhomboïdal ou plutôt quarz prismatique quadrangulaire, de Goanaxoato, digne d'être examiné par le citoyen Haüy.

N. 17. Obsidienne dont la surface a pris un lustre d'argent, la plata incantada du peuple de Zimapana.

N. 18. Le porphire polarisant de la Province de Pasto. Nous l'avons découvert dans le village indien de Voisaca (en frimaire, an IX) à 4.040 mètres de hauteur. Les plus petits fragmens de ce porphire ont des pôles magnétiques. Nous en avons envoyé des échantillons plus grands dans la caisse adressée au Muséo National par la voye de M. Herrgen à Madrid. C'est un phénomène analogue à celui de la Serpen-tine polaire qu'un de nous a découverte en Allemagne et de laquelle il a été souvent parlé dans les Journaux.

N. 19. Mine de cuivre rouge vitreuse, mêlée de cuivre natif des mines de Chignagua, dans le royaume de la Nouvelle-Espagne.

Voilà les objets que nous avons l'honneur de vous présenter, Citoyens, et qui mériteront peut-être l'attention des citoyens Haüy (1), Vauquelin, Chaptal, Berthollet (2), Guyton (3) et Four-croy dont les travaux ont tant contribué au progrès de la Minéralogie et de la Chimie analytique.

Le vomissement noir et la fièvre jaune, qui font dans ce moment de cruels ravages à Vera-Cruz, nous empêchent de descendre à la côte avant le mois de Brumaire, de sorte que nous ne pouvons espérer de nous rendre en Europe que vers Floréal de l'année prochaine. Après un séjour de plus d'un an dans la Province de Quito, dans les forêts de Loxa, la Province de Jaen de Bracamaros et la Rivière des Amazones, nous partîmes de Lima où l'un de nous a observé la fin du Passage de Mercure, en nivôse an 11. Nous nous arrêtâmes à Guayaquil, près d'un mois et demi, étant presque témoins de la cruelle explosion que fit dans ce tems le grand volcan de Cotopaxi. Notre navigation à Acapulco, par la mer du Sud, a été très heureuse, malgré une forte tempête que nous essuyâmes vis à vis les volcans de Guatémala, quoique plus de 300 lieues plus à l'Ouest, parages où cette mer ne mérite pas le nom d'Océan Pa-

---

(1) L'abbé René-Just Haüy, minéralogiste, membre de l'Institut et du Conseil des mines, venait d'être nommé professeur au Muséum.

(2) Le célèbre chimiste, Claude Louis Berthollet (1748-1822), membre de l'Institut, alors en Égypte.

(3) Louis Bernard Guyton, baron de Morveau (1737-1816), membre du même corps savant, rapporteur des travaux de Humboldt en 1799.

cifique. L'état de nos instrumens endommagés par des voyages de terre de plus de 2.600 lieues, les démarches inutiles que nous avons faites pour nous en procurer de nouveaux, l'impossibilité de rejoindre le capitaine Baudin que nous attendions en vain sur les côtes de la mer du Sud, le regret de traverser un immense océan sur un bateau marchand, sans relâcher à aucune de ces îles aussi intéressantes aux naturalistes; mais surtout la considération du progrès rapide des sciences, et la nécessité de se mettre au courant des nouvelles découvertes après quatre à cinq ans d'absence... Voilà les motifs qui nous ont fait abandonner l'idée de nous en retourner par les Philippines, la mer Rouge et l'Egypte, comme nous l'avions projeté. Malgré la protection distinguée de laquelle le Roi d'Espagne nous a honoré en ces climats, un particulier qui voyage à ses propres frais trouve mille difficultés à vaincre que les Expéditions envoyées par ordre d'un Gouvernement n'ont jamais connues. Nous ne nous occuperons désormais qu'à rédiger et publier nos Observations faites sous les Tropiques. Peu avancés en âge, accoutumés aux dangers et à toutes sortes de privations, nous ne cessons cependant de tourner nos regards vers l'Asie et les Iles qui en sont voisines. Munis de connoissances plus solides, et d'instrumens plus exacts, nous pourrons peut-être un jour entreprendre une seconde expédition dont le plan nous occupe comme un rêve séduisant.

Agréez, Citoyens, les assurances de notre attachement respectueux.

HUMBOLDT.

A la capitale du Mexique, le 2 messidor an onze (1).

(1) Autographe aux Archives de l'Académie des Sciences.

XL

A DELAMBRE (1)

Du Mexique, le 29 juillet 1803.

Je continue, mon digne ami, à vous donner des nouvelles des progrès de mon expédition ; j'ai cherché tous les moyens possibles de faire parvenir des nouvelles à vous, au citoyen Chaptal, au citoyen Desfontaines, et à notre bon et cher ami Pommard. — Mais, hélas ! me voilà depuis trois ans sans aucune réponse ; je ne sais qu'en penser : cela m'afflige souvent... — Je ne perds pas courage ; je travaille sans cesse et je m'imagine que nous nous communiquons au moins par les satellites dont vous et l'immortel Laplace avez réglé la marche. J'ai donné au citoyen Chaptal (2) le détail de mes dernières courses dans la province de Quito, de notre entrée à l'Amazone par *Jaen de Bracamoros* (3), où La Condamine n'avait pas pu déterminer la longitude, de notre séjour à Lima, de notre navigation d'Acapulco, dans laquelle j'ai achevé de me confirmer dans l'idée que la boussole d'inclinaison de Borda ne peut pas seulement suppléer à la latitude, mais même dans certains parages (où les cercles de l'inclinaison suivent le méridien) à la longitude sur mer. Je compte publier un grand nombre d'observations à ce sujet, et je ne doute pas que la théorie ne trouve des moyens de suppléer à celles qui me manquent encore. Je ne vous parle aujourd'hui que d'une découverte que je crois avoir faite sur la longitude de la capitale du Mexique où j'ai observé, sous un ciel nébuleux et perfide (à 1.160 toises au-dessus de la mer) depuis le 11 mai. Excusez si je vous parle d'après l'ancien style : malgré toutes mes prières, je n'ai pu me procurer vos *Connaissances des Temps*. Vous vous souvenez sans doute que Chappe n'a

---

(1) *Annales du Muséum national d'Histoire naturelle*, t. III. *Correspondance*, p. 228. — Reprod. par La Roquette, t. I, p. 170. — L'adresse porte : *Au citoyen Delambre, membre de l'Institut national.*

(2) Lettre perdue.

(3) Cf. *Vues des Cordillères*, pl. XXXI, p. 221.

pas observé ici, et qu'avant 1769, on plaçait Mexico à 106 1' de Paris (1). (Voy. les *Éph.* du P. Hall.) Le passage de Vénus, observé par
Alzato, donna au citoyen Lalande 102° 28'; les éclipses des satellites envoyées par Alzate ne donnèrent que 101° 23'. M. Espinosa,
capitaine de vaisseau, était persuadé que Mexico est à 94° 24' de
Cadix ou 103° 2' de Paris. Voir aussi ce que donne la carte hy-
drographique du dépôt de Madrid.

Trois émersions du premier satellite observées avec un télescope de Dollond de 4,7 pouces d'ouverture et grossissant plus de
240 fois donnaient par la comparaison avec vos tables :

$$6^h \ 45' \ 33'' = 101° \ 23' \ 15''$$
$$45' \ 18'' = 101° \ 19' \ 30''$$
$$45' \ 32'' = 101° \ 23' \ 0$$

Milieu : $$101° \ 21' \ 55''$$

Cette longitude a été confirmée par un grand nombre de distances lunaires prises avec un excellent sextant de Ramsden, elle
est presque la même que Cassini avait déduite de quelques satellites observés par Alzate (*Voy. en Californie*, p. 104), mais un
mémoire de Alzate lui-même, imprimé en 1786, dit que vingt-cinq
observations du premier satellite ont donné 100° 30', seulement,
plusieurs personnes qui ont connu le Dr Alzate disent qu'il n'était
pas souvent fort exact dans les recherches du temps vrai.

La longitude d'Acapulco par le chronomètre réglé à Guayaquil
a été trouvée de 102° 28'; par des distances lunaires, 102° 10'. Les
Anglais mettent Acapulco à 104° 0 (2).

J'ai aussi observé des satellites dans ce climat affreux d'Aca-

(1) Delambre avait cru devoir supprimer ici une vingtaine de lignes relatives à la position de Mexico et d'Acapulco, dont il se bornait à transcrire les
longitudes. Buache s'était plaint à Delambre de cette suppression et, dans
sa réponse du 16 frimaire an XII, Delambre avait transcrit le texte tronqué.
C'est grâce à cette lettre de Delambre, retrouvée par M. G. Marcel au
département des Cartes de la Bibliothèque nationale, que j'ai pu, *en l'absence
de l'original aujourd'hui perdu*, recompléter la lettre de Humboldt.

(2) « Voilà, mon cher confrère, disait Delambre à Buache en terminant sa
copie, tout ce que renferme la lettre de M. Humboldt sur la géographie. Je ne
vois point Acapulco dans la *Connaissance des Temps*, de l'an XII. Mexico y
est à 102° 25′45″, par conséquent un degré environ trop à l'ouest. Salut et
amitié. »

pulco, mais Jupiter était trop près de la conjonction. En outre du grand nombre d'observations que j'ai faites dans l'intérieur des terres, depuis la mer du Sud jusqu'au Mexique, j'ai déterminé aussi plusieurs points au nord-est vers Actopan et Totonilco.

Je pars dans trois jours pour les parties du nord vers Guanaxato ou les mines produisent plusieurs millions de piastres par an. J'ai commencé l'analyse des eaux des lacs du Mexique qui contiennent beaucoup de carbonate de soude et de muriate de chaux, du gaz hydrogène sulphureux...

J'ai dessiné un plan très curieux qui offre en profil la coupe du terrain depuis la mer du Nord jusqu'à celle du Sud, indiquant les élévations du sol, les vraies distances en longitude, jadis incertaines à 30 ou 40 lieues ; l'élévation à laquelle croît telle ou telle plante, par exemple, les chênes, les sapins, le *Yucca filamentosa*... J'ai continué ici les travaux minéralogiques, ceux de l'analyse de l'air, sur l'hygrométrie... Je me flatte que nous rapporterons des matériaux très précieux... Vous connaissez l'immense activité de mon compagnon le citoyen Bonpland ; je puis me flatter que notre herbier est un des plus grands qui aient été rapportés en Europe. Nos manuscrits contiennent plus de 6.000 descriptions d'espèces ; j'ai fait un grand nombre de dessins de palmiers, de graminées et d'autres genres rares ; nous rapportons plusieurs travaux sur l'anatomie comparée, beaucoup de caisses d'insectes, de coquilles. Nous prouverons au public ce que deux hommes peuvent faire lorsqu'ils ont de l'activité et de l'énergie ; mais le public voudra bien ne pas oublier, de son côté, qu'il est impossible que deux personnes soient capables de produire, d'exécuter ce que l'on a vu faire dans d'autres expéditions à des sociétés de gens de lettres, réunies aux frais du gouvernement.

J'ai envoyé à l'Institut National, comme une faible marque de ma reconnaissance, de Carthagène des Indes, deux caisses contenant plus de 100 dessins enluminés des plantes de M. Mutis, un travail sur le genre *Cinchona*, des os de l'éléphant carnivore de Suache à 1.300 toises de haut ; de Guayaquil, par le cap Horn, une collection de produits volcaniques de la province de Quito, surtout du Chimborazo, sur lequel, le 23 juin 1802, nous avons porté des instrumens à 3.015 toises de hauteur (400 à 500toises plus haut que La Condamine au Corazon), voyant baisser le mercure à 13 p. 11,2 lignes ; le froid n'était que 1°3 R. et l'air n'y contenait que 0,20 d'oxigène, tandis que 2.000 toises plus bas, il y en avait 0,285. Cette collection de Quito est arrivée à Cadix, à ce que nous avons appris, sur la frégate *la Guadeloupe*, et je ne doute pas que M. Herrgen, directeur du cabinet minéralogique de Madrid, ne l'ait remise à l'ambassadeur de la République. Je viens d'envoyer une quatrième caisse de minéraux du Mexique, adressée à l'Institut National par la voie du citoyen Coissin, qui part d'ici pour un des ports de France. Daignez me rappeler à la mémoire de cette illustre société e' '. supplier de vouloir bien agréer avec bonté les faibles marques de mon attachement respectueux.

Je vous ai marqué plusieurs fois que la longueur de nos courses dans les Andes, l'état de nos instrumens, le manque de toute communication avec l'Europe et la crainte de risquer le grand nombre de manuscrits et dessins que nous possédons, m'ont fait abandonner le projet des Philippines. Je ne l'ai abandonné que pour le moment ; car j'ai encore bien des projets sur les Grandes-Indes, mais je veux premièrement publier les fruits de cette expédition. J'espère être auprès de vous au commencement de l'année prochaine ; il me faudra au moins deux ou trois ans pour digérer les observations que nous rapportons. Je ne parle que de deux ou trois ans, ne riez pas de mon inconstance, de cette *maladie centrifuge* dont madame X... nous accuse, mon frère et moi. Tout homme doit se mettre dans la position dans laquelle il croit être le plus utile à son espèce, et je pense que moi, je dois périr ou sur le bord d'un cratère, ou englouti par les flots de la mer ; telle est mon opinion dans ce moment, après cinq années de fatigues et de souffrances ; mais je crois bien qu'en avançant en âge et jouissant de nouveau des charmes de la vie d'Europe, je changerai d'avis. *Nemo adeo ferus est, ut non mitescere possit.*

Le vomissement noir (*vomito negro*) fait des ravages affreux à la Havane, à Vera-Cruz, depuis le commencement de mai. Je ne pourrai descendre de ce côté qu'au mois de novembre. Ayez la bonté de faire présenter mes respects aux citoyens Laplace, Lalande, Chaptal, Berthollet, Fourcroy, Vauquelin, Desfontaines,

Jussieu (1), Ventenat (2), Guyton, Cuvier (3), Hallé (4), Adet, Lamarck (5), et à tous ceux qui m'honorent de leur souvenir.

Mille amitiés et respects à la famille des. . (6) J'embrasse de cœur et d'âme mon ancien et cher ami le citoyen Pommard, etc.

A. H.

XLI (7)

A FREIESLEBEN (8)

Près de Bordeaux, sur le bateau. En hâte. 1er août 1804.

Mon cher Charles,

Je suis heureusement de retour en Europe après une absence de

(1) Antoine-Laurent de Jussieu (1748-1836), membre de l'Institut, professeur au Muséum, le célèbre auteur de la *Méthode*.

(2) Étienne-Pierre Ventenat (1757-1808), botaniste et voyageur, membre de l'Institut, etc.

(3) Georges Cuvier (1769-1832), professeur au Muséum et secrétaire perpétuel de l'Académie des Sciences. On trouvera plus loin plusieurs lettres inédites à lui adressées par les deux Humboldt.

(4) Jean-Noël Hallé (1754-1822), professeur de physique à la Faculté de Médecine et membre de l'Institut.

(5) Jean-Baptiste-Antoine Monet de Lamarck, membre de l'Institut, professeur au Muséum, l'illustre fondateur du *Transformisme*.

(6) Le nom est resté en blanc.

(7) J'avais traduit, pour l'insérer ici, une lettre d'Alexandre de Humboldt à son frère Wilhelm, datée de Washington, 10 juin 1804, et que l'on trouve imprimée tout au long aux pages 306-310 du tome Iᵉʳ déjà cité des *Memoiren*. J'ai renoncé à publier la traduction de ce morceau, dont l'auteur professe des théories sur l'humanité qui sont en contradiction complète avec tout ce que nous savons des sentiments de Humboldt, plusieurs de mes correspondants d'Allemagne m'ayant assuré que cette lettre est considérée comme apocryphe par tous les hommes de science qui se sont occupés de la biographie de l'illustre voyageur. J'avais d'ailleurs constaté sans peine que pour faire accepter les morceaux apocryphes, on avait reproduit à la suite des parties de lettres antérieurement écrites à son frère par Alexandre et qu'on a pu lire plus haut.

(8) J. Löwenberg : *Alexander von Humboldt, sein Reiseleben in Amerika und Asien.*) K. Bruhns : *Alexander von Humboldt, eine Wissenschaftliche Biographie.* Leipzig, Brockhaus 1872, in-8. Bd. I. s. 396-397.) Cette lettre et celle qui porte plus haut le numéro X sont aujourd'hui précieusement conservées à Dresde par M. le conseiller privé docteur Freiesleben, petit-fils du destinataire,

cinq ans. Il y a deux heures que nous sommes entrés dans la Garonne. La traversée de Philadelphie a été extrêmement heureuse en
27 jours. J'ai quitté Mexico en février et je suis venu de la Havane
dans l'Amérique du Nord où le président du Congrès, Jefferson, m'a
comblé de témoignages d'honneur. Mon expédition de 9,000 milles
dans les deux hémisphères a été d'un bonheur peut-être sans
égal. Je n'ai jamais été malade, et je suis mieux portant, plus fort,
plus laborieux, même plus gai que jamais. Je reviens avec trente-
cinq caisses, et je suis chargé de trésors botaniques, astronomiques
et géologiques; il me faudra des années pour publier mon grand
ouvrage. Tu seras surtout intéressé par les dessins des couches
des Andes, fondés sur 1100 mensurations, faites par moi-même,
par un atlas botanique et par une Pasigraphie géognostique (de
nouveaux signes pour toutes les formations). J'ai eu de la peine
à quitter ce monde indien, si splendide; mais l'idée de me rapprocher de toi, de t'embrasser un jour de nouveau (de déterrer avec
toi l'or au Katzenfels), a un attrait infini pour moi. Dès que la
quarantaine sera finie, j'irai à Paris, pour commencer mon travail,
surtout les calculs astronomiques. Je ne sais, mon cher Charles,
quand je te reverrai. Mes amis sont dispersés en Espagne, en
Italie, etc. J'ai peur du premier hiver, tout est si nouveau pour
moi, il faut tâcher de m'y reconnaître. Mais l'idée seule de me
savoir sauvé est consolante. Mes souvenirs à tes chers parents, au
petit Fritz, à Fischer, à Werner (mon estime pour lui grandit
chaque année, dans mes voyages dans l'hémisphère sud j'ai pu
éprouver et approuver son système). Où prendre le temps pour
écrire à tout le monde?·Salut à Böhme et à tous nos vieux amis.

                                                   Ton H.

Au Mexique, j'ai souvent parlé de toi avec del Rio, qui s'est
marié.

Je possède un morceau de platine naturelle, de 2 onces, de cette
grandeur (suit un croquis). Le sable de platine est entremêlé
d'hyacinthes, de basalte et de graviers de *Porphirschiefer*.

Adresse tes lettres à Paris chez M. Chaptal, ministre de l'Inté-

---

qui veut bien m'assurer qu'Alex. de Humboldt n'a pas écrit d'autre épître à son
ami pendant son séjour au nouveau monde.

rieur : dis-moi quels livres géognostiques je dois lire, et tiens-
moi au courant des idées nouvelles de Werner. Je ne sais où
l'excellent Buch se trouve actuellement, transmets-lui mes meilleurs souvenirs.

A. HUMBOLDT.

XLII

A KUNTH (1)

A bord de la Favorite près Bordeaux, en quarantaine, ce 3 août 1804.

Mon digne et respectable ami,

Retourné après six années d'absence sur le sol de l'Europe,
échappé aux dangers qui sont inévitablement liés à des voyages
lointains, je profite des premiers momens de mon arrivée pour
vous donner la nouvelle de mon existence et pour vous réitérer
les assurances de mon tendre attachement. Je connais trop la
bonté de votre âme sensible à l'amitié, pour ne pas oser me flatter
que ces lignes vont répandre la joie dans votre âme, et dans le
petit cercle des amis qu'après une si longue absence je puis encore
avoir à Berlin. La fortune ne s'est pas lassée de me seconder dans
la grande expédition que nous venons de finir, MM. Bonpland,
Montufar et moi. Après avoir passé deux mois délicieux aux États-
Unis, à Philadelphia, Baltimore et surtout à Washington où
M. Jefferson et les premiers magistrats de la République nous ont
traités avec la bienveillance la plus signalée, une navigation de
29 jours nous a portés des bouches du Delaware à celles de la
Garonne.

Nous y avons mouillé le 1er avril et nous y sommes en quarantaine qui, d'après les égards qu'on me marque en ce pays, ne pourra
pas être de longue durée, d'autant plus que la fièvre jaune ne
régnait pas encore en Nord-Amérique quand nous partimes. J'ai

---

(1) J. Löwenberg, op. K. Bruhns, *op. cit.* Leipzig, Brockhaus, 1872, in-8°.
Bd. II, s. 398-399.

35 caisses de collections avec moi, que j'acheminerai pour Paris, où je dois consulter les savans et les collections. J'ai le désir le plus vif de voir mon frère que je suppose à Rome où vraisemblablement je passerai l'hiver (1). Il y a cinq ans que je n'ai pas vu une ligne de vous. Hélas! mon bon ami, m'avez-vous tout à fait oublié? Cela ne [se] peut pas. Ecrivez-moi à Paris, maison de M. de Luchesini, aussitôt possible. Votre santé, vos finances, votre tranquillité; vous savez combien tout m'intéresse qui a rapport à vous.

J'avais tiré sur vous, il y a un an à peu près, 10.000 piastres en faveur de M. Murphy à Cadix. Ayez la grâce de m'écrire si cet argent a été payé, parce que, en ce cas, M. Murphy me doit encore 6.000 piastres. Je vous supplie aussi de me donner avec le courrier prochain un résumé de l'état actuel de mon bien et des revenus, tout court et s'il se peut en français, et sur un papier séparé (sans réflexions) et signé de votre nom, parce que ce papier pourra m'être utile dans des affaires que je fais. Je m'occupe en ce moment beaucoup de mes finances (2). D'ailleurs, je ne dois rien à personne, au contraire j'ai 6.000 piastres à Cadix, si M. Murphy a été payé.

Je suppose que vous n'interpréterez pas mal le mot « sans réflexions » dans une lettre séparée. Vous savez que toute réflexion, tout conseil de votre part me sera infiniment précieux, mais l'état que j'ose vous demander doit être visible.

Je suis plus robuste, plus gros, plus actif que jamais. D'ailleurs, vous et moi, mon bon ami, nous nous faisons vieux. Ecrivez-moi bien au long. Vous savez combien je vous aime, combien mon âme est pénétrée de reconnaissance pour vous. Vous savez que la petite célébrité dont je jouis est en grande partie votre ouvrage et je vous crois assez sensible à la gloire, pour n'y être pas indifférent.

Je vous embrasse de cœur et d'âme,

A. HUMBOLDT.

(1) Il ne partit pourtant à Rome que le 12 mars 1805.

(2) « Je pensais aujourd'hui (13 juin 1803 en Mexique), écrivait Humboldt dans une note que Löwenberg nous a conservée, je pensais que jusqu'au retour d'Europe j'aurai mangé 8 000 Thlr. du capital sans compter ce que je gagne par la littérature. J'aurai de capital en 1804 vraisemblablement 75.000 Thlr. » Les livres de Künth allaient lui apporter quelque mécompte. La feuille qu'a transcrite Löwenberg montre que le voyageur ne trouva plus à son retour qu'un capital de 58.500 thalers rapportant 2.854 thalers, soit un peu plus de 8.550 francs de rente.

Je partirai aussitôt que possible pour Paris, où vous aurez la bonté de m'écrire chez M. Lucchesini (1). Écrivez-moi sur Minette (2), les Hafton et le *Rittmeister* (3) que je salue tendrement.

XLIII

AU RÉDACTEUR EN CHEF DU JOURNAL DE BORDEAUX (4)

A Bordeaux, ce 24 thermidor an XII
(12 août 1804).

L'auteur de la lettre de Baltimore parle de mes travaux d'une manière trop avantageuse, pour ne pas l'accuser d'un peu de partialité pour ma personne. Quant aux faits, je dois y relever une erreur qui pourrait se répandre dans d'autres gazettes. Je ne suis pas parvenu à la cime du Chimborazo, mais, favorisés par des circonstances heureuses, nous montâmes jusqu'à 3.031 toises de hauteur, c'est-à-dire à peu près 3000 pieds plus haut que jamais on a porté des instrumens dans les montagnes. Ce fait a déjà été publié dans une des lettres que j'ai adressées à l'Institut de France.

L'article de Baltimore dit aussi que j'étais venu aux Tropiques, *renonçant* à l'aisance que me procurait ma propre fortune comme aux faveurs dont le gouvernement espagnol m'honorait particulièrement. Cette phrase mène à des idées inexactes. Il est connu que je ne suis venu à Madrid l'an 1799 qu'afin d'y solliciter la permission de la Cour pour faire à mes propres frais des recherches dans les vastes colonies soumises à l'Espagne.

Cette permission m'a été accordée avec cette libéralité d'idées qui caractérise notre siècle, et à laquelle on doit le progrès rapide des connaissances humaines. Sa Majesté Catholique inté-

(1) Ministre de Prusse à Paris.
(2) Minette était, dit une note de J. Löwenberg, « aus dem königlichen Cabinet's Archiv. »
(3) Chef d'escadron.
(4) Reproduit dans la *Gaz. Nat.* ou *Monit. Universel* du 2 fructidor an XI (20 août 1804) n° 332, p. 1463.

ressée au succès de mon expédition, a daigné m'honorer de la
protection la plus magnanime, et c'est en *profitant* de cette faveur,
qu'elle m'a continuée pendant cinq années de courses dans l'Amé
rique espagnole, que j'ai pu faire des observations dont quelques-
unes peut-être seront dignes de fixer l'attention des physiciens (1).

Agréez, monsieur, etc.

HUMBOLDT.

XLIV

AU ROI FRÉDÉRIC-GUILLAUME III (2)

Paris, 3 septembre 1804.

Très honoré et puissant Roi !
Très gracieux Roi et Seigneur !

Après une absence de huit ans de ma patrie, échappé aux dangers, qui menacent dans les Tropiques la santé des Européens, je
crois que c'est mon premier et mon plus sacré devoir de déposer
aux pieds de Votre Majesté mon dévouement le plus profond. La
protection généreuse des sciences, l'influence de douces lois, et
la recherche libre de la société et de la justice ont élevé la monarchie prussienne au commencement du dix-neuvième siècle au plus
haut point de bonheur moral et de gloire extérieure. Ne puis-je
oser espérer que le fondateur de ce bonheur, que Votre Majesté
daignera regarder avec bienveillance une entreprise, par laquelle
j'ai cherché, durant cinq ans de sacrifices et avec le concours de

(1) Bernadau écrit dans ses *Tablettes* à la suite du dernier jour complé-
mentaire de Fructidor (*Bibl. de Bordeaux. ms.* 713) : « Il y a environ six ans
qu'un seigneur prussien nommé Humboldt passa au Pérou pour y faire des recherches relatives à l'histoire naturelle. La Cour d'Espagne favorisa ses projets. Il vient maintenant de les terminer et a passé ici il y a quelques jours
pour se rendre à Paris avec de superbes recueils de tous genres, produit de
ses pénibles et rares travaux. Il va en publier le résultat et le monde savant
attend des choses précieuses sur un pays curieux et peu connu des Européens. »

(2) Frédéric-Guillaume III (1770-1840) monté sur le trône de Prusse depuis 1797.

toutes mes forces, à être utile à l'histoire naturelle et à l'ethnographie?

Après un voyage de 9.000 lieues dans l'Amérique du Sud et
dans la Nouvelle-Espagne, et après un court séjour à Washington
et à Philadelphie, je suis enfin, il y a quelques semaines, arrivé
heureusement à Bordeaux. Je suis occupé à réunir les caisses que
j'ai envoyées séparées de la mer du Sud en Espagne et de séparer
mes collections de celles de mon compagnon de voyage Bonpland
(savant français, que j'ai emmené à mes frais). Ayant parcouru
pendant des années les chaînes de montagnes les plus élevées du
monde, *las Cordileras de los Andes*, je puis me vanter de posséder
beaucoup de produits minéralogiques qui n'existent dans aucune
collection européenne. Indifférent à toute possession personnelle
et convaincu que de telles raretés ne seront jamais mieux placées
que dans l'excellent musée minéralogique de Votre Majesté, je
commence tout de suite à les ranger soigneusement et à les remettre, dans des caisses bien installées, au ministre d'état Luchesini. Je serais bien heureux si Votre Majesté daignait accepter
cette collection de produits mexicains et péruviens, comme faible
témoignage de mon profond dévouement, et d'ordonner gracieusement qu'ils doivent être expédiés par une voie sûre à Berlin.
Malheureusement le nombre de ces caisses ne pourra être très
grand, parce que ma petite fortune particulière et la cherté de
voyages aussi longs, m'ont forcé de me contenter des objets les
plus importants.

L'objet le plus rare et le plus admiré à Paris, que j'ose naturellement aussi présenter à Votre Majesté, est un morceau de platine trouvé en 1801 dans le Choco, et qui pèse plus de 16 onces,
1354 gros au juste ; or le plus grand morceau actuellement en
Europe ne pèse que 40 gros. J'attendrai l'occasion sûre d'un
courier, pour le déposer aux pieds de Votre Majesté. J'enverrai
au jardin botanique royal de Berlin, que Votre Majesté a si généreusement embelli, dans peu de temps, une collection de semences
fraîches, que j'ai recueillies moi-même dans les deux hémisphères.

Après une si longue absence, je souhaite vivement de retourner
dans ma patrie, pour vivre à Berlin, continuellement, pour les
sciences, sous la protection bienfaisante d'un gouvernement sage

et paternel, et pour m'occuper de la publication de mes manuscrits et dessins sud-américains. Mais le désir naturel et humain
de revoir à Rome mon frère, le seul survivant de ma famille, après
cette longue séparation, et la peur, bien fondée, de détruire complètement ma santé, habituée à la chaleur tropicale, par l'influence
subit d'un hiver de l'Allemagne du Nord, me donnent le courage
de demander que Votre Majesté daigne me permettre de passer
l'hiver, qui commence, dans l'Italie du Sud.

Au retour de la chaleur estivale, rien ne pourra me retenir de
rentrer dans ma patrie, et peut-être aurai-je alors l'honneur
d'exprimer en personne à Votre Majesté les sentiments de mon
plus profond dévouement, avec lequel je suis le très dévoué serviteur de Votre Majesté royale.

ALEXANDRE HUMBOLDT.

XLV

A MESSIEURS LES PROFESSEURS, ADMINISTRATEURS
DU MUSÉUM D'HISTOIRE NATURELLE (2)

A Paris, le 27 frimaire, an XIII, (18 décembre 1804).

Messieurs,

La bienveillance généreuse avec laquelle vous avez daigné
recevoir les collections de dents fossiles des Andes, celle des
crânes de différentes tribues Indiennes, le Cinchon et les dessins
coloriés de plantes de Saint-Fé (que nous avons osé vous offrir
M. Bonpland et moi), me font espérer que vous voudrez bien
excuser la liberté que je prends de vous adresser ces lignes.

Quoique dans l'expédition que nous venons de terminer nous
ayons fixé notre attention sur des travaux très hétérogènes, nous
croyons cependant pouvoir nous flatter d'avoir rapporté un des

(1) Je dois la communication de cette pièce et de la réponse du Roi imprimée plus loin à la bienveillante intervention de M. le ministre des Affaires
étrangères auprès de la Chancellerie de Berlin. L'une et l'autre sont inédites.
(2) Renvoyé à M. de Jussieu pour faire un rapport. (Voy. plus loin, App. III).

herbiers les plus considérables que les voyageurs ont fourni à
l'Europe. Cette collection, en outre d'avoir été décrite sur les lieux
et de contenir un grand nombre de genres nouveaux, a encore
l'avantage de ne pas présenter un seul objet dont on ne puisse
indiquer la hauteur à laquelle il croît au-dessus du niveau de
la mer.

Nous avons le désir, M. Bonpland et moi, de déposer un herbier
de plus de six mille échantillons, qui sont autant d'espèces différentes, contenus en quarante-cinq caisses, parmi les richesses que
vous conservez dans votre Musée. Qu'il serait glorieux pour nous,
si après avoir examiné cet herbier, vous le jugiez digne de fixer
votre attention et de le recevoir comme une faible marque de
l'attachement respectueux et de la reconnaissance dus aux bontés
dont vous avez daigné m'honorer pendant une longue suite
d'années. Je connais trop votre manière libérale de penser pour
oser vous supplier de nous permettre l'usage et la publication des
nouvelles espèces de cette collection.

Mais si vous daignez agréer l'offre que je hazarde de vous faire,
j'ose en même tems en appeler à vos bontés pour un objet qui
m'intéresse infiniment au point de vue moral. Si mon expédition a
eu quelque succès, une très grande partie en est due à M. Bonpland
qui, élevé pour ainsi dire dans votre établissement, a marché
sur les traces de ses maîtres. Nous avons recueilli ensemble les
plantes que nous rapportons, j'en ai dessiné un grand nombre, mais
c'est M. Bonpland qui seul en a décrit plus de quatre cinquièmes,
c'est lui seul qui a formé l'herbier que nous rapportons. Lié avec
lui par l'amitié la plus tendre, j'ose vous supplier de vouloir bien
le recommander à la générosité du Gouvernement qui récompense
les travaux entrepris pour le progrès des sciences. Les fruits de
notre expédition paraîtront sous le nom de M. Bonpland et le
mien, et peut-être le Gouvernement daignerait-il s'intéresser à un
voyage qu'ont exécuté des personnes qui appartiennent à deux
nations étroitement liées sous tant d'autres rapports ! Peut-être
daignerait-il agréger M. Bonpland comme naturaliste voyageur
du Jardin des Plantes !

Si quelque chose pouvait ajouter à la reconnaissance que je dois
à un pays, dans lequel on m'a honoré d'un intérêt aussi général
que peu mérité, ce sera la bienveillance avec laquelle vous

voudrez bien, messieurs, recommander mon ami à Son Excellence M. le ministre de l'Intérieur qui, dès les premiers jours de son ministère, m'a fait éprouver la grande libéralité de ses sentimens.

Daignez agréer les assurances de la haute vénération et de l'attachement respectueux avec lesquels j'ai l'honneur d'être, Messieurs, votre très humble et très obéissant serviteur,

ALEXANDRE DE HUMBOLDT.

A Paris, le 18 décembre 1804.

Comme je dois partir sous peu pour l'Italie, je regarderais comme une grande faveur tout ce qui peut accélérer les succès de ma prière.

(*Arch. du Mus.*, séance du 20 frimaire an 13.)

XLVI

A. J. FR. COTTA, ÉDITEUR A TUBINGUE (1)

Paris, 21 janvier 1805.

Vous me pardonnerez, plein de bienveillance, de répondre si tard à votre excellente lettre. Ce retard n'a pas eu d'autre cause que le désir de compléter la relation abrégée d'un de mes manuscrits de voyage, pour vous l'envoyer. Malheureusement je vois qu'il est impossible de la terminer rapidement avant mon départ de Paris et je n'attendrai donc pas plus longtemps pour vous remercier de vos excellens sentimens à mon égard. Avec qui pourrais-je mieux entrer en relation qu'avec vous qui êtes l'ami de mes amis? Mon voyage est dédié à Schiller, une raison de plus de vous associer. Je serai à Berlin à la fin de l'été prochain et je travaillerai alors à la publication de huit ou neuf ouvrages différens, semblables cependant sous le rapport du format et des planches. J'ai employé très utilement mon tems ici. Je suis déjà très avancé. Beaucoup de planches sont bien gravées. Mais vous

---

(1) L'original allemand m'a été très obligeamment communiqué par la succession de Cotta, grâce à l'aimable intervention de M. le professeur von Stockmayer, de Stuttgart.

savez combien il est difficile de rédiger les manuscrits de cinq années d'expéditions. J'en suis *seulement* à mon premier ouvrage : « Essai sur la géographie des plantes contenant le tableau physique des régions équatoriales », magnifique in-folio de 6 à 7 feuilles de texte français et allemand, pour lequel j'ai traité avec Schœll. Je suis libre pour tout ce qui suit. A cet ouvrage feront suite : 1° Deux volumes d'observations et de mesures astronomiques ; 2° le voyage abrégé, d'après le mémoire que j'ai lu à l'Institut, 20 à 25 feuilles ; 3° le premier volume des voyages mêmes... Mes sacrifices pécuniaires ont été grands, je suis décidé à faire une nouvelle grande expédition. Je ne suis donc pas tout à fait indifférent à quelques compensations. Nous nous entendrons facilement, fixez seulement en quelque sorte des honoraires de fond et nous partagerons les bénéfices, défalcation faite de ces honoraires. Sans avoir jamais été en relations avec vous, je savais déjà sur la chaîne des Andes que nous nous associerions. Ecrivez seulement à Rome à l'adresse de mon frère. J'ai promis à Schœll l'édition *française* des observations astronomiques et des voyages abrégés, mais non les voyages mêmes. Un atlas de planches accompagnera les voyages. Comme les cuivres doivent être les mêmes pour les deux éditions, vous devriez vous charger des deux éditions ou bien nous nous entendrions avec Schœll. Je préférerais même cette dernière manière, Schœll est un brave homme et je désirerais qu'il publiât tous mes ouvrages à Paris. De tout cela décidez vous-même. Ne vous étonnez pas que je ne vous apporte pas l'essai sur la géographie des plantes. Je pensais que le texte pour la grande planche n'atteindrait pas quatre feuilles. Il les a dépassées et j'ai dû aller au plus simple. Je sais bien que les conditions ne peuvent être aussi avantageuses pour les observations que pour les voyages abrégés ou complets. J'ai la plus grande confiance en votre caractère et je ne doute pas que nous ne nous associions. Acceptez l'assurance de mon affection et de ma considération distinguée. Je partirai peut-être dans quatorze jours de Paris pour Rome.

Votre

HUMBOLDT.

Puis-je obligeamment vous prier d'insérer les extraits ci-joints dans la *Litterat. Zeitung ?*

XLVII

A DELILLE (1)

[Paris ..... 1805] (2).

Je désirerais, dans mes recherches sur la géographie des plantes, avoir quelques notions exactes sur le nombre des plantes phanérogames (en excluant les cryptogames) que l'on peut supposer dans l'Égypte actuelle. A qui pourrais-je mieux m'adresser qu'à vous, monsieur, qui avez épuisé la Flore de ce pays, que je pense être une vallée très dépouillée de végétaux? Pensez-vous que l'Égypte, depuis Syène jusqu'à la mer, et en comptant les vallons boisés rapprochés de la mer Rouge que vous n'avez pas tous pu parcourir, renferme plus de 1.000 plantes phanérogames?

C'est ce nombre qui existe dans ma triste patrie, les environs de Berlin. Je n'ignore pas que la Flore de Candolle renferme 3.400 espèces phanérogames, mais cette Flore s'étend aussi sur les Alpes, les Pyrénées, le Jura, le Piémont. Ce serait une nouvelle marque de votre bienveillance pour moi, monsieur, que de me donner quelques conseils sur un fait qu'il m'importe de connaître. J'ose aussi vous faire une seconde question sur les plantes communes aux deux Continens (3). Michaux cite dans sa Flore 123 es-

----

(1) Adresse : *A Monsieur Delille, Membre de l'Institut et de la Commission d'Égypte.*

— Le botaniste Alyre Raffeneau Delille, alors âgé de vingt-sept ans, avait été nommé à son retour d'Égypte sous-commissaire des relations commerciales de la République française à Wilmington.

(2) L'original de cette lettre, qui vient de la collection Joly, appartient à M. Christophe, professeur à Toulouse, qui m'en a très obligeamment envoyé la copie.

(3) Michaux cite aux États-Unis *Veronica arvensis, V. serpyllifolia, V. anagallis, V. officinalis, Circæa alpina, Myosothis scorpioïdes, Gentiana Pneumonanthe, Parnassia palustris, Sedum palustre, Caltha palustris, Menyanthes trifoliata, Nymphæa alba* et *lutea, Leontod. tarax, Berberis vulgar.*, et ce qui m'étonne beaucoup *Castanea vesca, Sorbus aucup. Fagus sylv. Juniperus communis, Taxus baccata.* Ces cinq arbres ne seraient-ils pas introduits ?

Entre les Tropiques de l'Amérique nous n'avons trouvé que 5 à 6 graminées de l'Ancien Continent et quelques plantes aquatiques. (H.)

pèces dont 18 graminées. Vous en aurez vu plusieurs dans vos excursions ? Daignez me dire si l'identité vous paraît bien constatée de la plupart. Il ne me paraît pas probable qu'elles ayent été disséminées par hazard par les Européens.

Je vous prie, mon cher monsieur, d'agréer l'hommage de ma haute considération.

HUMBOLDT.

Ce vendredi, Quai Malaquais, 3.

XLVIII

A WILDENOW (1)

Paris, 1er février 1805.

... Malgré le pêle-mêle de mes propres affaires, je trouverai le temps de faire tes commissions. J'irai aujourd'hui moi-même chez Dupetit-Thouar, qui est un homme bien raide. C'est infiniment dommage que ton bon génie ne t'ait pas conduit, cette année, à Paris, au lieu de t'envoyer à Trieste. Tu aurais eu ici l'herbier de Bonpland et le mien, ceux de Lamarque et de Jussieu à ta disposition. Tu aurais choisi toi-même ce qui aurait pu t'être utile. Vahl a fait ainsi, car par correspondance tu n'obtiendras rien des gens d'ici.

Nous envoyons, mon bon Wildenow, avec cette lettre, une petite caisse avec les semences recueillies dans l'Amérique du Sud et au Mexique. Beaucoup d'entre elles ont pris racine à la Malmaison, et j'espère qu'elles en feront autant à Berlin.

Je fais à présent imprimer ici : 1° *Tableau physique des régions équinoxiales*, 2° le premier fascicule des *plantes équinoxiales* avec de superbes eaux-fortes, 3° *Observations de zoologie et d'anatomie comparée*, 4° *Observations astronomiques et mesures exécutées dans un voyage aux Tropiques*.

Tout cela sera publié en même temps en allemand...

(1) Löwenberg, *ap.* Bruhns, *op. cit.*, Leipzig. Brockhaus. 1872, in-8°. Bd. I, s. 407.

XLIX

A M. A. PICTET

Paris, 3 février 1805 (1).

Mon respectable ami,

Je me hâte de vous donner la liste des travaux que nous avons rapportés, et qui sont tellement achevés que, même au cas de ma mort, ils pourraient être publiés plus ou moins imparfaitement. Pour la commodité du public, et surtout pour celle de la rédaction, je pense publier onze ouvrages différens.

1° *Plantes équinoxiales*, fol. — Nous avons plus de 6.000 espèces, dont vraisemblablement 15 à 1.800 nouvelles. Trois fascicules sont déjà prêts ; le premier paraîtra en mars chez Levrault. M. Bonpland a l'idée de publier aussi en planches coloriées la monographie des mélastomes, la cryptogamie des tropiques, les graminées...

2° *Nova genera et species plantarum æquinoctialium*, in-8° ; la description de toutes nos planches, en latin ; sans planches, à publier en deux ans.

3° *Essai sur la géographie des plantes*, contenant un tableau physique des régions équinoxiales. On l'imprime actuellement, 10 à 12 feuilles grand in-4°, plantes, animaux, vues géologiques, décroissement du calorique, électricité, hygrométrie, composition chimique de l'air, culture du sol, lumière, réfraction horizontale, décroissement de la gravitation, limite des neiges à différentes altitudes, eau bouillante, hauteurs comparatives d'Europe, enfin tout ce qui peut être présenté en nombres, l'ensemble de mes recherches physiques.

4° *Relation abrégée de l'expédition*, 25 feuilles in-4°. — Les mémoires lus à l'Institut, extrait de tout le voyage (à publier en été).

5° *Observations astronomiques et mesures géodésiques*, 1 vol. — Trois cens lieux déterminés par des satellites, distances lunaires,

---

(1) On a imprimé 1804 dans le *Globe*. En février 1804, Humboldt et Bonpland étaient encore à Guayaquil.

chronomètres; beaucoup d'observations manuscrites des marins espagnols, qui n'ont jamais été publiées ; cinq cens hauteurs barométriques que Prony calcule. Le Bureau des longitudes fait examiner les observations (à publier cette année).

6° *Observations magnétiques.* — Mes observations d'inclinaison, de déclinaison et intensité, comparées aux observations d'autres voyageurs. Ce volume va être publié par Biot et moi ensemble.

7° *Pasigraphie géologique.* — Manière de présenter pasigraphiquement l'ensemble de nos connaissances sur la situation des montagnes, avec planches.

8° *Atlas géologique.* — Les coupes du Mexique, des Andes, le volcan de Zorullo (à graver en couleur en Angleterre), fol.

9° *Cartes fondées sur des observations astronomiques* et des opérations faites sur les lieux ; la carte géologique de toute l'Amérique, la carte générale du Mexique, celle de la rivière de la Magdelaine (en 4 planches), l'Orinoco, sa communication avec l'Amazone (avec un texte contenant des notes sur les fondemens de ces cartes), gravées en Angleterre. Carte de la température de l'Océan.

10° *Voyage aux Tropiques,* ou observations faites dans l'Océan Atlantique, l'intérieur du Nouveau Continent et une partie de l'Amérique du Sud (1799-1804); au moins 4 volumes in-4°, avec un atlas d'antiquités mexicaines, vue du Chimborazo, pyramide de Cholula.

11° *Statistique du Mexique,* un manuscrit tout fait. — Je viens d'en envoyer la copie au roi d'Espagne. Je doute qu'on ait quelque chose de plus complet sur la population, l'*area*, les finances, le commerce d'aucun pays d'Europe.

Tous ces ouvrages paraissent sous le nom commun de M. Bonpland et le mien, seulement en ajoutant aux n°s 1 et 2 *rédigé par le premier,* et aux n°s 3 à 11 *rédigé par le dernier.* Je le répète ; à l'exception des n°s 1 et 2, tous ces manuscrits et dessins existent dans un [tel] état, qu'on pourrait les publier tout de suite si l'on ne veut pas être délicat sur le style. N° 5 étant une fois rédigé, n°s 7, 8 et 9 peuvent à l'instant être gravés ; car n°s 7, 8, 9, 11, 3 et même 4 sont des manuscrits déjà tout faits. N° 10 existe en sept volumes manuscrits, écriture très serrée. Mais je veux que le voyage soit écrit de manière à intéresser des gens de goût. Il ne

contiendra que les résultats des nombres, tout ce qui a rapport au
physique du pays, aux mœurs, au commerce, à la culture intellectuelle, aux antiquités, aux finances et aux petites aventures des
voyageurs. Avec l'activité que vous me connaissez, je crois qu'en
deux ans à deux ans et demi, le tout sera débarqué ; car il me
tarde d'être purgé pour mieux dîner après. Je comptais, à Rome,
travailler à un prospectus général, annonçant tous ces onze ouvrages qui seront vendus séparément, mais du même format ; et
ce prospectus, il faut le faire en français, allemand, anglais, hollandais, espagnol et danois, car ce sont les six éditions que je sais
que l'on prépare.

Mais avant que ce prospectus paraisse, ne croyez-vous pas
qu'une carte de restaurateur, comme celle que je présente, pourrait exciter un libraire anglais ? Mais quoiqu'en lui promettant de
lui donner peu à peu le tout, il ne faudrait faire de contrat que
pour chaque ouvrage. Car n°s 3, 4, 8, 10 et 11 doivent se payer
plus cher que les autres. Je crois surtout que n° 3 (d'autant plus
que c'est le premier) sera très important. Le tout doit valoir
quelques milliers de livres sterling. Il y a donc à partager pour
tout le monde.

H.   .

Pour l'ordre de la publication il a fallu consulter deux intérêts,
l'un de ne pas se nuire à la réputation dans un moment que le
public m'honore d'une si grande attention ; et l'autre de ne pas
fatiguer le public par une impatience trop prolongée. Le premier
intérêt ordonne que n° 5 soit rédigé le premier ; car les nombres,
les relations quantitatives sont les fondemens de tous nos raison-
nemens. N°s 7, 8 et 9 ne peuvent être gravé[s] qu'après n° 5,
quoique, d'après ce que M. B[ouvard] a rectifié jusqu'ici des distances lunaires ; je vois que malgré les distractions du voyage, je
n'ai pas mal calculé. Cependant, pour amuser, en attendant, le
public, il faut publier quelque chose de général. Il y avait à choisir entre n°s 3 et 4. Je crois qu'il est plus philosophique de préférer de prendre la nature en grand, que de conter ses propres
aventures. Avec cela n° 3 indique ce que j'ai fait ; cet ouvrage
prouve que mes travaux ont embrassé l'ensemble des phénomènes
et surtout n° 3 parle à l'imagination. Les hommes veulent *voir* et

je leur montre un microcosme sur une feuille. Je crois donc que la charlatanerie littéraire s'est rencontrée ici avec l'utilité de la chose.

Je désirerais bien que vous pourriez entrer en cette affaire et faire des notes aux traductions. Votre nom donnerait à cette entreprise un grand poids en Angleterre, d'autant plus que vous avez vu les manuscrits et les dessins. Si dans une de vos lettres à Londres vous parliez de ma carte de restaurateur ; il serait peut-être bon aussi d'envoyer une belle gravure déjà faite, par exemple la *Prêtresse mexicaine*. Mais il faudrait en faire cadeau à sir Joseph Banks ou à l'*Antiquarian Society*, pour ne pas risquer qu'on nous la vole pour la graver clandestinement. Vous pourriez aussi insinuer que je m'étais proposé de faire ici une édition pour le Nord-Amérique, où j'ose dire qu'entre le parti antifédéraliste il règne un certain enthousiasme pour mon expédition, comme le prouvent toutes les gazettes de ce pays-là. Le débit aux États-Unis serait très grand, et si l'on y voulait des souscripteurs (méthode qui d'ailleurs ne me paraît pas des plus délicates), MM. Jefferson, Madison, Galatin, Whister, Barton, etc., en procureraient un très grand nombre. Une édition anglaise devrait, par conséquent, être au moins de 4.000 exemplaires.

HUMBOLDT.

(A Rilliet, *loc. cit.*, p. 158-163.)

L

A FRIEDLANDER

[Paris], 16 février [1805].

... Ma vie est ici aussi laborieuse que triste ; depuis que je suis de retour en Europe j'ai commencé plus de choses que je ne serai en état d'en faire. Trois de mes ouvrages sont à l'imprimerie, naturellement en allemand et en français. Je dis *naturellement*, car j'ai appris à ma stupéfaction qu'en Allemagne courait le bruit que je *faisais traduire* mon ouvrage en allemand. Un tel bruit vient d'un

mauvais cœur. Je crois que j'écris actuellement l'espagnol le plus
couramment ; mais je suis assez fier de ma patrie pour écrire en
allemand, si mauvais qu'il soit (1)...

LI

A M. A. PICTET (2)

De l'Institut, pendant la séance du lundi 4 mars 1805.

Hélas ! mon cher ami, tous mes projets se sont changés ; je ne
passe pas par Genève. Je vais avec la diligence de Lyon directement au Mont-Cenis; j'ai eu des lettres de mon frère qui me
force[nt] à une grande hâte. Vous savez trop ce que c'est que les
voyages pour m'en vouloir du mal. Mais je dois absolument
avoir avant une grande conférence avec vous sur nos intérêts.
Pourrais-je venir *mercredi* matin chez vous avant neuf heures? Je
ne pourrai pas dîner chez madame Gautier. Nous croyons partir
vendredi. D'ailleurs, les diligences sont encore toutes libres.

Je crois qu'il serait le plus aisé de vous faire parvenir peu à peu
les feuilles imprimées; car les copies de manuscrits s'altèrent trop.
De grâce, accordez-moi quelques momens d'audience soit mercredi, soit jeudi, à huit heures du matin. J'en ai très besoin.

HUMBOLDT.

(1) Löwenberg. Ap. Bruhns, *op. cit.* Leipzig, Brockhaus, 1872, in-8°. Bd. I.
s. 407-408.

(2) A. Rilliet, *loc. cit*, p 69-1164.
Au dos de cette lettre, dit M. Rilliet, petit-fils de Pictet, et éditeur de cette
correspondance, au dos de cette lettre, le professeur Pictet (qui se trouvait
alors à Paris) a écrit de sa main la note suivante : « Dans la conférence qui
a eu lieu entre Humboldt et moi à la suite de la lettre ci-contre, il a été convenu que je me chargerais de faire la traduction anglaise de son ouvrage,
avec notes; que le manuscrit serait vendu à Londres et le produit, déduction
faite des frais à Genève, partagé par tiers entre lui, Bonpland et moi. Il voulait
me donner la moitié; je ne l'ai pas voulu. Il me fera expédier de Paris les
feuilles du texte à mesure qu'elles se tireront. Je ferai faire, par un ami à
Londres, marché pour le manuscrit, volume par volume. Nous demanderons
200 l. st. pour le premier, de 7 à 8 feuilles in-4°, intitulé *Essai sur la géographie physique des plantes*, contenant un atlas physique des contrées équinoxiales. »

LII

A KARSTEN (1)

Paris, à l'École Polytechnique, 10 mars 1805.

Tout ce que je possède en minéraux vous est destiné. L'emballage a pris beaucoup de tems, mais j'espère que vous serez content de l'envoi.

J'ai confié sept grandes caisses à M. Luchesini. Vous ne serez pas étonné du peu que je vous envoie, vous qui connaissez la difficulté et la chèreté des transports dans les Cordillères, qui savez que la guerre a dispersé plus d'une de ces caisses, et que j'ai cédé la moitié de mes collections à mon généreux compagnon de voyage, M. Bonpland ; vous qui savez encore que j'ai traîné derrière moi pendant plus de deux ans, sans interruption, mainte caisse, et que j'ai été exalté pendant cinq ans, mais que jamais on ne m'a secouru — que nous avons rapporté plus de 60.000 spécimens de plantes (6.300 espèces nouvelles), et combien c'est pénible d'observer, de dessiner et de collectionner tout à la fois, enfin avec quelle facilité on jette, dans un moment de mauvaise humeur, ce que l'on a gardé péniblement pendant des mois.

Mais si cette collection géognostique est petite comme nombre, je la crois d'autant plus importante pour le progrès de la science. Je puis énoncer pour chaque exemplaire la hauteur en toises, sa couche et son gisement. Il n'existe du reste rien, dans aucune collection, du Chimborazo, du Cotopaxi et du Pichincha ; et bien des choses, qui vous paraîtront indifférentes au premier abord, gagneront en intérêt quand vous aurez lu mon traité. Vous trouverez en même temps dans les caisses des médailles en or, de vieilles statues mexicaines et un tableau, fait avec des plumes. J'ai cherché à rendre les étiquettes aussi intéressantes que possible. Oserai je vous demander de bien vouloir communiquer les

(1) J. Löwenberg, *op.* Bruhns, *op. cit.*, Leipzig, Brockhaus, 1872, in-8° Bd. I, pp. 408-409.

doubles à M. Klaproth, et d'assurer ce grand homme de ma profonde considération? Peut-être pourrez-vous encore, pour un certain temps, conserver cette petite collection à part, et ne pas la mêler avec la grande collection européenne? Cela serait très important pour moi quand je publierai mon ouvrage, car je n'ai gardé pour moi pas un morceau. Je pars demain pour le Mont-Cenis, pour y faire des expériences chimiques avec M. Gay-Lussac, et ensuite j'irai à Rome.

Au bord de la lettre on lit : « Ma santé est meilleure que jamais. Je travaille avec plus d'effort que jadis, mais j'espère que mes travaux seront plus mûris que les anciens. Je me prépare pour un voyage dans le nord extrême de l'Asie, qui sera très important pour la science de la force magnétique et pour l'analyse chimique de l'air. Mais je ne le ferai que dans deux ou trois ans (1). L'empereur a donné une pension de 1.000 thalers à mon compagnon de voyage (2). Le but principal de mon séjour ici était celui d'obtenir cette pension pour lui. Le grand morceau de platine, que le comte Hake a emporté, est certes déjà dans vos mains. »

LIII

A VAUGHAN (3)

Rome, 10 juin 1805.

Mon digne et respectable ami,

Je tente cette fois-ci la voie de Livourne pour vous donner un signe de vie et pour vous répéter les assurances de mon tendre attachement. Quand, dans ma dernière datée de Paris (et adressée à M. Pichon) (4), je vous annonçai, à vous et à la respectable Société qui a daigné me recevoir parmi les siens, que je comptais vous adresser en un mois le petit cadeau des deux premiers volumes

---

(1) C'est le voyage de 1829.
(2) Voy. plus loin les pièces concernant cette pension de Bonpland.
(3) John Vaughan, membre de la *Philosophical American Society* de Philadelphie et trésorier de cette Compagnie.
(4) Cette lettre est perdue.

de mes ouvrages, je ne me doutais pas que même aujourd'hui je viendrais encore les mains vides. La gravure est si lente qu'il n'y a encore que le premier volume de mes *Plantes équinoxiales* d'achevé. On ne me l'a pas encore envoyé de Paris et j'attends la fin de l'impression de mon *Tableau physique des régions équatoriales* pour les adresser à vous, au respectable président et à M. Barton (1), dont la mémoire m'est restée chère à jamais. Qu'a-t-il fallu? Vous, vos amis et ce superbe pays que vous habitez et qui présente un si beau tableau moral. Pour en être séparé, vous verrez pourtant que, dans mes écrits, je reviens sur les États-Unis. C'est une passion en moi que de les louer — et quand, quand serai-je de nouveau avec vous? Quand pourrai-je m'enfoncer dans ces immenses régions de l'ouest pour lesquelles M. Jefferson (dans sa nouvelle place) (2) serait plus en état de procurer des secours que jadis? Je n'ai pas perdu ces espérances. J'ai de vastes projets, mais il faut deux ans de repos pour publier ce que je possède aujourd'hui. J'ai beaucoup travaillé à Paris ; j'ai lu neuf mémoires à l'Institut, que l'on imprime. Je ne vous envoie pas mes mémoires sur le magnétisme et l'analyse de l'air, l'un avec Biot, l'autre avec Gay-Lussac, vous les aurez vus dans le journal de Lamétherie. J'ai été depuis faire des expériences comparatives à celles des Andes au Mont-Cenis, à l'ex-république de Gênes...

Je jouis depuis deux mois du bonheur de vivre avec un frère qui brûle du désir de vous être utile. Je vais d'ici à Naples et je compte me trouver en septembre en repos à Berlin. Le roi m'y a appelé pour l'Académie qui est un hôpital délabré. On m'y comble de bontés ! J'y serai autant que cela sera utile pour ma publication, puis j'ai des projets du Missury, du Cercle polaire et de l'Asie. Il faut profiter de sa jeunesse et puis mourir en citoyen de Fridonia! Ce n'est que lorsque je serai à Berlin que je vous serai un correspondant utile. J'ai déjà ouvert la souscription pour les *Transactions* de votre Société et en arrivant en Allemagne je vous donnerai de bonnes nouvelles. M. Montufar (3) est à

(1) Benjamin-Smith Barton, médecin et naturaliste, l'un des vice-présidents de la Société.

(2) Thomas Jefferson (1743-1826), président de la République des États-Unis depuis 1801. (Voy. plus haut, p. 170).

(3) Et non Montusor, comme a imprimé La Roquette. Il s'agit de M. de

Madrid où le Prince de la Paix (1) m'a fait de belles promesses
pour lui ; M. Bonpland a 3.000 francs de pension de l'Empereur
et la moitié de toutes mes publications. Il est resté à Paris et y
est très aimé. Je ne vous parle pas de l'accueil que j'y ai trouvé,
moi. La ville est aussi intéressante que jadis, mais. . . . . .
' Le domestique mulâtre et Cachy (le chien) sont sur le retour à
Cumana. Voilà toute notre histoire. M. Turpin travaille beaucoup pour moi et mourrait pour cela de faim comme tous les
gens à talent. Dites mille et mille choses de ma part à toutes les
personnes qui m'ont comblé de bontés aux États-Unis. Je ne puis
pas prendre une gazette entre les mains sans sentir combien on
me veut du bien dans votre beau pays. Commencez à saluer l'aimable et savant M. Barton, le bon M. Wistar, MM. Peale, Hare,
Mease, Woodhouse, Pierre Butler, Robert Patterson, Ellicott,
Dʳ Tollon, M. Miflin (2).....

Mille respects, si vous leur écrivez, au président (3) et aux
grands hommes d'État, MM. Gallatin (4) et Madison (5). N'oubliez
pas M. Smith (6) et l'ingénieux docteur Thomson (7) à Washington,
Fothergill (7)..... et le quaker M. Samuel Read, à qui je dois tant
de politesses, etc., etc.

M. Pictet fait une traduction anglaise de mes ouvrages que
l'on imprime en Angleterre. Pouvez-vous faire imprimer aux

Montufar, qui accompagna Humboldt au Chimborazo et revint avec lui en
Europe.

(1) Le prince de la Paix, nommé, comme Humboldt, *foreign member* de
l'*American Philosophical Society*.

(2) Cospar Wistar et Robert Patterson vice-présidents, James Woodhouse,
Andrew Ellicott, conseillers, C.-W. Peale, Robert Hare, curateurs, James
Mease, etc., membresde la Société.

(3) Thomas Mifflin « Governor of the Comm on wealth for the time bing »
ancien « patron » de la Société.

(4) Albert Gallatin (1761-1849) génevois établi en Pennsylvanie, homme
politique et financier célèbre, auteur de nombreux mémoires parmi lesquels
nous citerons le *Synopsis of American Indian Tribes*, et fondateur de la
Société américaine d'Ethnologie.

(5) James Madison (1751-1836), ami et collaborateur de Jefferson, avec
lequel il fonda le parti républicain, et qu'il remplaça comme président en
1809.

(6) Le colonel James Smith (1720-1806), un des signataires de la déclaration
d'indépendance.

(7) John Fothergill (1712-1780), médecin et botaniste anglais, créateur des
jardins d'Upton.

États-Unis le prospectus ? J'en publierai sous peu un plus grand.

Salut et respect,

ALEXANDRE HUMBOLDT.

(Cf. La Roquette, *Corresponl. inéd.*, t. I, p. 182-585.)

LIV

A AIMÉ BONPLAND

A Rome, ce 10 juin 1805 (1).

Que vous êtes aimable, mon bon et tendre ami, de m'écrire si souvent et d'une manière si intéressante, mais qu'il est triste d'être dans un pays où les couriers vont si lentement qu'il faut quarante jours pour demander et recevoir une réponse ! J'espère qu'à la fin vous avez eu de mes lettres d'ici, surtout les notes que je vous ai envoyées sur le quinquina et qui peut-être vous ont été intéressantes. Je réponds à vos dernières lettres des 20 et 28 floréal. Vous saurez par mon antérieure que vos lettres adressées à Turin sont aussi enfin arrivées, de sorte que je crois qu'aucune ne manque. Il a fait ici le même froid que chez vous. J'ai un rhumatisme dans le bras que le grand Médecin croit scorbutique. Cela m'incommode un peu, et rend ma jolie petite écriture encore plus intéressante. Depuis trois jours le thermomètre est à 27 et 28 degrés R., et je commence à me porter mieux. J'ai beaucoup ri de la lettre de Née (2). Citez-le donc aussi souvent que vous pouvez et avec éloge. Faites-vous une liste des gens qu'il faut louer perpétuellement, et louez à la fois Née, Zéa (3), Mutis, Cavanilles, Sessée (4), Pavon et Ruiz et Tafalla et

---

(1) *Bibl. de la Rochelle*, manuscrit 617, f° 236. Publiée très fautivement et sans note aucune par La Roquette. (*Op. cit.*, t. I, p. 176.)

(2) Luis Nées. (Voyez plus haut, p. 111, n. 1.)

(3) Francisco-Antonio Zea, élève et continuateur de Mutis, successeur de Cavanilles à Madrid en 1804.

(4) Martin Sessé (1762-1804), médecin et botaniste, directeur de la mission scientifique envoyée, en 1787, à la Nouvelle-Espagne par Charles IV, et fondateur du jardin botanique de Mexico.

Olmedo (1). J'en agis ainsi dans mes manuscrits, et il faut que les vôtres soient en harmonie avec les miennes, car nous en faisons un corps, et je veux que l'on sache que nous ne nous déclarons pour aucun parti. Je vous conjure de répondre à Pavon plein d'amitié; il serait désagréable d'avoir des affaires avec eux et nous pouvons l'éviter. Si vous voyez les neveux de Née, enfans d'un cocher, faites-leur quelque politesse en mon nom; faites-les dîner chez un restaurateur ou achetez-leur quelque chose *à mon compte*. Cela ferait plaisir à l'oncle et nous paraîtrions moins aristocrates que Ventenat (2) dont Née se plaint. Quant à la *Satira* que l'on a dit se fabriquer, peut-être est-elle une belle invention de M. Zéa. Il faut l'éviter, mais en rire, si cela se fait. Je serai très content si M. Zéa me traduit, mais il pourra se contenter des premiers exemplaires. Il serait imprudent de lui envoyer des feuilles, et personne ne le préviendra avec la lenteur espagnole. Quant à Pictet, ayez la grâce d'en [faire] souvenir Schöll. Je lui ai envoyé par le dernier courrier deux tiers de la traduction allemande, et je l'ai sommé encore une fois d'envoyer les épreuves (les feuilles) à Pictet pour la traduction anglaise. J'avais fait beaucoup dessiner ici. Il y a des peintres qui de mes plus petites esquisses font des tableaux. On a dessiné le Rio de Vinagre (3), le Pont d'Iconozo, le Cayambé (4),... J'ai aussi trouvé chez Borgia un trésor, un manuscrit mexicain dont je publierai plusieurs planches. J'en ai déjà fait graver ici (5).

Je vous ai mille grâces de la bonté avec laquelle vous corrigez mes manuscrits. Ce n'est pas un travail agréable, mais vous êtes si bon, et il n'y a que vous qui lisez bien ce que je griffonne. Je suis très content de ce que vous faites graver le *Chreirantostemon*. N'oubliez pas de mettre, comme Cavanilles, *Corizocar*, Auctore... *Cervantes*.

J'ai bien ri de l'histoire de Pavon. Je ne sais pas pourquoi il a pris tant au tragique ce qui ne pouvait guères me blesser.

---

(1) Voy. plus haut, les notes des pages 124, 148, 149 et 155.
(2) Étienne-Pierre Ventenat (1757-1808), botaniste, membre de l'Institut.
(3) *Vues des Cordillères*, pl. 30.
(4) *Ibid.*, pl. 4, 42.
(5) C'est le célèbre *Codex Borgia*. — Cf. *Vues des Cordillères*, p. 89 et pl. 13, 27, 37.

Si encore on avait dit que je n'étais pas savant, mais dire qu'un autre l'est autant, cela ne blesse pas. Dites à M. Pavon combien je suis sensible à ces bontés et combien ce procédé fait d'honneur à sa délicatesse.

Hélas ! Votre argent muriaté, vous me l'offrez. Il serait beau à moi de ne pas l'accepter. Mais non, je l'accepte, car le morceau est digne d'un cabinet royal, et je saurai vous *dédommager*. Mais, mon cher Bonpland, vous devez pousser votre générosité plus loin. Il faut, il faut que vous me donniez sept à huit insectes coléoptères. J'ai un ami, le comte de Hagen, qui se tue pour cette vermine. Il possède un très grand cabinet, mais pas un seul coléoptère du Pérou. Voyez donc avec Pavon si vous ne pourriez pas me procurer quelques insectes de leur voyage, sept, huit, douze, et je serai content. M. Schœll se chargera de la boete pour me l'envoyer à Berlin, et je saurai vous *dédommager* en livres, cryptogames. Je promets à d'autres sans tenir parole ; je n'agis pas ainsi envers vous, cher Bonpland. Je me réjouis que vous faites des Mémoires, que vous êtes membre de l'École de Médecine, Philomatique. Si vous voulez, je vous ferai recevoir ici aux Arcades. Cela vous coûtera 40 francs, et on vous donne[ra] un nom grec et une cabane en Grèce ou en Asie Mineure. Je m'appelle Megastene d'Ephèse, et j'ai une terre tout près du Temple de Diane... Vous me demandez des notions sur les maladies cutanées. Comme si vous n'en saviez pas plus que moi ! Et puis je suis ici sans livres. Il ne faudra pas s'avancer beaucoup dans la partie d'histoire naturelle descriptive. Il suffit d'autant plus de décrire les *genres*, qu'il y a certainement beaucoup d'espèces très différentes qui font le mal. Je crois bien que l'*Acarus sanguisugus* est le Gorapati ? Le *Nuche* du petit Derceux est le *Œstrus humanus* de Mutis. Sans doute que Cuvier croit que le *Mosquito* est le *Culex pipiens*, mais j'en ai fait des espèces différentes. Voici mes descriptions sur lesquelles vous pourrez consulter Duméril ou Cuvier.

Sanjudo. Culex cyanopterus Humb. *Abdomine fusco piloso annulis 6 albis notato, alis cæruleis ciliatis, pedum extremitate atro-fusca, annulis albis variegata. Hab. locis paludosis, ad maris littora et ad fluvios Americ. Australis.* Il disparaît à la Havane quand le thermomètre descend à 8-9 degrés R. *Thorax fusco-ater pilosus. Abdomen superne fusco-cærulescens, annulis 6. — Cistum*

alæ cærulea nitore submetallica venis virescentibus sæpe pulveru-
lentis. Pedes fusci, cruribus hirsutis, extremitate nigriores, annulis
4 niveis. Maris antennæ pectinatæ. Les mâles sont très rares.

Culex lineatus. Humb. *Violaceo-fuscescens, thorace lineolis late-*
ralibus argenteis longitudinaliter notato. Alæ virescentes. Abdo-
men annulis sex. Pedes posteriores cruribus albis extremitate alba.
Thorax fuscus et quocumque latere linea argenteo-alba inferiusque
maculis argenteis notatus. Sanjudo : Hab. Rio de la Magdalena
Tamalameque.

D'ailleurs vous parlerez bien de l'antagonisme des fonctions de
la peau et du système gastrique et qu'aux Tropiques on vit plus
et trop dans la peau.

Je pourrai vous remplacer le morceau de fer natif. J'en ai
encore. Pressez Thénard pour l'analyse du quinquina, et saluez-le
bien comme Biot, pour lequel je fais des extraits pour la seconde
édition de sa belle astronomie. Dites-lui que nous vivons jour et
nuit dans les expériences magnétiques, que les flux et reflux
horaires de l'aiguille sont très marqués, et que Gay-Lussac et
moi nous donnerons un travail étendu là-dessus, sur lequel l'in-
génieuse théorie de Biot pourra très bien s'appliquer.

Quoi le *Cuspare* publié ! Fi ! c'est bien vilain à vous de pouvoir
croire un moment que je le savais. A quoi aurait servi cette sin-
gerie ? Comment pouvais-je le savoir ? Et sans doute que Willdenow
n'en parle pas dans ces dernières lettres, parce qu'il vous l'aura
dit dans quelque lettre perdue. Sur mon honneur je n'en ai pas
su un mot, et, au fond, j'en suis *content*. Vous avez le plus beau
genre, le genre le plus intéressant, le genre le plus souvent cité
qu'un botaniste peut avoir. Votre vilaine Bonplandia (Cavanille) ?
peut à présent se détruire. Les morts ont tort, et vous pourriez
publier vous-même les *Hoitzia* et ce *Bonplandia* de Willdenow. La
plante n'en est pas la nôtre. Je m'en réjouis si fort que vous ayez
ce genre, que je veux même y avoir quelque mérite, et effectivement je me souviens que de la Havane, j'écrivis à Willdenow que
je lui permettais de décrire quatre, cinq de nos plantes, sous la condition qu'il vous dédierait un genre, chose qui me ferait beaucoup
de plaisir. Mettez-le dans le troisième fascicule et mettez au bas
de la gravure *Bonpl. trif.* (Willdenow *Act. ber.*), afin que l'on
voye au premier coup d'œil que ce n'est pas vous ou moi qui vous

faisons cette gentillesse à l'imitation de Ruiz ? Voyez si dans les feuilles de ma Géographie des Plantes, et dans la gravure où vous trouverez Cuspare, tout au bas vers le côté à droite, vous pourrez placer le nom *Bonpland trifol*, en effaçant le *Cusparia febrifuga*. Sinon ayez la bonté de mettre dans les *plantes æquinoxiales* au-dessous de *Bonpland trifol.* comme synonyme *Cusparia febrifuga* (Humb. *Géographie des Plantes*). Sans cela le public croira qu'il y a deux plantes.

Votre répartition des exemplaires : Jussieu, Desfontaines, Ventenat, Richard, Zea, l'Impératrice, l'Institut, votre père, vous-même, est très juste. Ajoutez un à Candolle, un à Pavon à qui je l'écris moi-même pour la paix générale, un à Willdenow que Schöll voudra bien envoyer, et je garderai deux à ma disposition à Paris, car je vous supplie de ne m'envoyer *qu'un exemplaire* pour mon frère, mais au plus vite ici. Car vous savez que cela fait plaisir de se voir accouché. N'en faudra-t-il pas donner de séparément à votre frère, ou se partage-t-il avec votre père ? Je vous conjure de me dire si Schöll n'a pas fait un titre pour le palmier seul, cela me donnerait la facilité de faire beaucoup, beaucoup de cadeaux, que je ne hasarde pas de faire avant cela. Engagez Schöll à ce titre séparé et marquez-moi le prix de cette monographie.

Écrivez-moi donc en quel état se trouve la gravure de la Géographie des Plantes? Vous paye-t-on au ministère? Comment vont vos finances?

La figure (1) du vieux Mutis, si vous la trouvez bonne, je la placerai quelque part dans mon voyage, car le fascicule lui est donc déjà dédié. Oui, Turpin (2) doit avoir un exemplaire, et dussé-je le payer, mais je chercherai de le demander à Schöll. En attendant donnez-le-lui.

Saluez notre petite femme (3), messieurs, et dites-lui de tra-

---

(1) Ce post-scriptum a été omis dans la copie de La Roquette (t. I, p. 182). — Le portrait de Mutis a paru en effet dans le premier volume des *Plantes équinoxiales*.

(2) Pierre-Jean-François Turpin (1775-1840), peintre botaniste, l'un des auteurs des planches des *Plantes Equinoxiales*.

(3) Madame Cauvain.

vailler aux bêtes ; je l'embrasse. Conz (1) me tue de lettres, il va
bientôt partir de Madrid. Gay [Lussac] et Kœlreuter (2) vous saluent.
Je vous embrasse.

LV

A M. A. PICTET

Naples, 1er avril 1805.

Échappé au grand tremblement de terre du 26 juillet qui a
endommagé la plupart des maisons de Naples, je me hâte de répondre, mon digne ami, à la lettre amicale dont vous avez bien
voulu m'honorer en date du 17 juillet. Comment puis-je être
assez reconnaissant de l'intérêt que vous montrez pour une
affaire qui vous prépare de nouveaux embarras, au milieu du
trouble d'occupations qui vous environnent déjà? Mais vous êtes
tout aussi aimable que bon et aussi bon qu'actif et zélé pour le
bien de vos amis! Ce que vous m'annoncez de nos gens de Paris
n'est fondé que dans la crainte panique qu'un hasard puisse faire
tomber les feuilles en d'autres mains. J'ai enfin gagné sur eux et
M. Schœll me promet catégoriquement de vous envoyer les feuilles.
MM. Levrault et Schœll sont de très honnêtes gens dont je n'ai
qu'à me louer. Ils paient très exactement et ils viennent de s'unir
à M. Cotta, de Tubingen, libraire très riche en Allemagne (3), pour
faire avec lui en commun les éditions françaises et allemandes.
Cette union m'a donné une grande facilité et plus de sûreté pécuniaire.

Le premier cahier des *Plantes équinoxiales*, in-fol., vient de paraître. Les deux autres ouvrages, *Tableau physique des régions équatoriales* et *Observations zoologiques*, deux volumes in-4° sont presque
aussi achevés. Nous leur donnons des titres généraux : *Voyage
de MM. H. et B.*, vol. I et II. Le troisième contiendra les mesures
pour lesquelles le voyage de Prony m'a un peu retardé, le quatrième, le précis abrégé ; le cinquième, la statistique du Mexique,

(1) Karl-Philipp Conz (1762-1821), professeur de philologie classique à
l'Université de Tubingue.
(2) Joseph-Theophilus Kœlreuter (1733-1806), botaniste allemand célèbre.
(3) Voy. plus haut, lettre XLVI, p. 177

du sixième au neuvième, les Observations ou le grand voyage même. C'est ainsi que les parties vendues séparément pourront cependant faire un tout pour les bibliothèques. Je me flatte que cet arrangement vous plaira. Je crois que le volume astronomique, la relation du voyage et la statistique du Mexique seront tous trois au jour jusqu'à juin 1806. Car arrivé une fois en repos (à Berlin, commencement d'octobre), cette horrible situation de repos, en fatiguant mon esprit, l'excitera doublement à finir cette ancienne besogne pour en entreprendre une nouvelle.

Mon séjour en Italie avec Gay Lussac, et récemment avec l'excellent géologue M. de Buch, qui est venu me joindre, m'a été d'une grande utilité pour la publication de mes travaux. J'ai commencé à voir plus clair sur bien des objets, surtout sur les volcans. Quoique, comme j'ai écrit l'autre jour à Paris, cette colline du Vésuve [n']est auprès du Cotopaxi qu'une astéroïde allemande auprès de Saturne, elle est d'autant plus instructive qu'accessible. Nous avons aussi coulé à fond quelques autres objets. *La torpille*, qui ne meut pas les électromètres, n'a pas la tension de la pile, mais ressemble plutôt à des bouteilles de Leyde. La tenez-vous par une main, vous sentez des secousses. Interposez une plaque de métal, vous ne sentez rien. On dira que les pôles + et — sont à côté les uns des autres au même côté de l'organe électrique. Mettez l'autre main sur le dos de la torpille, vous aurez des secousses. Placez-la entre deux plats dont les bords se touchent et vous ne sentez rien en touchant ces plats des deux mains. On dira que les pôles + et — E de la surface intérieure se mettent en équilibre avec les pôles + et — E de la surface supérieure de l'organe au moyen des plats métalliques qui se touchent. Mais je demande pourquoi dans ce cas le pôle + de la surface inférieure ne se neutralise pas par son pôle voisin, pourquoi ce passage d'une surface à l'autre? Une goutte d'eau nous a servi pour décharger les deux côtés des organes, et cependant l'animal donne ses coups sous l'eau; il se charge au milieu de ce fluide conducteur.

L'eau de mer. — Elle contient près de 0,3 d'oxigène dissous. La phosphorescence est le dégagement d'hidrogène phosphoré débrûlé par cet oxigène.

L'air de la vessie natatoire des poissons. — Elle ne contient pas un atome d'hidrogène comme on l'avait annoncé récemment.

En outre, Gay Lussac et moi, nous avons préparé un long Mémoire sur le Magnétisme, l'Inclinaison, l'intensité très différente
et *moindre* dans le Crater[e] qu'à Naples et sur les variations
horaires.

Nous avons fait ces dernières observations avec l'instrument
de Prony, qui est une lunette aimantée suspendue à un fil de
soie et pointant sur des divisions placées à 100 mètres de distance.
Ce jeu des petites marées magnétiques, dont nous ne nous aperce-
vons pas et qui peuvent avoir la plus grande influence sur d'autres
phénomènes, offre un objet d'observations aussi piquantes que
variées. Nos résultats sont assez différens de ceux de Cassini. Je
croyais devoir parler avant tout de ces faits pour vous consoler
un peu de la stérilité du reste de ma lettre.

Le docteur Marcet (1) a mis beaucoup d'amabilité dans l'intérêt
qu'il a bien voulu marquer pour notre affaire. Les réflexions des libraires Longman et Rees (2) sont très justes. Il n'est guère nécessaire
de traduire le tout tel que je le publie en français ; on peut donner des
extraits de la Zoologie (ne traduire, par exemple, que le mémoire
sur les Pimélodes, donner un aperçu de celui qui traite de la bouche
du crocodile). Il suffira de ne publier que les résultats des mesures barométriques, géodésiques et les positions astronomiques ;
pour le détail, on peut recourir à l'original. Mais je suis sûr que le
Tableau physique, la statistique du Mexique, le Voyage même avec
tant de belles gravures feront fortune en Angleterre. J'y compte
aussi l'Atlas géographique et les Profils. On pourrait donc répondre que l'on consent aux *compressions* et que les autres parties
font une sorte d'ensemble qui porte des titres généraux, *Humboldt's and Bonpland's Travels*, vol. I, II, III, et que le Voyage et la
statistique, que l'on croit la marchandise principale, pourraient
vraisemblablement paraître en moins d'un an (je veux dire soit le
Voyage abrégé, soit le 1er volume du grand Voyage.)

Pour ce qui est de traduire en Angleterre, l'idée me déplaît. Je tiens
beaucoup, qu'il y ait des notes de vous, mon tendre ami, et si l'on

(1) Alexandre-Jean-Gaspard Marcet (1770-1822), médecin génevois, établi à
Londres.
(2) Thomas-Nortman Longman (1771-1842), le troisième des célèbres éditions de ce nom, associé depuis 1794 à Owen Rees.

permet de se faire donner au public anglais en *consommé with compression*, on ne permet ces opérations chirurgicales qu'à des personnes dont on connaît et respecte les lumières. Avec cela, comment risquer d'envoyer un manuscrit français en Angleterre, vu l'abus qui pourrait en être fait? Si MM. Longman et Rees sont versés dans la littérature, ils ne peuvent pas ignorer non plus quel prix votre nom donnerait à cet ouvrage. Je ne puis entrer dans aucun marché général, c'est-à-dire sur les choses qui n'existent pas encore. Ma ferme résolution est de ne jamais plus fixer l'époque à laquelle doit paraître un ouvrage et toute souscription, d'ailleurs très profitable pour les libraires, devient par là impossible. J'ai assez blâmé Schœll qui, à mon insu, dans son prospectus, a fixé le tems où tel ou tel ouvrage devait paraître.

Je crois donc qu'il faudrait commencer courageusement à traduire le tableau physique et envoyer ce manuscrit orné de vos notes, avec la grande planche française, au Dr Marcet. J'ose vous prier de corriger directement dans le texte tout ce qui vous paraît directement faux, de sorte qu'il ne reste pour des notes que des additions ou des considérations. Cet ouvrage sera vendu *pas à moins de 100 à 150 livres sterling*. Je me flatte que la promesse qu'on donnerait au même libraire la traduction du voyage, et qu'il pourrait, sous ce point de vue, donner au tableau le titre général *Hts Travels*, vol. Ier, pourrait faire monter le prix de ce premier manuscrit assez haut.

La copie des gravures coûte du tems; il y en aura près de 40 à 45 in-folio. Voudriez-vous que je vous [en] envoie quelques-unes, afin que vous les envoyiez aussi à Londres, tant pour tenter le libraire, qu'aussi, afin qu'il voie qu'il faut s'y prendre d'avance, afin que son édition ne vienne pas de beaucoup plus tard que la française. Seulement faudrait-il avertir le Dr Marcet, combien de prudence il faut employer pour que ces gravures ne servent pas à autre chose qu'à l'édition anglaise. Si, au contraire, le libraire anglais voulait se contenter pour le coup de 300 à 400 exemplaires de ces gravures, je pourrais les livrer moi-même des 1.800 à 2.000 exemplaires que je tirerai pour les éditions allemande et française. Peut-être gagnerait-il en attendant le loisir de faire copier plus à son aise.

Je vous supplie de conduire tout cela entièrement d'après votre

propre jugement. Vous savez que nous déduisons les frais de traduction et de correspondance, et puis que le profit restant de cette
entreprise anglaise sera partagé entre vous, Bonpland et moi. Le
principal est que nous envoyions le premier manuscrit à Londres
et que nous le vendions bien. Vous y changerez tout ce qui vous
paraît trop local, trop en faveur de la France, trop peu chré-
tien, etc. Je prendrai des arrangemens [pour] que dans la suite le
manuscrit ou les feuilles imprimées vous parviennent plus promptement. Si vous écriviez quelques mots à M. Schœll (rue de Seine,
hôtel Rochefoucaut, faubourg Saint-Germain) pour le rassurer sur
les craintes qu'il a que ces feuilles puissent s'égarer! Cette lettre
produirait un effet très utile.

Adieu, très cher ami. Le tremblement de terre a fait périr dans
la province 7.000 à 8.000 personnes. Les villes d'Isernia, Bojano,
Cantalupo, sont détruites. A Cantalupo, la terre entr'ouverte a
poussé dehors des *pyramides* de sable mêlé de coquilles marines
brisées, phénomène semblable aux cônes de Moya qui ont paru
en 1797 dans la province de Quito.

M. Buch (1) vous présente ses respects et vous supplie de vouloir
bien vous charger de l'incluse pour madame Prévost (2), qui peut-
être se souvient encore de moi et qui voudra agréer l'hommage
de mon dévouement respectueux. Veuillez bien offrir les mêmes
hommages à madame Pictet. Mille respects à MM. Jurine, Seaussure, et mon maître, M. Deluc (3). Je compte partir de Rome le
3 septembre, passant par Florence, par Venise et Vienne, à
Berlin. Voudriez-vous m'adresser quelques lignes *poste restante* à
Vienne? A Berlin, mon adresse constante sera : « Au baron de
Humboldt, membre de l'Académie Royale, à Berlin, chez S. E. le
Ministre d'État, M. de Hardenberg. »

Et le théodolite? Et ma malle, vous est-elle arrivée? M. Thulis,
de Marseille, ne m'écrit pas, et j'ignore ce qui en est advenu,
quoique j'avais donné l'ordre d'adresser cette malle à madame
Pictet, afin que vous l'ouvriez.

(1) Le célèbre géologue Léopold de Buch, grand ami de Humboldt.
(2) Femme du peintre Pierre Prévost (1764-1823), célèbre par ses panora-
mas de Rome, de Naples, d'Athènes, etc. (Cf. *Briefe*, etc., s. 85.)
(3) Jean-André Deluc (1727-1819), physicien et géologue génevois.

Si vous voyez madame de Staël, dites-lui combien je suis glorieux de l'intérêt qu'elle veut bien prendre à mes travaux.

HUMBOLDT.

J'ai eu le plaisir de causer souvent de vous avec M. Thompson (?) dont la collection est infiniment intéressante.

(A. Rilliet, *loc. cit.*, p. 164-171.)

LVI

A SPENER, ÉDITEUR A BERLIN (1)

Heilbronn, 28 octobre 1803.

Très honoré ami,

L'itinéraire de mon voyage à Vienne et à Fribourg a été changé par la guerre. Comme j'ai fait reproduire une partie du Codex du Vatican, ainsi que celui des Borgia, j'aurais vivement désiré comparer aussi le Codex de Vienne avec le mien.

Mais j'ai évité l'Autriche à cause de mon ami et compagnon M. Gay-Lussac. Les sciences ne sont plus un palladium depuis que la guerre des Maharattes règne en Europe d'une façon ininterrompue.

Un séjour à Côme, avec mon vieil ami Volta, nous a un peu dédommagés. Mais la voie du Saint-Gothard ! Avec quelles ondées, quelle neige et quelle grêle les Alpes nous ont reçus ! Nous avons beaucoup souffert de Lugano à Lucerne. Même toute la Souabe était couverte de neige au commencement d'octobre. Et on prétend, sans doute par pure plaisanterie, que c'est là la zone tempérée ! Nous allons d'ici à Heidelberg et à Cassel, et comme je ne veux rester que peu de jours à Göttingen, si toutefois les Russes le permettent (2), j'aurai bientôt le plaisir d'être à Berlin. C'est là que je m'occuperai uniquement de mes travaux sur l'Amérique. Le second volume des plantes équinoxiales vient de paraître...

(1) Cf. Löwenberg, *ap* Bruhns, *op. cit.* Leipzig. Brockhaus, 1872, in-8° Bd I, S. 411.

(2) Un corps d'armée anglo-russe menaçait alors le Hanovre et depuis trois jours, Alexandre était à Berlin.

LVII

A GEORGES CUVIER (1)

Berlin, en 24 décembre 1805.

Rentré au sein de ma patrie, je me serais déjà hâté de vous écrire et de vous réitérer les assurances de mon attachement et de ma reconnaissance inviolable, si une indisposition, une maladie cutanée analogue à la rougeole, ne m'avait pas empêché de suivre ma correspondance. L'air boréal de ces déserts (*pars mundi damnata a rerum natura*, comme dit Pline) m'a très mal reçu. Je vois que j'aurai à me faire soigner beaucoup pendant cet hiver et ce qui m'éloigne le plus de mes projets, je devrai renoncer jusqu'au printems à la chimie pneumatique. Pour le moment cependant je me trouve rétabli et je sens que je travaille avec facilité. Mais, hélas! mon digne et respectable ami, que vous dirai-je de l'impression que me fait ce monde littéraire, cette Académie, après avoir vécu si longtemps à Paris et au milieu de vous? C'est le passage de la vie à la mort. Quel publique (*sic*), quel manque d'intérêt, quelle triste et ennuyeuse taciturnité! Que ne puis-je être une de vos Antilopes, pour exister au centre de cet établissement vers lequel mon imagination se porte malgré moi! Il n'y a que trois hommes ici qui ont un vif intérêt pour le progrès des connaissances humaines, Klaproth, Tralles (2) et Wildenow. Nous nous consolons mutuellement et nous nous demandons s'il faut que cela reste ainsi.

Mais vous avez été au delà du Mein et vous savez combien il est difficile de toucher aux formes. Avec cela je suis encore très neuf ici et il règne en Allemagne une certaine fureur contre tout ce qui est français, qu'on n'ose presque pas dire hautement ce que l'on pense dans son intérieur. Vous sentez combien tout

---

(1) *Bibl. de l'Institut.* — *Mss Cuvier*, carton J, liasse XI, n° 11.
(2) Johann-Georg Tralles (1763-1822), physicien hambourgeois, d'abord professeur en Suisse et nommé plus tard, au même titre, à Berlin.

cela est fait pour encourager. Cependant, pour me consoler, on
m'a fait... chambellan.

Je vous parle de moi et de ma patrie, parce que je sais que vous
m'aimez un peu. Ne craignez pas cependant que cet état de choses
me refroidira dans les travaux qui m'occupent. Non, je saurai,
avant de partir pour l'Asie, venir me chauffer au feu sacré dont
vous êtes le dépositaire. Les obstacles ne me découragent pas.
Aussi serais-je ingrat si j'osais me plaindre personnellement, le
Roi me comblant de bontés et de marques d'intérêt.

J'oserai vous adresser sous peu mon Mémoire sur les crocodiles
d'Amérique que je veux publier dans le second cahier de mes
Obs. de Zoologie, et vous supplierai de le corriger, d'y rectifier
avant l'impression tout ce qui vous paraît hasardé. J'ai eu occasion, en Italie, d'examiner beaucoup de crocodiles du Nil, mais il y
aura bien des choses que j'ai mal vues, et vous voudrez bien les
changer sans m'en écrire un mot. Je sais combien de tems on perd
en correspondance, et je ne le regarde pas comme une froideur
de votre part. Si vous ne m'écrivez pas, M. Bonpland pourra servir d'interprète de vos sentimens auprès de moi.

J'ose vous prier de dire quelques mots à M. Schœll sur les relations qu'il a avec moi. Il est d'une négligence si signalée en fait de
correspondance, qu'il me met par là dans le plus grand embarras.
Vous sentez de quel intérêt il doit être pour lui, pour moi, et
même pour le public, de hâter la publication de mes travaux, et
cependant en deux ou trois mois, je ne puis gagner de lui pas
une ligne. Se repent-il d'être entré en liaison avec moi, il n'a
qu'à me le dire clairement. Je ne puis cependant pas croire
qu'avec l'intérêt dont le public m'honore, un libraire puisse risquer avec mes ouvrages. Les plantes, du moins, ont fait une sensation agréable en Allemagne. On se plaint seulement de ne pas
pouvoir les acheter parce que M. Schœll en néglige l'expédition. Je
lis dans les gazettes que le second cahier a paru il y a deux mois
comme le premier cahier de la *Zoologie*, et moi, l'auteur, je ne les
ai seulement pas vu, mais je n'ai pas une ligne de M. Schœll, pour
excuser ce manque de délicatesse. Ce qui me gêne le plus en ce
moment est la question si je ne pouvais pas tout de suite publier
le premier volume du grand Voyage Historique abandonnant entièrement l'idée du Précis abrégé ou ne donnant celui-ci qu'à la

fin. J'ai demandé sur cela une question décisive depuis Rome, depuis Tubingue (où M. Cotta est de l'avis de ne pas me forcer au précis abrégé) et depuis Berlin. Pas une ligne de réponse sur trois de mes lettres ! ! (J'ai un contrat avec M. S[chœll] sur ce Précis, mais le contrat ne fixant aucune époque, je pourrais même le regarder comme dépendant de ma décision. Le grand voyage devant aussi paraître chez M. S[chœll].)

Les raisons qui m'engagent à ne pas écrire le Précis abrégé sont les suivantes : Il n'est pas utile de décrire son voyage après un long espace de tems, le public et l'auteur se refroidissant également.

Les raisons qui auraient rendu le Précis utile il y a dix mois, ne subsistent plus. Jusqu'à mai, 30 à 40 planches seront achevées pour l'Atlas et les calculs sont très avancés. Tout le monde me dit ici et on écrit la même chose d'Angleterre que le Précis fera du tort au Voyage s'il paraît *avant* le Grand Voyage. Plus tard je commence ce dernier, et plus je cours les chances de vie, maladie, nouveaux voyages, commission du Roi... chances qui sont toujours désagréables pour le libraire pour lequel 4 vol. in-4° du Voyage doivent être plus intéressans que les 15 feuilles du Précis. Oserais-je hasarder la prière que vous causiez à M. Schœll là-dessus, et que vous cherchiez à le persuader de me faire publier *le premier* le 1er volume du grand Voyage. J'attendrai avec impatience sa décision. J'ai l'opinion la plus fondée sur l'honnêteté du charactère de M. S[chœll], je l'aime trop pour me fâcher de lui, je voudrais qu'il ne me martyrisât pas avec un si cruel silence. Un mot de vous, mon digne ami, fera beaucoup dans cette affaire. Il excitera M. S[chœll] de se mettre en communication avec moi.

Excusez l'indiscrétion de ces lignes. Agréez, vous et madame Cuvier, et mademoiselle votre fille, les assurances de mon dévouement respectueux. Mille choses pour l'excellent Dumeril (1), Biot, Candolle, M. Desfontaines.

Humboldt.

Si M. Schœll désire en outre du 1er volume de mon grand Voyage, au lieu du Précis abrégé, un petit ouvrage, je pourrais lui offrir le Tableau politique du Mexique (la statistique) qui, sans

(1) André-Marie-Constant Duméril (1774-1860), anatomiste et zoologiste, ami et collaborateur de G. Cuvier.

doute, se vendra très bien dans les circonstances actuelles et qu'il m'est facile de lui donner en quelques mois.

LVIII

A M. A. PICTET (1)

Berlin, 3 janvier 1806.

J'ai été bien malade, mon cher et respectable ami, depuis la dernière que j'ai eu l'honneur de vous adresser. On a cru que ce serait la rougeole, qui tua beaucoup de monde ici : c'était une maladie cutanée qui en était bien près, une fièvre continuelle, un malaise. Vous voyez que le climat de la patrie ne m'a pas trop bien reçu. J'avais aussi mal aux yeux et c'est ce qui m'a empêché de vous écrire depuis si longtemps. Je suis parfaitement rétabli aujourd'hui et je vous promets que, fixé dans ce désert, notre correspondance sera moins lente. Les craintes que je vous marquai ont été fondées. Je n'ai pas pu me procurer votre lettre de Vienne; mais celle de Tubingen m'est arrivée et surtout celle qui contenait la préface datée du 29 octobre. Mais hélas ! cette dernière ne m'est parvenue que le 27 novembre. Il faut que le roi de Souabe s'amuse à laisser tenir la quarantaine à tout ce qui passe chez lui. Les postes du Midi de l'Allemagne sont dans une confusion affreuse; voilà deux mois que je ne vois pas une ligne de mon frère.

J'ai lié amitié étroite avec lord Harrowby (2), M. Hamond et lord Gower, (3) M. Pierpoint et toute la race diplomatique. Ils me croyaient tous francisé et ne pouvaient concevoir comme je parlais

---

(1) Cette longue lettre et l'autobiographie qui s'y rattache occupent les pp. 171 à 190 de la publication de M. A. Rilliet dans le tome VIII de la *Société de Géographie de Genève* (1868).

(2) Dudley Rider, baron Harrowby (1762-1847), accrédité à la fin d'octobre 1805 auprès des Cours européennes pour organiser la coalition contre la France. Il négociait alors à Berlin une alliance offensive et défensive avec la Prusse.

(3) George Hammond (1763-1858) et Laveson Gower, premier comte Granville (1773-1846), diplomates anglais.

assez facilement anglais et comment je savais manier la fourchette de la main gauche. Cette connaissance a été très utile pour la vente de mes ouvrages. Ils ont été assez contens de ma boutique, quoique le théâtre n'est plus si bien monté que vous le vîtes à Paris. Plusieurs décorations manquent et les acteurs se font vieux. Ma lettre pour le docteur Marcet, avec votre belle traduction de la préface, va partir incessamment, à ce que m'a dit M. Jackson (1). Le grand rouleau de gravures a trouvé des difficultés. J'apprends depuis, par Bonpland, que, lui, vient de donner plus de gravures que j'en possède ici à votre aimable voyageur, M. Deroche (qui passe à l'ennemi, sans doute en aérostat !) et cela me fait presque prendre le parti de reprendre le gros paquet chez M. Jackson.

En vérité, mon respectable ami, vous avez merveilleusement réussi à angliciser ma préface. Mais par la suite, cela vous prendra trop de tems. Il faudra faire traduire par un autre et vous contenter de corriger, de retoucher. Pour l'ortographe, je crois qu'il vaut mieux adopter l'ortographe espagnole, qui se trouve sur les cartes de Danville, d'Arrowsmith, dans les ouvrages de La Condamine. Il suffit de donner dans une seule note la règle de la prononciation. Je crois qu'il vaut mieux suivre l'usage et écrire de la même manière les endroits en français, en espagnol et en allemand. On doit dire *Kito*, *Logha*, proprement comme en Allemand, mais ne vaudrait-il pas mieux de continuer à écrire *Quito, Loxa ?* J'écris Cassiquiare, cependant il faut prononcer Cassikiare. Je crois qu'il ne faut pas trop réformer. Ne vaut-il pas mieux de risquer que l'on prononce Bonks que d'écrire Baenks? Au reste, mon respectable ami, je n'attache aucun prix à ces idées et vous ferez ce qui vous paraîtra le plus convenable. (2) On prononce Meghico, Chile, Chimborasso (presque Dchile, Dchimborasso), Guanaghuato (on écrit Guanaxuato,) Mechoacan (proprement Medchoacan), Pichincha (comme Pidchincha) ; mais, je le répète, je crois qu'une note suffit et qu'il serait bien odieux à l'œil de voir ainsi travestir l'ortographe. D'autant plus que pour être conséquent il faudrait écrire Meghico, ce que vous ne risquerez sans doute

---

(1) Sir George Jackson (1785-1861), chargé d'affaires du gouvernement anglais à Berlin et à Cassel.

(2) J'ai supprimé ici un court passage inintelligible, probablement mal copié par l'éditeur.

pas. Aussi la manière dans laquelle les Anglais prononcent Bordeaux prouvent qu'il n'est pas contre leur charactère de *plier* la prononciation selon l'ortographe. La Mission de Cuchivano se prononce Coudchivano. Dans l'édition française je continue avec Danville à l'écrire Cuchivano, au reste que les républicains disent Cūchivano. N'écrit-on pas *Cumæ*, quoique Virgile prononçait sans doute *Coumæ?*

J'ai écrit une lettre très aimable à M. Marcet pour ne pas gâter nos affaires. J'aurais pu d'ailleurs me plaindre de l'énorme indélicatesse de ces messieurs Longman et Rees, qui m'envoient des conseils de lire des ouvrages qu'ils supposent ne pas m'être connus, quand je les ai eus en mains vraisemblablement cinq ans avant que dans leur île enchantée on en connût l'existence. Ils m'ont traité comme un marchand de drap ou encore comme un fabricant, dont il faut toujours craindre que, par manque de matériaux, il vendra du drap d'autrui pour le sien. Un libraire français ne s'aviserait pas de se gérer (1) comme cela. Le résultat de ces notes est : Monsieur, nous ne voulons aucun ouvrage scientifique, mais des contes à peu près comme ceux du prince Libou (?) et surtout cette statistique du Mexique, pour savoir ce que vaut la cochenille en place.

Cette statistique a tourné la tête à nos diplomates; M. Hamond dit que cela vaut 1.000 £. Il m'a parlé comme s'il préférait ces tables stériles à tout ce que l'imagination et la science peuvent produire! Eh bien, ils l'auront, cette statistique. Vous-même, mon cher ami, vous aurez le commencement du manuscrit en quelques mois. Le désir de gagner de l'argent et la crainte qu'une copie que possède le Prince de la Paix ne vienne, malgré nous, dans le public, m'a engagé à me mettre tout de suite à l'ouvrage. Il est tout fait en espagnol, mais je le traduis, je fais des rapprochemens avec l'Europe d'après Plaifair (2), et j'écris surtout le manuscrit tel qu'il doit être imprimé pour faire de l'effet comme tableau. J'y joindrai : 1° une grande carte du Mexique, que vous avez vue et qui est le travail le plus complet que je possède; par exemple avec le nom de 900 mines, les nouvelles divisions des pro-

---

(1) Conduire.

(2) John Plaifair (1748-1849), mathématicien et géologue écossais, professeur à l'Université d'Edimbourg.

vinces; 2° la grande carte de la vallée de Mexico, des environs, celle de Robertson étant tout à fait fausse ; 3° le profil depuis la ville do Mexico [jusqu']à la mer ; 4° la coupe d'une mer à l'autre ; 5° une note sur les matériaux d'après lesquels la carte est construite. A cause des cartes, un petit in-folio sera le meilleur format; aussi les tables l'exigent. J'espère que toute âme anglaise s'égaiera à la vue de tant de piastres et plus encore s'ils prennent les piastres pour leurs gros L. S., à moins que nous ne voulions les *traduire*.

D'après tout ce que je possède sur les mines, l'énorme exportation de l'argent, le commerce ; d'après les matériaux que fournissent la carte et le profil pour l'attaque du pays, je crois que cela sera un ouvrage très piquant. Je dois le croire d'autant plus quand je vois l'effet qu'a fait à Londres, à ce que m'a dit lord Harrowby, le *Present State of Peru*, grand in-4° traduit du *Mercurio Peruano* espagnol et délayé de mille inepties qui sont les effets de l'ignorance des langues et des sciences.

Cette statistique ne m'empêche pas dans mes autres travaux et je me propose de vous l'envoyer en manuscrit. Je crois que cela doit se payer au moins 600 à 800 £, ce qui fait un joli gain pour les trois, peut-être 1.000 £; car en demandant beaucoup on augmente aussi l'*opinion* de la valeur. Je veux voir si en mai je l'ai entièrement fini. C'est la copie de la grande carte (et il nous faut deux copies pour Paris et Londres) qui retient un peu. Je sais que, *sans* cartes ou avec une très petite, la publication se ferait plus vite, il faudra 5 à 6 mois pour graver la carte. Mais peut-être en Angleterre on gravera plus vite, et si vous réfléchissez sur la peine de réduire la grande carte à une plus petite et plus incomplète, si vous pensez à ce que la grande devient après moins intéressante, et que l'on désire pourtant la montrer au public dans son plus bel habit...

Nous pourrions, quand le manuscrit est déjà au-delà de la moitié, avant d'avoir conclu avec un libraire, faire une annonce anglaise de cet ouvrage même avec quelques nombres piquans. Cela ferait peur aux libraires ; nous aurions l'air de le publier à nos frais, nous pourrions même ouvrir une souscription et puis entrer en marché. M. de Souza (1) m'a dit avoir eu en Angleterre

(1) José-Maria de Souza-Botelho (1758-1825), diplomate et littérateur portugais.

600 louis pour son roman d'*Adèle*. Informez-vous bien de ce qu'a reçu Horneman (1). Il ne faut pas demander trop peu et cette statistique doit devenir notre mine d'or; j'aimerais mieux 1.500 que 800 £. J'y donnerai aussi la carte du canal projeté entre la Mer du Sud et l'Océan Atlantique près Tehuantapec. Avec cela je suis assez riche en étoffes pour ne rien perdre sur mon grand voyage. La statistique ne contient rien sur le physique, les mœurs, ce sera un ouvrage écrit avec une grande précision comme Plaifair, un ouvrage pour un négociant, un politicien. Je sacrifie seulement les cartes et les profils qui devaient figurer dans mon atlas; mais de cette manière ces cartes feront plus d'effet et la statistique et le voyage appartiendront toujours au même ouvrage. Pour ce qui est des notes ou des changemens que vous ajoutez, ne soyez jamais inquiet; ce seront des ornemens pour l'ouvrage et la grande célébrité de votre nom y aidera beaucoup.

J'en viens à présent au point le plus intéressant, j'ai plus fait que je ne promettais dans ma dernière. Voici *mes confessions* (2), mais de grâce, *rendez-les-moi* un jour. J'ai voulu les copier, les comprimer, rayer beaucoup de riens; mais je n'en ai pas le tems. Au nom de Dieu, ne croyez pas que je regarde comme intéressant pour le public tout ce que j'ai marqué pour vous sur ce papier. Mais une condition, et *sine qua non*. Ne dites pas, dans cette biographie, que je vous ai fourni les matériaux, que je l'ai revue; cela me ferait un tort infini, surtout ici où j'ai des amis et des ennemis. S'il faut que vous indiquiez la *source*, ne pourriez-vous pas dire, qu'ayant vécu avec moi depuis tant d'années et m'ayant souvent questionné sur les petits événemens de ma vie, vous êtes plus à même qu'un autre d'en rendre compte; que les dates avaient été fournies et vérifiées par des personnes qui vivent en étroite liaison avec M. H. dès son enfance. Mais vous, mon digne ami, faites une biographie et non un éloge : en voulant m'honorer vous me feriez du tort. Je n'ai été déjà que trop loué dans le public et cela irrite toujours. Le comte Rumford (3) a bien des ennemis qui n'ont d'autre source que celle-là.

(1) Frédéric-Conrad Hornemann (1772-....), élève de Blumenbach comme Humboldt, venait de publier à Londres (1802), une édition anglaise de son voyage du Caire à Mourzouk.

(2) Voyez plus loin p. 238.

(3) Benjamin Thomson, comte de Rumford (1753-1814), philanthrope amé-

D'un autre côté vous pourrez me *justifier d'un reproche*. On dit souvent en société que je m'occupe de trop de choses à la fois, de botanique, d'astronomie, d'anatomie comparée. Je réponds : peut-on défendre à l'homme d'avoir le désir de savoir, d'embrasser tout ce qui l'environne ? On ne peut pas à la fois écrire des élémens de chimie et d'astronomie ; mais on peut *faire* à la fois des observations très exactes de distances lunaires et d'absorption des gaz. Pour un voyageur, la variété des connaissances est indispensable. Et que l'on examine si, dans les petits essays que j'ai faits des différentes branches, je n'ai pas été entièrement à la chose, si je n'ai pas eu (voyez mon mémoire avec Gay-Lussac ; mon ouvrage sur les nerfs, expériences de quatre ans), si je n'ai pas eu la constance de poursuivre le même objet. Et pour avoir des vues générales, pour concevoir la liaison de tous les phénomènes, liaison que nous nommons *Nature*, il faut d'abord connaître les parties, et puis les réunir organiquement sous un même point de vue. Mes voyages perpétuels ont aussi beaucoup contribué à m'éparpiller sur tant d'objets. J'ai vécu peu à peu avec presque tous les gens célèbres de l'Europe, j'ai été enthousiasmé de leurs travaux et ils m'ont communiqué leurs goûts.

Je finis cette longue lettre, mon respectable ami. Dites-moi donc franchement si vous savez lire mon écriture diabolico-microscopique ; sinon je me corrigerai. Depuis deux mois, pas un mot de M. Schœll.

Enfin j'ai reçu la zoologie ; elle est très correctement imprimée et gravée, à l'exception d'une oreille de singe qui s'est égarée vers la nuque. Je ne conçois rien à ce silence, mais qu'il ne vous incommode plus, car dorénavant vous traduirez sur mon manuscrit et je dirai cela à M. Schœll même. Je le puis ; car quoique je continuerai d'imprimer chez lui, je ne me suis lié par aucun engagement direct.

Au nom de Dieu, pas d'accord en Angleterre pour 150 livres sterling par volume ! Ce serait nous perdre. Notre besogne doit monter et baisser comme les stocks. J'écrirai à M. Thulis, direc-

---

ricain, qui s'est beaucoup occupé d'améliorer les conditions d'existence des petites gens, en créant les soupes populaires dites à *la Rumford*, la cheminée économique dite *de Rumford*, etc., etc.

teur de l'Observatoire de la marine à Marseille. N'aurait-il pas fait porter cette malle ?

Ici tout s'achemine vers la paix, peut-être générale ! M. de Hardenberg a voulu quitter le Ministère, mais le roi l'a prié de rester (1). M. de Haugwitz ira négocier à Paris. Les rois sont reconnus ici et l'on est occupé de regarder la carte pour trouver quelqu'un que l'on pourra dépouiller ; car il faut se venger, et si ce n'est pas de la France, ce sera de ses voisins. M. Laforest va à Vienne ; Durand, de Dresde, sera ministre ici. Le roi commence à me distinguer beaucoup, presque trop ; car cela m'ôte souvent du tems. Je crois vous avoir écrit, dans ma dernière, que l'on m'a donné une pension de 2.500 écus d'ici, 10.000 francs, sans me donner aucune besogne. Notre Académie est un hôpital ; mais les malades y dorment mieux que ceux qui se portent bien. Nous avons une séance publique dans laquelle je lirai un mémoire (2). Je vois M. T[ralles], amicalement, mais il n'est pas très aimable. Gay apprend l'allemand et vit en hermite. M. Buch est à la campagne.

Mille respects à votre respectable épouse et à madame votre fille comme à madame Prévost, qui ne m'a donc pas encore oublié entièrement.

Votre H.

Cette lettre ne part que le 9 janvier. Je range avec M. Willdenow mes plantes. Il est inconcevable combien nous avons rapporté de neuf ; sur vingt plantes il y en a souvent quinze qui sont nouvelles et M. Wildenow possède déjà, sans mon herbier, 15.000 espèces. Mais tout cela ne vaut pas ma statistique.

Donnez-moi donc un titre en français. Je ne veux pas de ce mot de *statistique*, aussi peut-on l'éviter. *Tableau politique de la Nouvelle Espagne*. Encore une fois écrivez-moi si vous pouvez lire mon écriture. Si vous allez *gouverner* l'État à Paris, n'oubliez pas de me donner votre adresse. On dit Banks et Chenevix (3) morts

---

(1) Karl-Auguste von Hardenberg (1750-1822); Christian-Auguste-Henri Kurt, comte de Haugwitz (1752-1831), deux diplomates prussiens fort connus.

(2) Cette séance qui eut lieu le 13 février fut honorée de la présence du roi, du prince royal et de toute la Cour. Humboldt y lut un mémoire sur *la physionomie des végétaux*. La chose fit assez de bruit pour que le *Moniteur* français en parlât le dimanche 16 février (n° 47, p. 184).

(3) Richard Chenevix, chimiste et littérateur irlandais d'origine française. Il n'est mort qu'en 1830. Sir Joseph Banks a vécu jusqu'en 1828.

(j'en doute) le dernier à Constantinople. Je vois souvent M. Sarto-ri[u]s (1) que je crois, vous connaissez. Il a beaucoup d'esprit, sur-tout sa femme. La duchesse de C... parle toujours de vous.

LIX

A KAROLINE VON WOLZOGEN (2)

Berlin, 14 mai 1806. (3)

Une fièvre rhumatismale et un violent mal de dens, qui m'af-fligent souvent depuis mon retour dans ce désert dépeuplé, m'ont empêché l'autre jour d'ajouter à l'exquise poésie de Guillaume quelques lignes pour vous remercier bien cordialement, chère et honorée amie, de l'aimable petit mot que j'ai reçu de vous. En dépit de ce que vous dites en plaisantant de mon universalité (car vous n'avez jamais été méchante), vous avez tout de même assez bonne opinion de mes sentimens allemands pour me croire ca-pable de me souvenir journellement avec un attendrissement cor-dial de vous, de Goethe et du défunt (4) ; et pour sentir profondé-ment, que c'est quelque chose de grand et de glorieux pour moi d'avoir été réuni avec vous et avec eux sans avoir passé tout à fait inaperçu.

Malgré les masses de montagnes et les mers, et, ce qui est plus haut et plus profond qu'elles, l'évocation d'une nature presque effrayamment vivante, entre aujourd'hui et jadis, malgré les mille phénomènes et figures qui occupent mes sens, le nouveau devenait toujours familier, et ce qui paraissait extérieurement étranger s'adaptait facilement aux anciennes figures, et j'ai re-connu dans les forêts de l'Amazone et sur les contreforts des

---

(1) Georg Sartorius (1765-1828), historien allemand, professeur de statis-tique à l'Université de Berlin.

(2) Karoline von Wolzogen (1763-1847), belle-sœur de Schiller. Elle a publié, en 1830, une vie de l'illustre écrivain.

(3) Löwenberg (*ap* Bruns, *op. cit.* Leipzig. Brockhaus, 1872, in-8°. Bd., I, s. 417-418).

(4) Schiller, mort le 9 mai 1805.

Andes que le même souffle anime la même vie d'un pôle à l'autre dans les pierres, dans les plantes, dans les animaux et dans la poitrine dilatée de l'homme. Le sentiment de la grande influence de Iéna me poursuivait partout, les idées de Goethe sur la nature m'avaient élevé, elles m'avaient, pour ainsi dire, doté de nouveaux organes.

Vous aussi, vous traitez avec beaucoup d'égard ma petite physionomie des plantes. Cela m'a fait beaucoup de plaisir. Tout est devenu plus vivant en moi, mais on n'ose pas toujours l'exprimer complètement et vivement. Je rumine en moi-même sur beaucoup de choses, car je mène ici une vie triste et isolée. Je n'ai personne à qui parler, c'est une sensation terrible. Ne pouvez-vous pas venir à Leuchstedt, vous, ma chère, et Goethe? Je pourrai, je l'espère, aller vous voir là-bas. Mes complimens à la chère madame Schiller, embrassez les chers petits et l'expression de mon affection filiale à Goethe.

Votre H.

LX

A GEORGES CUVIER

A Berlin, ce 3 août 1806.

J'aurais répondu plus tôt à la lettre aimable dont vous avez bien voulu m'honorer, mon respectable ami, si je ne savais pas combien on doit ménager le peu de loisir qui vous reste.

J'ai fait ce que j'ai pu pour mon ami M. Meckel (1). Son affaire a été arrangée, on a très bonne opinion de lui, mais dans un pays où l'on s'occupe aussi peu des sciences que de son existence politique, il ne faut pas compter sur le Gouvernement.

L'Académie — notre Académie de Berlin, — vient enfin de faire ce qu'elle aurait dû faire il y a longtemps. Elle vient de vous nommer, conjointement avec le chevalier Banks, membre étranger par acclamation. Cela ne contribue en rien à votre gloire. Puisse cette faible marque de notre attachement vous prouver qu'au milieu de ce grand hôpital nous sommes une petite société d'amis (Klaproth,

---

(1) L'anatomiste Jean-Frédéric Meckel, de Halle (1781-1833).

Tralles, Karsten, Willdenow, Ancillon, Erman, Bode, Walther, JeanMüller et Léopold de Buch) qui savons admirer vos travaux. J'ai été chargé par l'Académie de vous témoigner préalablement l'expression de ses sentiments, le secrétaire, M. Mérian, aura l'honneur de vous l'annoncer plus formellement.

Il est peut-être peu délicat que je vous parle en même tems d'une autre affaire qui me tient fort à cœur et dont la réussite ferait tout mon bonheur. Je parle de la nomination de M. Gay-Lussac par l'Institut. Je n'ai pas besoin de vous rappeler ses travaux sur l'élasticité des gaz (travaux aussi importants que la loi de Mariotte et par lesquels il a réfuté les fausses assertions de Le Prieur) je ne vous cite pas son voyage aérostatique et ses expériences sur l'air des hautes régions, je ne vous dis pas que tout ce que notre travail sur l'eudiométrie et sur le contact des gaz avec l'eau contient de neuf est dû à M. Gay-Lussac seul, que c'est lui qui m'a dirigé en ces expériences et dans bien d'autres encore. Non, à vous, mon respectable ami, je ne veux parler que de l'amitié qui me lie à ce jeune homme intéressant. Si vous n'êtes pas déjà compromis, honorez-le de votre suffrage. Ayez la grâce de dire en mon nom quelques mots à MM. de Jussieu, Desfontaines, Thouin. Je ne connais qu'une ou deux personnes au Jardin des Plantes, auxquelles je n'oserais pas m'adresser pour M. Gay-Lussac.

Daignez faire agréer les assurances de mon respectueux dévouement à l'aimable madame Cuvier et n'oubliez pas entièrement

Votre ami le plus sincère et le plus reconnaissant.

HUMBOLDT.

Mille choses à MM. Delambre, Laplace, Berthollet, Desfontaines, Geoffroy, Duméril, Biot, Deleuze, Duvernoy, Candolle.

(*Bibl. de l'Institut, Ms. Cuvier*, cart. J, l. XII, n° 15.)

LXI

AU MÊME

A Berlin, ce 11 septembre 1806.

Je suis bien importun, mon respectable ami. Après avoir reçu de vous la lettre la plus aimable en date du 19 avril, j'ose déjà de nouveau vous adresser ces lignes. Il s'agit d'une faveur que je vous demande en qualité de secrétaire de l'Institut. Il y a plusieurs mois que M. Gay-Lussac a porté un mémoire de M. Erman à Paris, pour en faire faire lecture à l'Institut. Ce mémoire est très beau, peut-être trop long, mais capable d'un extrait. M. Erman (1) est d'une sagacité extraordinaire. Il a p. e. découvert une différence de force conductrice de la flamme, à laquelle personne avait pensé avant lui. Une flamme d'alcool isole l'effet négatif, une flamme de phosphore isole l'effet positif de la pile. La flamme de soufre isole les deux effets à la fois (Gilb., *Ann. Ph.*, 22 et 14). M. Biot s'était chargé de présenter le Mémoire à l'Institut. Je crois qu'il en a été empêché depuis longtemps. Comme c'est moi qui ai persuadé M. Erman à me donner le mémoire, croyant qu'il serait utile de le mettre en communication avec l'Institut, je me trouve très embarrassé. Il doutera de mon influence auprès de vous et cela pique ma vanité. Oserais-je vous supplier : 1° de faire lire une partie du Mémoire à l'Institut afin que l'on puisse après le faire imprimer chez Laméthrie ; 2° de dire en deux mots à M. Erman (professeur de physique à l'École militaire et membre de l'Académie) que l'Institut a trouvé intéressant son travail et qu'il désire recevoir plus souvent de ses mémoires. Cela vous coûte si peu, mon respectable ami, et cela rétablirait ma réputation à Berlin ! Vous seriez bien aimable si vous me faisiez ce plaisir.

Notre Académie a été infiniment sensible à toutes les marques de bonté et d'intérêt que vous lui témoignez. Qu'il serait brave si jamais vous nous envoyiez un petit mémoire pour donner du lustre à nos fastes académiques.

Attaché comme je le suis à mon ami Gay-Lussac, jugez combien vous m'avez fait de plaisir en me donnant tant d'espérance. Cette espérance s'est accrue depuis la mort de M. Coulomb. Quelle grande perte pour les sciences. Je le sens surtout, étant occupé de nouveau, à l'approche de l'équinoxe, des variations horaires du magnétisme. Volta, Cavendish et Coulomb, qui les remplacera jamais ?

Je viens de finir un second cahier zoologique. Il contient l'his-

(1) Paul Erman (1764-1851), professeur de physique à l'École générale de Guerre.

toire naturelle du condor et mon grand mémoire sur les gymnotes.
Je crois le dernier assez curieux, car je n'avais point encore réuni
toutes mes expériences. Je désirerais, mon illustre ami, que vous
daigniez lire ces deux mémoires à l'Institut. Vous omettrez tout
ce qui ennuye. Je donnerais note à M. Schœll (c'est un mariage
dans lequel on boude mais qui n'est pas rompu!) de vous communiquer ces deux manuscrits que vous voudrez bien lui rendre.
Voilà dix-huit mois que l'on imprime cette géogr. des plantes, que
je devais finir à Paris en luttant jour et nuit. Quelle famille que
ces libraires.

Cependant je crois M. Schœll très honnête et il y a une
grande raison pour ne pas s'en séparer, c'est qu'il a été bien
malheureux. Je me flatte que vous serez content des dessins du
Condor. J'ai dessiné moi-même la tête et ce sera en grandeur
naturelle et au trait. Mais comme je barbouille mal en couleur j'ai
fait copier par un artiste d'ici une esquisse de l'oiseau entier. Il
est très ressemblant et vous verrez que le Condor n'est peut-être
pas même plus grand que le *Laemmer geyer!* (*Ayez la grâce de corriger un peu le style des deux Mémoires*). Peut-être voudriez-vous
ajouter une note à un passage sur les torpilles. J'ai des doutes sur
celles des pays très chauds (sur celle de Cumana) et il me paraît
que M. Duméril, dans son excellent *Tabl. anal.*, p. 102, admet trois
espèces de torpilles que je craindrais être les quatre variétés citées
par Rondelet (*De pisc.*, pl. I, p. 285).

Hélas ! si vous possédiez donc le *Gymnotus Carapo* ou *fasciatus*,
pour déterminer, si effectivement il ne s'y trouve rien d'analogue
aux organes électriques? Je décris dans un troisième mémoire
une nouvelle espèce de gymnote de la Riv[ière] de la Madeleine,
dont la structure externe diffère énormément à ce gymnot[e] élec-
tr[ique] qui est tout queue.

Pourrais-je pour un troisième cahier compter sur votre Mém.
sur les Achelolt (*Axoloth*). Ce serait remplir un de mes beaux
rêves ! Vous voudriez bien donner le ms. à Schöll qui en com-
mencerait tout de suite la gravure. Car aujourd'hui il paraît très
actif pour nos publications.

Je vous conjure de ne pas me répondre, mes amis Gay-Lussac
et Bonpland que vous voudrez bien saluer tendrement de ma part,
m'écrivant ce que vous voulez me faire savoir. Je vous supplie de

présenter les assurances de mon attachement respectueux à madame Cuvier et à toute votre aimable famille. Mille choses à MM. Duméril, Biot, Duvernoy, Desfontaines, Berthollet, Delambre, Laplace.

HUMBOLDT.

(Bibl. de l'Institut. Ms. Cuvier, cart. J, l. XII, n° 10.)

LXII

AU BARON DE ZACH

Berlin, 19 septembre 1806.

Je pense avoir à faire pendant deux ans pour arranger mes matériaux, la publication de mon dernier voyage m'occupera tout ce tems. — Pourvu que cette partie astronomique vous satisfasse et soit digne de vous; puisqu'elle vous doit son existence. Sans vous les astres du ciel des Tropiques ne m'auraient jamais souri. Je vous dois les joies les plus pures, la puissance de la nature nocturne, la plus calme, la plus tranquille de toutes les puissances. Mû par ce sentiment de la reconnoissance la plus profonde, j'ose vous dédier, à vous et à M. Delambre, en même tems, cette partie astronomique. M. Oltmanns (1) et moi, nous vous prions tous deux de ne pas refuser. — C'est un bonheur inexprimable pour moi, d'avoir trouvé ici M. Oltmanns, c'est un jeune homme étonnant, qui s'est formé tout seul; plein de talent, de modestie et d'une surprenante persévérance. Il ne vit que pour l'astronomie. Souvent il travaille pendant quinze jours presque sans s'arrêter; il a une grande facilité pour les mathématiques pures; et il a beaucoup lu. Les hommes qui n'aiment la science que pour elle-même sont rares... Malgré le temps pris sur le sommeil, et mon travail continu, je ne pourrai pourtant pas hâter la publication autant qu'on le désire. Je voudrais faire quelque chose de sérieux; et je ne vois donc pas avec déplaisir, qu'en attendant, la partie du public, qui m'est souvent hostile, porte sur moi des jugements divergents...

(1) Jabbo Oltmans, calculateur allemand, auteur des t. XXI et XXII du *Voyage aux régions équinoxiales,*

LXIII

A FRANÇOIS GÉRARD (1)

Berlin, 13 février 1807.

... Depuis mon retour d'Italie, surtout depuis que mon ami intime, M. Gay-Lussac, m'a quitté ici, j'ai vécu dans un désert moral. Les événemens qui viennent d'écraser notre indépendance politique, comme ceux qui ont préparé cette chute désastreuse et qui la faisaient prévoir, tout m'a fait regretter mes bois de l'Orénoque et la solitude d'une nature aussi majestueuse que bienfaisante. Après avoir joui d'un bonheur constant depuis dix à douze ans, après avoir erré dans des régions lointaines, je suis rentré pour partager les malheurs de ma patrie ! L'espoir de me rapprocher de vous me console un peu. J'exécuterai ce projet [aus] sitôt que la délicatesse et mes devoirs me le permettront. Je sens tous les jours que l'on ne travaille bien que là où d'autres travaillent mieux autour de vous. Aussi la publication de mes ouvrages ne pourra se terminer que lorsque je serai moi-même à Paris, où j'implorerai de nouveau vos conseils... Ayez la grâce de présenter mes respects à madame Gérard, à la famille de M. Redouté (2) et surtout à notre ami M. Thibault (3), dont je fais graver le superbe dessin. Je n'écris pas aujourd'hui à ce dernier, parce qu'on n'a pas achevé à la manufacture de porcelaine un objet que je veux lui présenter et qui est relatif à mon voyage. Daignez agréer les assurances de mon attachement respectueux.

ALEXANDRE HUMBOLDT.

(1) Le célèbre peintre François Gérard (1770-1837) ; Humboldt fréquentait assidûment sa maison qui fut, surtout pendant la Restauration, un des centres du mouvement artistique, scientifique et littéraire de Paris. (Cf. Ad. Viollet le Duc, *François Gérard*, ap. *Correspondance de François Gérard, peintre d'histoire avec les artistes et les personnages célèbres de son temps*, publiée par M. Henri Gérard, son neveu... 1867, in-8°, p. 28 et 36.) — L'extrait ci-joint figure à la page 230 de cet intéressant recueil.

(2) Pierre-Joseph Redouté (1759-1840), le célèbre peintre, surnommé le *Raphaël des fleurs*.

(3) Jean-Thomas Thibault (1757-1826), architecte de la Malmaison et de l'Élysée, correspondant de l'Institut, dont il fut élu membre huit ans plus tard.

APPENDICES

I

AUTOBIOGRAPHIE D'ALEXANDRE DE HUMBOLDT (1)
1798

Après avoir joui d'une éducation très soignée dans la maison paternelle et de l'instruction des savans les plus distingués de Berlin, j'ai fini mes études aux universités de Gottingue et de Francfort. Destiné alors pour la partie des finances, j'ai resté pendant un an à l'Académie de commerce de Hambourg, établissement destiné tant à l'instruction des négocians qu'à celles des personnes qui doivent servir l'État pour la direction du commerce des banques et des manufactures. Le succès peu mérité qu'eut mon premier ouvrage sur les montagnes basaltiques du Rhin (2)

------

(1) Cette pièce, écrite en français, se trouvait avec les lettres au baron de Forell en partie reproduites plus haut. Elle avait été, sans doute, adressée à ce dernier, au moment où il sollicitait en faveur de Humboldt auprès du gouvernement espagnol, c'est-à-dire vers la fin de 1798. Elle a été publiée par M. E. Lentz, dans les deux recueils souvent cités plus haut, et je la reproduis comme les autres, avec l'autorisation de la Société de géographie de Berlin et l'agrément de M. E. Lentz, en y ajoutant les notes bibliographiques les plus indispensables.

(2) *Mineralogische Beobachtungen über einige Basalte am Rhein*, Braunschweig, 1790, in-8°.

fit désirer au chef de nos Mines, le baron de Hernitz, que je me vouasse à son département. Je fis alors un voyage de minéralogie et d'histoire naturelle en Hollande, en Angleterre et en France sous la direction de Georges Forster, célèbre naturaliste qui avait fait le tour du monde avec le capitaine Cook. C'est à lui que je dois pour la plupart le peu de connaissances que je possède. De retour de l'Angleterre, j'appris la pratique des mines à Freiberg et au Harz. Ayant fait quelques expériences utiles pour l'épargne du combustible à la cuite du sel et ayant publié un petit ouvrage (1) relatif à cet objet (traduit en français par Coquebert), le roi m'envoya en Pologne et dans le midi de l'Allemagne pour étudier les mines de sel gemme de Vieliczka, Hallein, Berchtusgaden. Les plans que je dressai servirent pour les nouveaux établissements des salins de Magdebourg. Quoique je n'eusse alors servi que pendant huit mois, Sa Majesté ayant réuni à la couronne les Marggraviats en Franconie, me nomma directeur des mines de ces provinces dans lesquelles l'exploitation avait été négligée depuis des siècles. Je restai voué à la pratique des mines pendant trois ans et le hasard favorisa tellement mes entreprises, que les mines d'alun, de cobalt, et même celles d'or de Golderonach, commencèrent à devenir bientôt profitables aux caisses du roi. Content de ces progrès, on m'envoya une seconde fois en Pologne, pour donner des renseignemens sur le parti que l'on pourrait tirer des montagnes de cette nouvelle province qu'on nomma dès lors la Prusse méridionale. Je dressai en même tems les plans pour l'amélioration des sources salées situées aux bords de la Baltique. C'est pendant ce séjour continuel dans les mines que je fis une suite d'expériences assez dangereuses sur les moyens de rendre moins nuisibles les moffettes souterraines et de sauver les personnes asphyxiées. Je parvins à construire une nouvelle lampe antiméphitique, qui ne s'éteint dans aucun gaz et la machine de respiration ; instrument qui sert en même tems au mineur militaire, lorsque le contre-mineur empêche ses travaux par des camouflets. Cet appareil eut l'approbation du Conseil de guerre et sa simplicité l'a fait répandre très rapidement dans l'étranger (2). Je publiai aussi

(1) *Versuch über einige chemische und physikalische Grundsatze der Salzwerkunde* (*Bergm. Journ*, 1792, s. 1-45 ; 91-141).

(2) Cf. *Irrespirable Gasarten, etc.* (Crell's *Chem. Annal.*, II, 99 a 196).

pendant cet intervalle un ouvrage de botanique (*Flora Fribergensis*) (1) ; la *Physiologie chymique des Végétaux* traduite en plusieurs langues (2) ; et un grand nombre de mémoires de physique et de chimie insérés en partie dans les journaux de France et d'Angleterre.

De retour de Pologne, je quittai pour longtems le séjour des montagnes, accompagnant M. de Hardenberg dans les négociations politiques dont le Roi le chargea immédiatement avant la paix de Bâle. Je le suivis aux armées postées sur les rives du Rhin, en Hollande et en Suisse. C'est de là que j'eus l'occasion de visiter la haute chaîne des Alpes, le Tirol, la Savoye, et tout le reste de la Lombardie. Lorsque l'année suivante les armées françaises s'avancèrent vers la Franconie, je fus envoyé au quartier général de Moreau pour traiter sur la neutralité de quelques princes de l'Empire dont le Roi embrassa la défense. Ayant un désir ardent de voir une autre partie du monde et de la voir sous des rapports de physique générale, d'étudier non seulement les espèces et leurs charactères (études auxquelles on s'est voué trop exclusivement jusqu'ici), mais l'influence de l'atmosphère et de sa composition chimique sur les corps organisés, la construction du globe, l'identité des couches dans les pays les plus éloignés les uns des autres, enfin les grandes harmonies de la nature, je formai le souhait de quitter pour quelques années le service du Roi et de sacrifier une partie de ma petite fortune aux progrès des sciences. Je demandai mon congé, mais Sa Majesté, au lieu de me l'accorder, me nomma son conseiller supérieur des mines, augmentant ma pension et me permettant de faire un voyage de l'histoire naturelle. Ne pouvant être utile à ma patrie dans un éloignement aussi grand, je n'ai point accepté la pension, en remerciant Sa Majesté d'une faveur moins accordée à mon peu de mérite qu'à celui d'un père, qui jouissait jusqu'à sa mort de la confiance la plus distinguée de son souverain.

Pour me préparer à un voyage dont les buts doivent être si variés, j'ai ramassé une collection choisie d'instrumens d'astrono-

(1) *Floræ Fribergensis Specimen plantas cryptogamicas præsertim subterraneas exhibens.* Berolini, 1793, in-4°.

(2) *Aphorismen aus der chemischen Physiologie der Pflanzen,* Leipzig, 1794, in-8°.

mie et de physique pour pouvoir déterminer la position astronomique des lieux, la force magnétique, la déclinaison et l'inclinaison de l'aiguille aimantée, la composition chimique de l'air, son
élasticité, humidité et température, sa charge électrique, sa transparence, la couleur du ciel, la température de la mer à une
grande profondeur. Ayant fait alors quelques découvertes très
frappantes sur le fluide nerveux et la manière de stimuler les
nerfs par des agens chimiques (d'augmenter et diminuer l'irrita-
bilité à son gré), je sentis le besoin de faire une étude plus particulière de l'anatomie. Je séjournai pour cela pendant quatre mois
à l'Université de Iéna, et je publiai les deux volumes de mes Expériences sur les Nerfs (1) et le procédé chimique de la vitalité (2),
ouvrage dont la traduction a paru en France. Je passai de Iéna à
Dresde et à Vienne pour en étudier les richesses botaniques et
pour pénétrer de nouveau en Italie. Les troubles de Rome me
firent désister de ce projet, et je trouvai, pendant mon séjour de
Salzbourg, une nouvelle méthode d'analyser l'air atmosphérique,
méthode sur laquelle j'ai donné un mémoire avec Vauquelin (3). Je
finis en même temps la construction de mon nouveau baromètre
et d'un instrument que j'ai nommé anthracomètre, parce qu'il
mesure la quantité d'acide carbonique contenue dans l'atmosphère. Perdant l'espérance de pouvoir pénétrer jusqu'à Naples,
je partis pour la France où je travaillai avec les chimistes de
Paris pendant cinq mois. Je lus plusieurs mémoires à l'Institut
Nat[ional] contenus dans les *Annales de Chimie* (4), et j'y publiai
deux ouvrages, l'un sur les moffettes des mines et les moyens de
les rendre moins nuisibles, l'autre sur l'analyse de l'air.

Le Directoire français ayant résolu de faire faire un voyage
autour du monde avec trois vaisseaux sous le commandement du
capitaine Baudin, je fus invité par le Ministre de la Marine de
joindre mes travaux à ceux des savans qui devaient être de cette

---

(1) Cf. *Expériences sur le Galvanisme, et, en général, sur l'irritation des
fibres musculaires et nerveuses*, trad. de l'allemand par Gruvel avec des additions par F.-N. Jadelot, Paris, 1799, in-8°.

(2) *Sur le procédé chimique de la vitalité. Lettre à Van M. Mons (Annal. de
Chimie*, t. XXXII, p. 64).

(3) Cf. *Versuche über die chemische Zerlegung des Luftkreises und über
einige andere Gegenstände der Naturlehre*, Braunschweig, 1799, in-8°.

(4) *Annal. de Chimie*, t. XXVII. p. 62 et 141 ; t. XXVIII, p. 123.

expédition. Je me préparai donc à partir pour le Havre, lorsque
le manque de fonds fit échouer ce projet. Je résolus, dès lors, de
me rendre en Afrique pour étudier le Mont Atlas. J'attendis pendant deux mois mon embarquement à Marseille, mais les changemens de système politique arrivés à Alger me firent renoncer à
ce projet et je pris la route de la Péninsule pour demander la
protection de Sa Majesté catholique dans un voyage d'Amérique
dont le succès me mettrait au comble de mes vœux.

> FRÉDÉRIC-ALEXANDRE DE HUMBOLDT,
> *avec son secrétaire,*
> AIMÉ GOUJAU[D]-BONPLAND.

II

LETTRES INÉDITES DE W. DE HUMBOLDT
RELATIVES AU VOYAGE DE SON FRÈRE (1799-1803).

A ANTOINE-LAURENT DE JUSSIEU (1)

[Paris] duodi... [1799]

M'étant présenté chez vous, citoyen, et n'ayant pas eu l'honneur de vous trouver chez vous, je prens la liberté de vous adresser ces lignes pour vous faire une question relative à mon frère. Il
se trouve à Madrid et il m'a chargé de vous dire bien des choses
de lui. Il se dispose à partir pour le Mexique. Si cependant le
voyage du capitaine Baudin avait lieu encore au printems ou dans
l'été prochain, il s'empresserait de retourner ici. C'est donc par
cette raison-là que j'ose vous supplier, citoyen, de me donner les
renseignemens que vous pouvez avoir sur la certitude et l'époque
de ce voyage. Vous obligeriez, surtout mon frère, si vous vouliez
me les faire parvenir demain par la petite poste, parce que je lui
écrirai après-demain.

Je vous demande mille pardons de la peine que je vous donne

_____
(1) Adresse : *Au Citoyen Jussieu.*

et vous prie d'agréer les assurances de ma parfaite considération
et estime.

DE HUMBOLDT,
*Rue du Colombier, Maison
de Boston,* n° 7.

(Collection Hamy).

A GEORGES CUVIER

A Rome, ce 28 mai 1803 (1).

Monsieur,

Malgré qu'il y ait presque deux ans que je suis absent de Paris,
les bontés dont vous voulûtes bien m'honorer, monsieur, alors
que j'y fis un séjour aussi long et aussi agréable, me donnent
peut-être quelque droit à croire que mon souvenir n'est pas entièrement effacé de votre mémoire. Au moins puis-je me flatter
que vous voudrez bien excuser la liberté que je prens dans ce moment de m'adresser à vous pour une affaire qui regarde mon frère
et surtout pour vous donner de ses nouvelles.

Je viens de recevoir trois lettres (2) de lui dont la dernière est
du 25 de novembre 1802. Il se trouvait à Lima, et ayant renoncé,
par des raisons qui me paraissent fort justes, [à] son dessein de
revenir par les Philippines et le Cap, il me flatte de l'espoir de le
savoir en peu de mois de retour en Europe. Il compte s'embarquer à la Havane pour l'Espagne ; il va se rendre de là à Paris
où l'impatience de s'y retrouver avec vous, Monsieur, et ceux de
vos savans confrères qui, avant son départ, l'ont comblé de bontés
et d'amitiés l'appellera naturellement d'abord. Vous le verrez
avant moi, mais j'ose espérer qu'il ne dédaignera pas de visiter
bientôt aussi l'Italie et Rome, et étant accoutumé depuis des
années de le savoir à une distance immense de moi, je croirai
être tout près de lui quand j'apprendrai qu'il est arrivé à Paris.

(1) *Bibl. de l'Institut, Ms. Cuvier,* cart. J, l. IX, n° 16.
(2) Ces trois lettres de Alexandre de Humboldt à son frère étaient datées
de Quito, 3 juin ; Cuenca, 13 juillet ; et Lima, 25 novembre 1802.

Je prends la liberté de joindre à cette lettre un extrait de la dernière qu'il m'a écrite. Je n'y ai fait que quelques légers changemens en y insérant quelques traits intéressants des deux premières qui me sont parvenues en même tems et en retranchant ce qui était déjà connu. Je n'ai pas pu me procurer ici ni les cartes de d'Anville, ni le voyage de La Condamine. Il se pourrait donc bien qu'il y ait encore quelque légère erreur dans les noms propres des montagnes et des endroits ; j'ai cependant mis un soin extrême pour éviter cet inconvénient. Comme l'extrait ci-joint ne me paraît point être dépourvu d'intérêt et qu'il y a un grand nombre de personnes qui sont impatientes d'avoir des nouvelles authentiques de mon frère, je désirerais que cet extrait fût imprimé en entier ou en partie dans le *Moniteur* (1) ou dans quelque autre journal connu. Personne ne saura mieux juger que vous, monsieur, quelle serait la manière la plus convenable de remplir cette intention, et je m'adresse donc à vous pour vous prier de donner à cette lettre la publicité que vous jugerez à propos en y faisant les changemens ou les omissions qui pourront vous sembler nécessaires. Plus l'arrivée de mon frère est prochaine, plus il est intéressant pour lui que le public soit instruit des travaux qu'il a entrepris à la dernière partie de son voyage.

Il me parle dans ses lettres de plusieurs envois qu'il a faits à l'Institut. Il me dit d'avoir adressé à MM. Jussieu et Thouin une collection de graines, et à l'Institut, en général, une autre de minéraux pris de tous les volcans de l'Amérique qu'il a visités, ainsi que 120 dessins de plantes in-folio dont Mutis lui a fait cadeau et plusieurs autres objets qu'il ne désigne pas plus particulièrement. Je ne sais si tout cela sera arrivé à son adresse (2), mais j'ose vous prier au moins, monsieur, d'en faire part à votre classe et d'être auprès d'elle l'organe des sentimens de reconnaissance et d'estime que mon frère lui a voués pour toujours.

Je n'ai fait entrer dans l'extrait destiné à être imprimé que ce qui pouvait mériter l'attention du public en général, en omettant

- (1) Cuvier a fait imprimer intégralement le document transmis par W. de Humboldt dans le tome II des *Annales du Muséum* (p. 322) qui avaient déjà donné (p. 170) le texte complet d'une lettre d'Alexandre de Humboldt à Delambre, datée de Lima, 25 novembre 1802.

(2) Voyez plus haut, p. 141 et notes 1 et 2.

tous les détails purement scientifiques. Je joins encore à cette
lettre quelques notices qui, à ce que je me flatte, peuvent avoir
quelque intérêt à vos yeux, monsieur.

Mais il est temps que je finisse. Croyez, monsieur, que j'ai lu
avec l'intérêt le plus vif dans les journaux français tout ce que le
Premier Consul et l'Institut sous ses auspices ont fait pour l'avancement des sciences, que j'y ai distingué avec un intérêt plus particulier encore ce qu'il y avait de flatteur et d'honorable pour
vous, monsieur, et veuillez renouveler mes souvenirs auprès de
tous ceux qui voudront bien se rappeler encore le tems où j'ai eu
l'avantage de les fréquenter à Paris.

Je vous prie, au reste, d'agréer l'assurance de ma considération
très distinguée et de mon attachement sincère et amical.

HUMBOLDT.

Mon adresse est : *A M. de Humboldt, chambellan de Sa Majesté
le Roi de Prusse, à Rome.*

AU MÊME (1)

A Rome, ce 27 septembre 1803.

Monsieur,

Il m'est trop doux, monsieur, de me rappeler de temps en
temps à votre souvenir, pour que je puisse me dispenser de saisir
l'occasion que me présente le voyage de M. Gmelin, docteur en
médecine, qui a passé quelque temps à Rome (2). Je prends la liberté de le recommander à vos bontés, et il a d'autant plus de
titres à votre protection, Monsieur, que si vous vous souvenez en-

(1) *Bibl. de l'Institut, Ms. Cuvier,* cart. J, l. IX, n° 18.
L'adresse est à monsieur | monsieur Cuvier | , secrétaire perpétuel de la
deuxième classe | de l'Institut national | , Paris, Jardin des Plantes.

(2) Il est question, dans les *Vues des Cordillères* (p. 110), d'un autre Gmelin
rencontré aussi, mais plus tard, à Rome, par Alexandre de Humboldt, artiste
justement célèbre par son talent et par la variété de ses connaissances. « Pendant mon dernier séjour en Italie, ajoute Humboldt, il m'a honoré d'une
amitié particulière, et je dois en grande partie à ses soins ce qui, dans cet
ouvrage, pourrait ne pas paraître tout à fait indigne de fixer l'intérêt du public. »

core de votre première patrie, il a l'avantage d'être votre compatriote (1). Vous trouverez en lui un habile botaniste et chimiste, et vous m'obligerez infiniment si vous voulez bien lui accorder un accueil favorable.

Je ne sais si vous avez reçu, il y a quelque temps, une lettre de mon frère adressée à M. Delambre (2), et il est certain que maintenant il serait inutile de publier la mienne. J'en ai eu depuis une autre du Mexique du 28 avril de cette année (3). Mon frère m'y marque qu'il est arrivé heureusement de Guayaquil par Acapulco à la ville du Mexique (4), et qu'il en repartira au mois d'août ou de septembre pour la Havane à moins qu'à cette saison la fièvre jaune ne fasse encore des ravages dans ce dernier endroit. Dans ce cas, il ne s'y rendra qu'au mois de février, mais ce ne sera toujours que pour y rester peu de semaines. Car il reste fidèle à son projet de revenir en Europe aussitôt que les circonstances le lui permettront.

J'ai prié M. Gosselin (5) de me donner de ses nouvelles dès qu'il sera arrivé à Paris, je les attends avec impatience et vous prie d'agréer l'assurance des sentimens distingués d'estime et d'amitié que je ne cesserai jamais de vous vouer.

HUMBOLDT.

(1) Cuvier était né à Montbéliard, qui dépendait alors du Würtemberg et ne fut réunie à la France qu'en 1793. Or, le naturaliste Gmelin était Wurtembergeois, étant né à Tubingue le 23 juin 1745. Il avait soixante ans à l'époque où W. de Humboldt le présentait ainsi à Cuvier.

(2) Cette lettre à Delambre, datée de Mexico, 29 juillet 1803, est reproduite ci-dessus (p. 164).

(3) Cette lettre manque.

(4) Mexico, Tenochtitlan.

(5) Pascal-François-Joseph Gosselin (1751-1830), géographe et historien, membre de l'Institut, conservateur du Cabinet des Antiques, etc.

III

LETTRE DE DELAMBRE

accompagnant l'envoi au Muséum d'une lettre de Humboldt
(1803) (1)

INSTITUT NATIONAL DES SCIENCES ET DES ARTS
CLASSE DES SCIENCES PHYSIQUES ET MATHÉMATIQUES

L'un des secrétaires perpétuels de l'Institut National
aux professeurs administrateurs du Muséum d'Histoire Naturelle.

Paris, le 24 germinal an 11 de la République française (14 avril 1803).

Citoyens,

Je viens dans l'instant même d'envoyer la copie de la lettre de M. Humboldt au directeur du *Moniteur* (2), en le priant de l'imprimer dans son journal. Je gardais soigneusement l'original (3), mais le désir que vous me témoignez est si honorable pour M. Humboldt et j'ai moi-même tant de plaisir à faire une chose qui peut vous être agréable que je n'hésite pas un moment à vous envoyer la lettre. Comme elle renferme des détails astronomiques et géographiques, qui peuvent intéresser le Bureau des longitudes, je vous serai fort obligé si vous voulez bien me la renvoyer quand vous en aurez fait l'usage que vous souhaitez.

Salut et considération.

DELAMBRE.

(1) *Arch. du Muséum.*
(2) Voy. plus haut, p. 139.
(3) Il ne s'est retrouvé ni à l'Institut, ni au Bureau des longitudes.

IV

DOCUMENTS INÉDITS RELATIFS AUX COLLECTIONS RAPPORTÉES AU MUSÉUM DE PARIS, PAR HUMBOLDT ET BONPLAND (1804-1805).

LETTRE DES PROFESSEURS DU MUSÉUM
A ALEXANDRE DE HUMBOLDT

9 brumaire an XIII (31 octobre 1804).

Nous avons reçu avec reconnaissance, monsieur, les dents d'é-léphants fossiles que vous avez remises à notre collègue M. Cu-vier (1), ainsi que le crocodile donné par M. Peale, que vous avez bien voulu vous charger de nous apporter. Si nous vous devons des remerciemens pour ces objets, nous vous en devons bien plus pour les observations dont vous avez enrichi toutes les branches de l'histoire naturelle. Uniquement livrés à cette science, chargés de l'enseigner et d'en étendre les progrès, nous sentons plus par-ticulièrement le prix de vos travaux. Les amis des sciences fixent avec intérêt leurs regards sur vous ; que ne doivent-ils point attendre d'un homme qui a fait de si grandes choses dans un âge où l'on ne donne ordinairement que des espérances? Un autre au-rait pu tenter la même entreprise, mais pour parvenir aux mêmes résultats, il fallait des connaissances étendues, des talens extraor-dinaires et ce courage, cette ardeur des découvertes qui vous a fait vaincre tous les obstacles.

Si, parmi les doubles de votre collection, il se trouve des objets dont vous vouliez bien enrichir le Muséum, vous ajouterez à notre reconnaissance. Ils y serviront à l'instruction et ils y seront con-servés précieusement pour servir de preuves aux faits nouveaux dus à vos recherches.

Nous avons appris, monsieur, que vous étiez venu à notre der-

(1) Voy. plus haut, p. 139 et 175.

nière assemblée, mais au moment où elle venait de finir. Nous l'aurions prolongée si nous eussions été assurés de vous y voir. Nous espérons que vous nous dédommagerez une autre fois. Nous aurons grand plaisir à nous entretenir avec vous et à vous témoigner chacun, en particulier, les sentimens que vous nous inspirez.

Nous avons, monsieur, l'honneur de vous saluer avec considération.

RAPPORT SUR LA PROPOSITION

faite par MM. Humboldt et Bonpland (1) *de déposer dans la collection du Muséum des échantillons de toutes les plantes recueillies par eux dans l'Amérique* (2) *méridionale.*

12 nivôse an XIII (1ᵉʳ janvier 1805).

Depuis que les voyageurs instruits se sont portés dans les diverses parties du globe pour y recueillir les productions de la nature, un grand nombre de matériaux ont été rassemblés dans les dépôts d'histoire naturelle établis pour leur conservation. Ces objets, examinés avec soin, comparés entre eux et disposés d'après leur affinité, contribuent à accroître nos connaissances et à étendre les limites de la science, principalement lorsqu'ils offrent une organisation très nouvelle.

La botanique surtout a fait des acquisitions nombreuses et importantes, et depuis un siècle le nombre des plantes connues a presque triplé par les travaux des hommes infatigables de diverses nations qui sont allés chercher au loin tous ces matériaux

(1) Voy. plus haut, p. 175.

(2) Ce rapport, rédigé par A.-L. de Jussieu, au nom d'une commission composée de Desfontaines, Jussieu et Lamarck, fut lu dans la séance du 12 nivôse an XIII (10 janvier 1805). L'administration du Muséum accepta le don de MM. Humboldt et Bonpland, approuva le rapport et arrêta qu'il en serait adressé une expédition au ministre de l'Intérieur, ainsi qu'aux deux voyageurs s'ils le désiraient (*Proc.-verb. des Assemblées*. Séances des 28 frimaire an XIII (19 décembre 1804) et 12 nivôse an XIII (1ᵉʳ janvier 1805), t. XI, p. 139 et 146.)

épars. Au nombre de ces bienfaiteurs de la science, nous devons citer MM. Humboldt et Bonpland, qui viennent de faire dans l'Amérique méridionale un des voyages les plus étendus et les plus instructifs. Sans parler des travaux particuliers à M. Humboldt sur diverses sciences qu'un même homme peut difficilement embrasser à la fois, et qui ajoutent beaucoup à la réputation dont il jouissait déjà, nous ne parlerons ici que de ceux qui sont relatifs à la botanique et dans lesquels surtout il a été parfaitement secondé par M. Bonpland qu'il s'était associé pour ce voyage. Ils ont parcouru ensemble une partie de l'Orénoque, les côtes de Carthagène, le royaume de Santa-Fé et les pays adjacens, la chaîne des Cordilières depuis au-dessus de Quito jusques dans le voisinage de Lima, les côtes de la mer du Sud dans les mêmes parages, l'isthme de Panama, le royaume du Mexique, l'isle de Cuba, et se sont rendus ensuite aux États-Unis pour repasser en Europe. Leur collection de plantes, renfermée dans quarante-cinq caisses, s'élève environ à six mille espèces différentes dans le nombre desquelles le quart peut être nouveau ; ce que l'on doit regarder comme considérable après les découvertes antérieures. Nous ajouterons qu'aucun voyageur n'a rapporté un herbier plus considérable en espèces et que les lieux parcourus par MM. Humboldt et Bonpland étant en partie inconnus aux naturalistes et situés près de l'équateur, leurs productions, très différentes des nôtres, doivent offrir les élémens de nouveaux genres et de nouvelles familles.

Ces considérations devaient faire désirer à l'administration du Muséum la possession de ces nouvelles richesses botaniques pour les ajouter à sa grande collection et agrandir de plus en plus le domaine de la science. M. Humboldt qui, de son côté, a également senti l'importance d'une pareille addition à l'herbier du Muséum, a proposé de remettre à l'établissement des échantillons de toutes ses plantes. Ce savant voyageur, gentilhomme prussien, qui jouit dans son pays d'une fortune considérable et qui a fait ce voyage à ses frais, ne demande rien pour lui en échange de sa collection. Il se contente d'attester que si son expédition a eu quelque succès dans cette partie, il est dû principalement à M. Bonpland, qui était parti de France avec lui et qui, occupé plus spécialement des recherches botaniques, a récolté le plus grand nombre des plantes de l'herbier et a fait les quatre cinquièmes des descriptions.

M. Humboldt invite l'administration du Muséum à recommander son ami à la générosité du gouvernement, qui récompense les travaux et les voyages entrepris pour le progrès des sciences. « Comme les fruits de cette expédition, dit-il, paraîtront sous le nom des deux amis voyageurs, peut-être le gouvernement français daignera-t-il s'intéresser à un voyage exécuté par des personnes qui appartiennent à deux nations étroitement liées sous tant d'autres rapports. Peut-être aussi, ajoute-t-il, on pourrait agréger M. Bonpland au Jardin des Plantes comme naturaliste voyageur. » Il termine sa demande en assurant que, si quelque chose pouvait ajouter à la reconnaissance qu'il doit à ce pays où il a été accueilli avec un intérêt aussi général, ce sera la bienveillance avec laquelle les professeurs du Muséum voudront bien recommander M. Bonpland au ministre de l'Intérieur.

Les professeurs, pénétrés d'estime et de reconnaissance pour ces voyageurs célèbres, ne peuvent qu'accueillir avec satisfaction l'offre de leur collection de plantes. Ils désirent en même temps que M. Bonpland soit récompensé de ses travaux et investi des moyens d'en recommencer de nouveaux dans le même genre. Ils ne peuvent proposer de l'attacher au Muséum en qualité de voyageur, parce que cela nécessiterait une augmentation dans les fonds annuels du Muséum ; que si cette augmentation était quelque jour retranchée, il faudrait prélever ce traitement sur la masse totale à peine suffisante pour les autres dépenses journalières ; que de plus un titre de voyageur obligerait le titulaire à être perpétuellement en course et à des frais considérables pour ses déplacemens. Ils pensent que M. Bonpland peut et doit recevoir une récompense d'un autre genre, telle qu'elle a déjà été accordée à d'autres voyageurs naturalistes qui, au retour de leurs courses lointaines, ayant déposé dans les collections publiques leurs collections particulières avec les descriptions et notes instructives, ont reçu, comme récompense nationale, des pensions de trois à six mille livres du gouvernement qui, cependant, leur avait auparavant attribué des appointemens pour voyager. M. Bonpland a fait de même un voyage très long dont les résultats sont utiles à la science, mais n'ayant reçu aucun appointement de la nation, il a un titre de plus à sa bienveillance. Les professeurs du Muséum se réunissent, en conséquence, pour le recommander fortement à Son Excellence le ministre de l'Intérieur qui est invité à lui accorder la récompense que méritent ses travaux et le don de sa collection, et à donner à M. Humboldt, dans la personne de son ami, cette preuve d'estime et de considération.

Au Muséum d'Histoire naturelle, ce 12 nivôse an XIII.

JUSSIEU, LAMARCK, DESFONTAINES.

DÉCRET IMPÉRIAL DU 13 MARS 1804

Extrait des minutes de la Secrétairerie d'État.

3ᵉ DIVISION.

Enregistré le 28 Ventôse.
Nᵒ 1231.

NAPOLÉON, empereur des Français,

Sur le rapport du Ministre de l'Intérieur, arrête ce qui suit :

Article 1ᵉʳ.

La collection de plantes recueillie par MM. Humboldt et Bonpland dans leur voyage de l'Amérique méridionale et offerte par eux au Muséum d'Histoire naturelle est acceptée par le gouvernement.

Article 2.

En reconnaissance de ce don et conformément au désir manifesté par M. Humboldt, il est accordé à M. Bonpland, qui a partagé les travaux de son voyage, une pension annuelle de TROIS MILLE francs qui sera payée sur les fonds des pensions.

Article 3.

Le Ministre de l'Intérieur et le Ministre du Trésor public sont chargés, chacun en ce qui le concerne, de l'exécution du présent décret.

Signé : NAPOLÉON.

Au Palais des Tuileries, ce 22 ventôse an XIII.

LETTRE DES PROFESSEURS AU MINISTRE DE L'INTÉRIEUR

1er floréal an XIII (24 avril 1805).

Le secrétaire général par intérim de votre ministère nous a informés par sa lettre du 18 germinal dernier (7 avril) que l'Empereur a accepté pour le Muséum d'histoire naturelle la collection de plantes qui lui a été offerte par M. Humboldt, et que, pour témoigner à ce voyageur la reconnaissance du gouvernement, Sa Majesté a bien voulu accueillir sa demande d'une pension de 3.000 francs en faveur de M. Bonpland, son compagnon de voyage.

Nous apprenons, avec un vif intérêt, l'acquisition que vient de faire Sa Majesté, d'un herbier qui va ajouter aux richesses végétales que nous possédons déjà, ainsi que le don de la pension de 3.000 francs accordée à M. Bonpland.

Nous sommes persuadés, Monseigneur, que le succès de cette affaire est dû à l'intérêt que vous avez bien voulu y prendre. Vous avez donné une nouvelle preuve de votre amour éclairé pour les sciences en mettant à la disposition des Français la collection la plus précieuse qui ait été faite en botanique, et en récompensant le zèle du jeune naturaliste qui, pendant quatre ans, a bravé tant de dangers pour se la procurer.

LETTRE DES MÊMES

A MESSIEURS DE HUMBOLDT ET BONPLAND

6 messidor an XIII (25 juin 1805).

Messieurs,

Nous avons reçu avec reconnaissance la première livraison des plantes équinoxiales que l'un de vous, monsieur Bonpland, nous a remis.

Cet ouvrage important, fruit de vos recherches à travers des dangers incalculables, mérite l'intérêt de toutes les personnes qui savent apprécier les sciences. Il offrira à la botanique des vues nouvelles et des richesses inattendues en faisant connaître les végétaux d'un pays qu'aucun botaniste n'avait encore pu parcourir; la manière dont vous présentez vos découvertes et les vues générales que vous savez en tirer leur ajoutant encore plus de prix.

L'ouvrage a été déposé à notre bibliothèque où il était attendu avec impatience. Le premier cahier fera désirer plus vivement ceux qui doivent le suivre.

V

RÉPONSE DU ROI FRÉDÉRIC-GUILLAUME III

A ALEXANDRE DE HUMBOLDT (1804)

Ordre du Cabinet (1)

Potsdam, le 25 septembre 1804.

A M. le baron Alexandre de Humboldt, à Paris.

Cher et particulièrement affectionné féal,

J'ai vu avec le plus vif intérêt, par votre lettre du 3 de ce mois, que vous êtes revenu sain et sauf de votre voyage, qui est si important pour l'histoire naturelle et pour l'ethnographie, et que vous pensez à présent de rentrer dans votre patrie, après avoir fini vos affaires littéraires à Paris et visité votre frère à Rome, pour vivre à Berlin pour la science et pour vous occuper de la publication de vos manuscrits sud-américains et de vos dessins. Je vous accorde sans hésitation la permission de rester jusqu'à l'été prochain en France et en Italie, car il faut que je rende justice aux motifs qui vous y décident, malgré le vif désir de faire la connaissance d'un homme qui, par amour pour la science s'est

(1) Voy. plus haut, p. 173. — Je renouvelle ici mes remerciements à la Chancellerie prussienne, qui m'a gracieusement fait tenir ce document par l'entremise de la Direction des Archives de notre ministère des Affaires étrangères.

exposé, avec une persistance jusqu'alors nconnue, pendant des années aux plus grandes peines et aux plus grands dangers, et qui a par là enrichi son pays d'une nouvelle gloire. J'ajoute à cette permission l'assurance, que vous recevrez après votre retour, non seulement la distinction due à votre glorieux mérite, mais encore un traitement annuel, qui vous permettra de vivre pour vous et pour les sciences. Le cadeau que vous voulez faire de vos collections à mon cabinet minéralogique mérite mes cordiaux remerciements, non seulement à cause de sa valeur exceptionnelle, mais encore parce qu'il prouve votre indiscutable amour pour votre patrie. Je les attends avec impatience, ainsi que le rare morceau de platine dont vous voulez enrichir mon Cabinet ; et je ne suis pas moins reconnaissant que vous ayez pensé à enrichir mon jardin botanique de semences rares.

Je reste, avec une estime toute spéciale,

VOTRE GRACIEUX ROI.

VI

MES CONFESSIONS (1)

(1805)

Je suis né le 14 septembre 1769 à Berlin. Mon père, d'abord militaire, puis homme de Cour et étroitement attaché au roi Frédéric-Guillaume, alors Prince Royal, jouit d'une fortune considérable pour un pays où les biens sont très également partagés. Ma mère était d'origine française (c'est-à-dire des réfugiés calvinistes établis à Berlin depuis la révocation de l'édit de Nantes). Mon éducation scientifique fut très soignée. Il n'y a pas de sacrifice que mon père et surtout ma mère (car le premier mourut quand

(1) Envoyées de Berlin à Pictet avec la lettre du 3 janvier 1806. (A. Rilliet, loc. cit., pp. 180-190.) Humboldt avait écrit en tête ces mots : à lire et à me renvoyer un jour. Pictet n'avait pas tenu compte de la recommandation et avait précieusement conservé cet intéressant document.

j'avais neuf ans) ne fît pour nous faire instruire par les hommes les plus célèbres en langues anciennes, mathématiques, histoire, dessin, jurisprudence, physique, en éducation domestique, — sans fréquenter les collèges, — l'été à la campagne, l'hiver en ville, toujours dans une grande retraite. Je me développai infiniment plus tard que mon frère Guillaume, à présent Ministre du Roi à Rome et qui dès sa première enfance étonna par sa profonde connaissance du grec et de toute la littérature ancienne et par son goût pour la poésie, branches dans lesquelles il a brillé depuis.

Jusqu'à l'âge de seize ans j'avais peu d'envie de m'occuper des sciences, j'avais l'esprit inquiet et je voulus être soldat. Mes parens désapprouvèrent ce goût; je devais me livrer à la finance et n'ai jamais de ma vie eu occasion de faire un cours de botanique ou de chimie ; presque toutes les sciences dont je m'occupe à présent, je les appris par moi-même et très tard. Je n'avais pas entendu parler de l'étude des plantes jusqu'en 1788, où je liai connaissance avec M. Wildenow, du même âge que moi et qui venait de publier alors sa Flore de Berlin (1). Son caractère doux et aimable me fit plus encore chérir la botanique. Il ne me donna pas formellement des leçons, mais je lui portai les plantes que je ramassai et qu'il détermina. Je devins passionné pour la botanique, et surtout pour les cryptogames. La vue des plantes exotiques, même sèches dans les herbiers, remplissait mon imagination des jouissances que doit offrir la végétation des pays plus tempérés. M. Wildenow était en relation étroite avec le chevalier de Thunberg, il en recevait souvent des plantes du Japon. Je ne pouvais les voir sans que l'idée se présentât de visiter ces contrées.

Je pris dès lors la résolution de quitter l'Europe ; mais j'étais trop bon fils aussi pour penser de le faire du vivant de ma mère. Le reste de ma famille est éteint ; il n'y a que mon frère et moi qui portons le nom de Humboldt.

En 1789 on m'envoya pour un an étudier à Göttingue. J'y reçus les marques les plus gracieuses de bonté de la part de trois princes anglais, dont le gouverneur, le général Malortie, était personnellement attaché à ma famille et avait bien voulu se charger de nous

(1) Voyez plus haut, p. 11.

surveiller. Je me livrai passionnément à l'étude de toutes les branches de l'histoire naturelle et de l'anatomie comparée. Je dois surtout beaucoup à M. Blumenbach, comme à mes amis Personne, Schrader, Van Guens et Link, qui tous se sont rendus célèbres comme botanistes. Je fis depuis Göttingue des voyages au Harz et sur les bords du Rhin. J'y étudiai les basaltes, sur le neptunisme desquels on disputa tant alors.

De retour à Göttingue je publiais à l'âge de vingt ans mon premier ouvrage : *Observation sur les basaltes du Rhin*, où dans un discours préliminaire je donnai l'histoire de cette roche, et surtout des observation sur le *basalte basanite* et le *lapis heracleus* des Anciens. Au printems, M. Georges Forster, avec qui j'avais lié connaissance à Mayence, me proposa de le suivre en Angleterre dans ce voyage rapide qu'il a décrit dans un petit ouvrage (*Ansichten, etc.*) justement célèbre par l'élégance du style. Nous passâmes par la Hollande, l'Angleterre et la France. Ce voyage cultivait mon esprit, me décida aussi plus que jamais pour le voyage hors d'Europe. Je vis alors [pour] la première fois la mer à Ostende et je me souviens que cette vue fit la plus grande impression sur moi. Je vis moins la mer que les pays auxquels cet élément devait un jour me porter. Sir Joseph Banks daigna me distinguer malgré ma grande jeunesse et a eu depuis des bontés pour moi qui m'inspirent la reconnaissance la plus vive. J'eus aussi occasion de voir M. Cavendish, sir Charles Magden, M. Smith et M. Sibthorp à Oxford. Nous visitâmes Bristol et les cavernes du Derbyshire. Ma mère me destinant pour la finance voulut que je profitasse encore des leçons du célèbre Bush à Hambourg. Je fus un an dans son établissement appelé *Académie du Commerce*. Le grand nombre d'Anglais qui s'y trouvaient me rendit la langue et la littérature anglaise assez familière. J'étudiais toujours la botanique, et surtout la minéralogie. J'obtins enfin de pouvoir me vouer au département des mines, comme celui qui avait plus de rapports avec mes goûts. Pour apprendre la partie pratique et pour me perfectionner sous le grand professeur Werner, j'allai passer un an à Freiberg en 1791. Ce travail des mines y fortifia beaucoup mon corps. Sachant combien j'avais un jour besoin de forces physiques, je cherchai tous les moyens de m'endurcir et de m'accoutumer aux privations. Je fis en même tems un travail sur les plantes

souterraines que Scopob seul avait traité dans un petit mémoire
et je publiai alors mon second ouvrage (*en latin*) *Flora fribergensis
plantas cryptogamicas præsertim subterrancas recensens.* J'y joignis
l'essai d'une physiologie chymique des plantes dans lequel sont
énoncées mes expériences sur les stimulans métalliques l'acide
muriatique oxygénée, l'influence de la lumière des lampes et des
différens gaz.

En 1792 je fus placé au Département des Mines. Un mémoire
que j'avais publié sur la cuite du sel engagea le chef respectable
de ce département, le baron de Heinitz, de m'envoyer visiter les
salines de la Haute Allemagne et de la Pologne. En 1793 je reçus
la direction des mines dans le margraviat de Bayreuth et d'Ans-
bach, où je travaillai dans la pratique des mines jusqu'en 1797.
Dans l'intervalle je fus de nouveau employé à des recherches
hallurgiques aux côtes de la Mer Baltique et en Pologne. Aussi
suivis-je le ministre d'État, M. de Hardenberg, dans la mission
diplomatique à l'armée en 1794. Je restais dans une agitation
continuelle ; car en 1795, je fis un autre voyage en Suisse et en
Italie, voyage qui me fit voir les Hautes-Alpes et qui me procura
la jouissance incomparablement plus grande de voir MM. Pictet
et Dolomieu à Genève. (*Ici vous direz quelque mal de votre maison
Mallet qui me laissa manquer d'argent après que M. Bourrit* (1)
*m'avait soustrait les derniers sols pour ses mauvaises gravures.
Vous ne direz rien de cela, mais vous direz que je vis alors aussi
M. de Seaussure pour la première et dernière fois !*)

Le décès de ma mère me détermina de penser solidement à mon
départ d'Europe. Le Roi me permit de voyager : il me nomma
conseiller-supérieur des Mines et voulut me conserver ma pension
pendant ce voyage. Ne pouvant être utile au service, je refusai la
pension. Mais je voulus me préparer encore mieux à ce voyage et
je pensai à l'Université d'Iéna pour y faire un cours complet et
pratique d'anatomie. J'y publiai mon ouvrage sur l'irritation de la
fibre nerveuse et musculaire, en deux volumes, ouvrage qui ne
s'occupe pas seulement du galvanisme mais de plusieurs milliers
d'expériences faites sur les agens chimiques mis en contact avec
les organes. Je crus qu'avant de quitter l'Europe, il était néces-

(1) Marc-Théodore Bourrit (1734-1815), naturaliste et peintre genevois, auteur de nombreux écrits, tableaux et dessins relatifs à la chaîne des Alpes.

saire de voir les volcans d'Italie et de m'occuper d'astronomie pratique. M. de Zach m'avait excité à cette dernière occupation, et je l'embrassai avec enthousiasme dès l'été de 1797.

Je restai de nouveau plusieurs mois à Vienne pour y étudier les richesses du jardin de Schœnbrunn, et pour profiter des conseils du vénérable patriarche des botanistes, M. Jacquin. J'y liai aussi amitié intime avec M. van der Scholl, jeune botaniste, aujourd'hui aux États-Unis. Je formai avec lui des projets sur l'Afrique ; mais le sort nous a séparés pour ne nous plus revoir. La guerre d'Italie et les troubles de Naples me détournèrent du projet du voyage d'Italie. Je passai l'hiver en vaines attentes à Salzbourg, où je m'occupai de météorologie, et où j'eus l'occasion d'essayer sur les hautes montagnes voisines la grande collection d'instrumens que je m'étais formée. Je finis aussi à Salzbourg un ouvrage sur la mofette des mines et les moyens de les rendre moins nuisibles à l'humanité. J'y ai décrit une lampe antiméphitique qui contient elle-même de l'air atmosphérique et soufflant cet air par des trous placés autour de la flamme, ne s'éteint dans aucune mofette. Cet ouvrage a été imprimé pendant mon séjour à l'Orénoque.

Pendant mon séjour à Salzbourg, lord Bristol, évêque de Derry, m'avait proposé tout d'un coup de l'accompagner dans un voyage d'Égypte (1). Il m'écrivit que nous partirions de Naples en juillet 1798 pour Rosette ; que de là nous remonterions le Nil que nous visiterions jusqu'à Syène.

Je devais me résoudre en huit jours. Lord Bristol était à Firme, je ne l'avais vu qu'une fois, dans un de ces passages qu'il fit à cheval depuis Pyrmont jusqu'à Naples. Je savais qu'il était difficile à vivre en paix avec lui, mais je savais aussi que, me munissant de mes propres fonds, je pouvais le quitter quand il me contrarierait trop. Je vis bientôt que les circonstances étaient très désavantageuses pour le grand voyage que je projetais et je résolus donc de faire *en attendant* le petit tour d'Égypte. Quand lord Bristol me fit cette proposition, personne dans le public n'avait encore parlé de l'expédition de Bonaparte ; je fus d'autant plus étonné de voir annoncer cette expédition militaire en mai. Cela me fit craindre que le lord B[ristol] ne pourrait pas exécuter son

(1) Voyez plus haut, p. 1, n. 4.

plan. Je ne reçus plus de lettres de lui et je sus bientôt après que les troupes françaises l'avaient arrêté à Rome, qu'on l'accusa d'avoir voulu aller en Égypte guidé par des vues politiques.

Tout cela me contrariait beaucoup. Je sus l'arrestation de lord Bristol en allant à Paris où était alors mon frère. Bonaparte était sur le point de s'embarquer. J'étais si agité, il me tardait si fort de voir d'autres plantes, un autre sol, que si j'avais trouvé MM. Berthollet et Monge à Paris, je les aurais accompagnés en Égypte. Je restai à Paris depuis mai [jusqu']à septembre 1798, travaillant en chimie sous M. Vauquelin et liant connaissance avec tous les savans distingués, jouissant surtout de l'amitié plus intime de MM. Cuvier, Delambre, Laplace, Desfontaines, Vauquelin, Fourcroy, Guiton, Jussieu (1). Je complettai mes instrumens et les conseils de M. Borda me furent très utiles. Je voulus quitter l'Europe et je ne sus comment faire. Le Directoire avait résolu que le capitaine Baudin devait, avec trois vaisseaux, faire un voyage autour du monde, et sur un plan tout différent de celui qu'il a exécuté, la navigation devait durer six ans. Je profitai des facilités que le Muséum d'Histoire Naturelle me procura de m'attacher à cette entreprise. J'en fis dès lors la mienne. Pendant deux mois je vis journellement le capitaine Baudin, pour apprendre de lui quand viendrait le jour désiré de notre départ. M. Bonpland devant accompagner cette expédition comme botaniste, j'appris à le connaître alors et cette connaissance a été une des bonnes fortunes de ma vie. La rupture des préliminaires de Rastadt et le manque de fonds força le Directoire d'ajourner l'expédition de Baudin. Cela fut un coup de foudre pour M. Bonpland et moi (2).

Je revins aussitôt sur mes projets d'Afrique. Je crus pouvoir passer depuis l'Égypte aux Grandes-Indes. Ne pouvant pas faire une expédition aux frais d'un gouvernement, je résolus d'en faire [une] à mes propres frais. J'invitai M. Bonpland à me suivre. J'avais lié amitié avec un consul suédois, M. Skiöldebrandt, qui attendait à Marseille une frégatte suédoise pour le mener à Alger. Il me dit qu'une caravane partait tous les ans par les déserts depuis Tunis [jusqu']au Caire. Je résolus de passer d'Alger à Tunis

(1) Voyez plus haut, pp. 2, 4.
(2) *Ibid.*, pp. 12, 13.

et de suivre la caravane. J'étais encore contrarié. J'attendis pendant deux mois à Marseille et à Toulon, la frégate suédoise n'arriva pas (1). Ennuyé, je passai avec M. Bonpland en Espagne, pour profiter du paquet (Packet-boat) qui va de tems en tems de Carthagène à Tunis : je tenais ferme à ce projet d'Afrique. Mais arrivés à Madrid, nous apprîmes qu'en Berbérie tous les Français étaient *à la chaîne*. J'avais tout à craindre pour M. Bonpland, peut-être pour moi-même, que le projet de chercher des plantes, là où les Français se battaient avec les Mameloucs, aurait fait regarder comme Français.

Enfin, les nouvelles liaisons de Madrid me dédommagèrent d'une suite de contrariétés essuyées depuis le projet de lord Bristol jusqu'au consul suédois. Un jeune ministre, le chevalier d'Urquijo, protégeait les sciences avec une libéralité extraordinaire. Je lui fus recommandé par le baron de Forell (2), ministre de Saxe à Madrid, minéralogiste distingué qui prépare pour le public une excellente géographie minéralogique de l'Espagne. Le Roi et la Reine d'Espagne me reçurent avec une bienveillance très distinguée et on accorda à un particulier ce que l'on a si souvent refusé à des gouvernements amis. Cette marque de confiance m'honore. Muni de recommandations de la Cour, je partis de la Corogne le 5 juin 1799. (*Depuis ici, voyez le mémoire de Lamétherie (3) qui est très exact et dont, une carte à la main, vous tracerez facilement le plan en gros du voyage, sans nommer les endroits. Mais il sera bon d'en extraire quelque chose, car ce mémoire n'est pas connu en Angleterre, je crois.*)

Arrivé à Bordeaux 1er août 1804 (4), j'appris avoir été nommé correspondant de l'Institut national et membre de l'Académie de Berlin, de la Société de Philadelphie et des Quarante de l'Académie italienne pendant mon absence. Je m'occupai en France, pendant huit mois, de l'arrangement de mes collections, de dessins et d'un nouveau travail chimique publié par M. Gay-Lussac (5). Je n'ai

---

(1) Voy. plus haut, p. 14.
(2) *Ibid.*, p. 3, 16, 19.
(3) *Journal de Physique*, 1804, t. 59, p. 122. — Ce mémoire est reproduit plus haut à la suite de la préface.
(4) Voy. plus haut, p. 168.
(5) Cf., *Mém. de Physique et de Chimie de la Société d'Arcueil*, t. I, p. 1-23.

conservé aucune collection pour moi. Une collection de 6.000 espèces a été placée au Muséum à Paris (1), une autre de doubles
a été donnée à M. Wildenow (2); les minéraux ont été donnés
au cabinet du Roi à Berlin (3).

Inquiet, agité, et ne jouissant jamais de ce que j'ai achevé, je ne
suis heureux qu'en entreprenant du nouveau et en faisant trois
choses à la fois. C'est dans cet esprit d'inquiétude morale, suite
d'une vie nomade, que l'on doit chercher les causes principales de
la grande imperfection de mes   . J'aurai été plus utile par
les choses et les faits que j'ai r   , par les idées que j'ai fait
naître dans d'autres, que par les ouvrages que j'ai publiés moi-
même. Cependant je n'ai pas manqué de bonne et de grande
volonté, ni d'assiduité au travail. Dans les climats les plus ardens
du globe, j'ai écrit ou dessiné souvent 15 à 16 heures de suite.
Ma santé n'en a pas souffert et je me prépare au voyage d'Asie
après avoir publié les résultats du voyage d'Amérique.

Voulez-vous mener ma vie au moment actuel? Alors, vous
pouvez ajouter que j'ai traversé toute l'Italie et que j'ai eu la jouissance de voir, en quinze mois, les villes de Mexico, Philadelphie,
Paris et Rome, que le Vésuve nous a donné sa fête. Mais ne dites
pas que, retourné dans ma patrie, on m'a fait... chambellan!
(*Mais dites à la fin quelque chose d'aimable pour mon Roi, qui, effectivement, me distingue beaucoup.*) Cela me fait souvenir qu'un
chambellan, à Potsdam, demanda à Forster le père, lors du retour
de Cook, s'il avait vu le roi Frédéric et si les rois lui faisaient
quelque sensation : « Non, dit Forster, j'y suis assez accoutumé.
J'ai vu cinq rois sauvages, et deux en Europe parfaitement rendus
domestiques. » En allemand le mot est très joli.

A. HUMBOLDT.

a) En parlant de moi, j'aimerais que vous disiez simplement M. Humboldt, au plus M. Alexandre Humboldt. C'est plus

(1) Voy. plus haut, p. 175 et 230.
(2) *Ibid.*, p. 180.
(3) *Ibid.*, p. 174.

anglais, car le *de* souvent répété sonne mal à l'oreille. Pour conserver les titres de notre famille (car vous voyez que je traite votre père diplomatiquement) mettez *une seule fois* Frédéric-Alexandre, baron de Humboldt, mais une fois seulement, car cela tient à des *principes* que vous ne partagez pas entièrement (mais que mon frère et moi soutenons malgré les changemens de tems), que nous n'usons du *titre* que dans les cas les plus extraordinaires; par conséquent *jamais* à la tête d'un livre.

b) Je n'ai parlé que de mes ouvrages, mais il y a beaucoup de mémoires de moi dans le journal de Lamétherie, les *Annales de Chimie* de Paris, celles de Crell, le Journal allemand de Freyberg, le journal astronomique de Zach, le *Magasin historique* de Biester, le journal espagnol de Cavanilles. Ce sont toujours des expériences ou des observations, bonnes ou mauvaises, mais jamais des théories dont je ne suis pas prodigue.

VII

NOTE SUR LE VOYAGE DE HUMBOLDT ET GAY-LUSSAC EN ITALIE (1805) (1)

Retourné en Europe après une absence de cinq ans, le 3 août 1804 (2), j'eus le bonheur de me lier (peu de semaines après la grande ascension de M. Gay-Lussac) très étroitement dans la maison de M. Berthollet avec l'homme qui a exercé une grande et bienveillante influence sur mon instruction et la direction de mes travaux. Le motif de cette liaison intime, de la communauté de quelques travaux, était une défaite littéraire qui, dans un caractère vaniteusement susceptible, aurait pu devenir un motif d'éloignement. M. Gay-Lussac, travaillant sous M. Berthollet, avait

---

(1) Ce fragment, écrit en français de la main de Humboldt, fait partie de la précieuse collection d'autographes de M. Raymond Le Ghait, premier secrétaire de la légation de Belgique à Vienne, qui a bien voulu me le communiquer par l'aimable entremise de M. Léon Gauchez.

(2) Voy. plus haut, pp. 168, 170.

pendant mon absence d'Europe prouvé que je m'étais trompé dans l'évaluation du rapport numérique de l'absorption de l'oxigène par le gaz nitreux (1). Les erreurs que j'avais commises avaient été blâmées d'une manière très vive. Reconnaissant la justesse du blâme, j'avais le bon esprit de m'associer à un chimiste beaucoup plus instruit que moi et de remplacer, comme il est dit dans le mémoire que j'ai présenté avec Gay-Lussac à l'Académie des Sciences le 1er pluviôse an XIII (*Journal de physique* de Lamétherie), un travail de ma première jeunesse par un autre fondé sur des bases plus solides. Je dois rappeler à cette occasion que le nouveau mémoire, en donnant l'analyse de l'air contenu dans l'eau ou mis en contact avec elle comme la moyenne de la quantité d'oxigène dans l'air atmosphérique, entièrement semblable à ce que donnent les analyses plus récentes et plus précises de Boussingault, de Dumas et de Regnault, offre le fait important que 100 parties en volume d'oxigène exigent 200 parties de gaz hidrogène pour se saturer.

Berzélius a déjà rappelé que ce fait est le germe de ce que plus tard on a découvert sur les proportions fixes, mais ce fait de la saturation complète est dû à la sagacité seule de Gay-Lussac. J'ai coopéré aussi à cette partie des expériences, mais lui seul a entrevu l'importance du résultat pour la théorie.

Par l'amitié de M. Berthollet, Gay-Lussac (répétiteur de Fourcroy à l'École polytechnique) obtint un congé pour m'accompagner pendant un an en Italie et Allemagne ; des appareils chimiques, eudiométriques, magnétiques, hygrométriques, plusieurs baromètres pour mesurer des hauteurs, un petit ballon de deux piés de diamètre retardèrent notre départ de Paris à cause de la lenteur des artistes. Nous continuâmes jusqu'au dernier jour notre travail sur l'air contenu entre les interstices de la neige et dans l'eau de neige au laboratoire de l'ancienne École polytechnique, Palais-Bourbon.

Nous partîmes de Paris le 21 ventôse an XIII (12 mars 1805) pour arriver par Lyon, Chambéry, Saint-Jean-de-Maurienne le 5 germinal à l'hospice du Mont-Cenis. Nous nous arrêtâmes, surtout à Lyon, à Saint-Michel et à Lenslebourg, pour déterminer l'incli-

(1) *Mémoires* lus à l'Institut en l'an VI.

naison et l'intensité magnétiques, comme au retour de Naples nous repassâmes la chaîne des Alpes et pûmes comparer Côme et Roveredo avec l'hospice du Saint-Gothard et Altorf.

Ces observations magnétiques, faites au sud et au nord de la chaîne, offraient des matériaux propres à discuter les perturbations locales que les chaînes de montagnes causent sur les courbes isodynamiques et isoclines. Le genre de discussion, qui m'avait occupé à l'est et à l'ouest de la puissante Cordillère des Andes, a été tout récemment l'objet du grand travail que Crell a publié dans les *Mémoires de l'Académie de Vienne* sur les effets magnétiques abnormes que présentent d'une manière assez uniforme les Alpes et les Carpathes. Pour ne plus revenir sur le travail magnétique d'inclinaison, d'intensité et d'observations faites à Rome, sur les déclinaisons horaires au moyen d'une lunette aimantée de Prony que j'avais portée avec moi, je rappellerai que Gay-Lussac a publié les observations magnétiques de France, d'Italie et d'Allemagne que nous avons faites avec les mêmes instruments, dans les *Mémoires de la Société d'Arcueil*, t. I, p. 1-22, et que, heureusement, M. Arago a observées dans son voyage d'Italie en plusieurs lieux (Turin, Florence, etc.) que nous avions touché ; ce qui m'a donné lieu de trouver la valeur des variations annuelles. (Humb. *Voyage*, III, p. 625.)

Nous séjournâmes à l'hospice du Mont-Cenis du 5 au 9 germinal pour examiner la quantité d'oxigène de l'air recueilli dans les nuages qui rasaient le plateau, pour comparer l'air de la montagne à l'air que nous avions apporté de Paris, pour voir si l'intensité magnétique changeait à différentes heures du jour et de la nuit, ce qui malheureusement se complique par l'influence des températures ... Nous renonçâmes (à cause des brouillards) au projet de remplir notre petit ballon et de le tenir en laisse pour examiner la direction des courans à de petites hauteurs dans les couches superposées de l'air. (Je me gelais les mains à 12° centigr. au-dessous de zéro, pour déterminer la latitude de l'hospice, ce qui étoit extrêmement inutile.) Nous brisâmes un des baromètres à la ramasse du Mont-Cenis et perdîmes assez de tems pour bouillir et placer un autre tube.

Nous descendîmes à Turin, prîmes par Alessendria, Voltaggio et la Soqui Ilia pour visiter la mer à Gênes, nous y séjournâmes du 6-9 avril, remontâmes à Pavie et à Milan (13-16 avril) où Oriani goûta (1) beaucoup la conversation de Gay-Lussac; puis par Parme, Modène à Bologne (où le comte Zambeccari était encore alité et souffrant de la perte de six doigts, effet de la descente le long d'une corde pour se sauver d'un ballon incendié, ce qui ne l'empêcha pas de consulter Gay-Lussac de nouveau sur des projets d'ascension dans un ballon à gaz hidrogène, mais dans lequel un grand cercle de lampes qu'on allume ou éteint sert de lest).

De Bologne nous allâmes par Faenza et Rimini au bord de l'Adriatique, la chaîne de l'Apennin, de la Scheggia, les bains de Nocera, Spoleto, la Cascade de Terni à Rome le 30 avril à peu près sept semaines après le départ de Paris; l'intérêt que Gay-Lussac commençait à prendre au gisement des roches, la difficulté de trouver des endroits où à l'air-libre on pouvait faire des observations magnétiques étaient la cause de cette lenteur. La maison de mon frère, alors ministre à Rome, était d'autant plus animée qu'à cette époque madame de Staël faisait les délices de la ville éternelle, que les grands artistes Thorwaldsen et Rauch fréquentaient journellement la maison, que Léopold de Buch s'y trouvait. Gay-Lussac, lancé dans un monde composé d'élémens si divers, s'en accommodait très bien, ayant un sentiment bien vif de la nature et des arts dont jusque-là il avait peu connu le charme, apprenant avec beaucoup de zèle l'italien et montrant d'autant moins de sauvagerie, qu'il était accueilli partout comme un membre de la famille et que déjà il avait vu madame de Humboldt à Paris, lors de mon arrivée en Europe (2)...

(1) Oriani, astronome milanais, qu'Arago a plusieurs fois cité avec éloge. (*Œuv. compl.*, t. III, p. 41, t. XI, p. 154-160.)

(2) Le fragment s'arrête ici. Pour la suite du voyage voir plus haut, lettre LIII et LIV.

VIII

EXTRAITS

DE

DIVERSES LETTRES D'ALEXANDRE DE HUMBOLDT

RELATIVES A SES ÉTUDES AMÉRICAINES

(1808-1826)

I

A M. A. PICTET

Paris, 28 février 1808 (1).

... Vous avez des raisons pour me gronder ; m'aimez-vous assez pour me disculper? Si vous saviez comme j'ai été malheureux ! Je passe ma vie à l'Ecole Polytechnique et aux Thuileries. Je travaille à l'Ecole, j'y couche, j'y suis toutes les nuits, tous les matins. J'habite la même chambre avec Gay-Lussac. C'est mon meilleur ami dont le commerce me rend tous les jours meilleur et plus actif (2). Nous nous stimulons réciproquement. Je conçois qu'après

(1) A. Rilliet, *loc. cit.*, p. 190. — La date exacte de ce billet, que M. Rilliet suppose du mois de mars, est donnée par une lecture de Humboldt à l'Académie des sciences *Sur les réfractions* qui s'y trouve annoncée pour le lendemain et a été faite le lundi 29 février.
(2) Voy. plus loin, p. 305.

avoir tout perdu, je pourrois encore être indépendant avec quarante sols par jour. Que je me réjouis de vous embrasser et cet
aimable Auguste de Staël (1) !

II

AU MÊME

Paris,... mars 1808 (2).

Je vous présente, en humble auteur : *Statistique*, liv. 2 et 3. Je
voudrais que vous me lissiez un peu sur les mœurs (pp. 76, 99, 113,
130, 114), sur les antiquités (pp. 187, 239, 297, 263), les volcans
(p. 248) et l'aspect du pays (pp. 177. 176, 270); un mémoire hydro-
graphique fait avec beaucoup de soin (pp. 204-234) ; sur la diligence qui ira de Washington à Mexico (p. 248) ; sur les sauvages
(pp. 289, 304, 325). Si vous me lisez comme cela en détail, ce qui
fera $\frac{19}{20}$, je vous ferai grâce du reste.

... Mon *Astronomie*, cahier 4 : je vous dois encore cahier 2, et
vous serez au grand complet, même replet de mes chiffres.

Voyez la bonne marche du chronomètre (p. 85). Prenons long.
de la Havane :

> Par mon chronomètre. 5ʰ38′52″
> Par mes satellites. . . 5ʰ38′50″
> Eclipse du . . . . 5ʰ38′50° (p. 53 et 89).

Jamais un plus grand nombre d'observations n'ont été calculées
avec plus d'intelligence et d'après une méthode uniforme (p. 82).
C'est le mérite de M. Oltmanns. Je crois d'ailleurs que je puis faire
examiner mes propres observations en détail. Vous verrez qu'il
n'y a pas un jour où je n'aye observé...

---

(1) Le baron Auguste-Louis de Staël-Holstein (1790-1828), fils de la célèbre
madame de Staël.

(2) A. Rilliet *loc. cit.*, p. 192. — La troisième livraison de l'*Essai politique
sur le royaume de la Nouvelle-Espagne* a paru en mai 1808. Humboldt l'a
présentée à l'Académie le 9 de ce mois.

III

A CONRAD MALTE-BRUN (1)

Arcueil, ce dimanche au soir [1808].

M. Schoell m'a privé du plaisir de vous offrir, monsieur, le premier volume de mon travail sur le Mexique; je comptais vous le remettre moi-même. Je me flatte que vous n'avez pas encore le travail astronomique (2); comme géographe, vous y trouverez toujours quelques observations dignes peut-être de votre attention. Vous y verrez surtout, pp. 37-39 (comme statistique, l'article *Orizava*), avec combien de soin sont dressées ces fameuses cartes d'Arrowsmith. J'ai été malade depuis quelques jours, c'est ce qui m'a empêché de venir vous voir (3)...

IV

AU MÊME (4)

Paris, ce [20 avril 1808].

Mille grâces pour votre aimable lettre; veuillez bien offrir à M. Étienne (5) l'expression de ma reconnaissance. Vous avez beau-

(1) Les originaux de ces lettres à Malte-Brun, imprimées déjà par La Roquette (*Correspond. inédite*, t. II, p. 41 et suiv.), sont à la Société de Géographie.

(2) Le premier volume du recueil d'observations astronomiques, calculées par Jabbo Oltmans, a paru en 1808 comme le commencement de l'*Essai politique*, il forme le XXI⁰ volume de la collection.

(3) L'adresse de Humboldt est alors : *Rue des Francs-Bourgeois, Hôtel d'Anjou*.

(4) *Soc. de Géogr.* — Cf. La Roquette, *Corresp. inéd.*, t. II, p. 57.

(5) Charles-Guillaume Etienne (1777-1845) journaliste et auteur dramatique, rédacteur en chef, depuis le mois d'août 1807, du *Journal des Débats* devenu *Journal de l'Empire*, et plus tard membre de l'Académie française, vice-président de la Chambre des députés, pair de France, etc.

coup plus fait que je ne vous demandais. D'ailleurs je ne vous aurais pas parlé de cette misère, si le mot avait été contre un de mes ouvrages qui, embrassant beaucoup d'objets et écrits dans une langue que je ne possède qu'imparfaitement, peuvent sans doute prêter à la critique. Mais madame de Staël est regardée comme une puissance maritime, et un Prussien qui est réduit à un peu de poussière doit craindre le choc impétueux des vagues (1).

Je vous remercie infiniment de la *Gazette de Leipzig*. Je ne m'en plains pas, mais la critique n'est pas bien savante. Attribuer au sol ce qui appartient à la différence des climats, effet de la hauteur, est une assertion bien arbitraire et l'on pense que sur le dos et sur la pente des Cordillères, il existera à la même hauteur toutes les sortes de sol. Ces messieurs veulent nier l'existence de la géographie des plantes et cela est très commode pour les botanistes nomenclateurs. Il vous en arrive la même chose pour votre excellent travail géographique. Nous sommes tous deux des corsaires qui envahissent le terrain dont ces messieurs croyent être les possesseurs absolus. De même il est difficile de nier le phénomène des plantes sociales, si l'on a vu les forêts de sapins, des bruyères et des myrtilles dans nos bois...

(1) Le *Journal de l'Empire* avait inséré à la date du 16 avril la note suivante, datée de Weimar 2 avril : « On attend ici, dans le courant de mai, madame de Staël ainsi que M. de Schlegel, on lui a déjà loué un appartement sur le Parc. M. de Humboldt sera ici à la même époque...», et Humboldt avait aussitôt prié Malte-Brun et Etienne de démentir cette nouvelle en ce qui le concernait, ce qui avait été fait dès le 19 dans les termes suivants :

« La nouvelle du voyage de M. de Humboldt pour Weimar, que nous avions annoncée d'après les journaux allemands, est dénuée de tout fondement. Ce savant voyageur continue son séjour à Paris et vient de publier l'aperçu de 291 nouvelles observations des longitudes et des latitudes, travail immense qui donne des bases nouvelles à la géographie de l'Amérique. On a de la peine à concevoir comment les journalistes allemands ont pu placer si légèrement le nom de M. de Humboldt, associé étranger de la première classe de l'Institut, à côté de celui de M. Schlegel, détracteur de la littérature française. » (*Journ. de l'Emp.*, 18-19 avril 1808.)

V

A M. A. PICTET (1)

Paris, le 26 mai 1808.

Je viens de recevoir en ce moment, votre aimable lettre en date du 23. J'y réponds à l'instant pour vous remercier de cœur et d'âme. J'espère que notre affaire ira bien ; les circonstances le favorisent beaucoup. M. Schoell vous fera adresser avec cette lettre ce qui vient de paraître de la *Statistique*. Je crois que la dédicace peut être traduite ; elle prouve l'attitude dans laquelle je me trouvois vis-à-vis le gouvernement espagnol. Il y a déjà six feuilles imprimées de la seconde livraison. Elle doit paraître en six semaines, je préfère de vous envoyer le tout par la poste, M. Degérando (2) étant parti pour Florence. M. Schoell vient de publier aussi les deux petits volumes de mes *Tableaux de la Nature* (3). Je vous présenterai ce petit ouvrage lors de votre retour ici ; il paraît qu'il fait fortune. Je demanderai des hannetons à M. Bonpland ; c'est à lui seul qu'appartiennent les insectes qu'il a recueillis. Tous vos amis vous attendent ici comme le Messie. Je vis toujours entre la soude et la potasse, entre Thénard et Gay-Lussac. Aussi l'ammoniaque, M. Bertholet, nous visite quelquefois ; nous nous croyons tous hidrogénés.

Je composerai très volontiers avec vous la liste des noms mexicains ; je ne saurais la faire, ne connaissant pas assez la valeur des lettres en anglais. Gay-Lussac me charge de ses respects pour vous. Nous vivons toujours fraternellement en ce que vous appelez notre *camp volant* à Paris (4)...

(1) A Rilliet, *loc. cit.*, p. 193.

(2) Joseph-Marie, baron de Gérando (1772-1842), grand ami de W. de Humboldt.

(3) *Tableaux de la nature ou Considérations sur les déserts, sur la physionomie des végétaux et sur les cataractes*. Paris, 1808, deux vol. in-12.

(4) La lettre est signée : *Humboldt, à l'Ecole Polytechnique, Montagne de Sainte-Geneviève.*

VI

A CONRAD MALTE-BRUN (1)

Paris, ce jeudi 24 juin 1808.

Oserais-je vous prier de réfuter avec deux mots l'article singu_
lier de Francfort, inséré dans le journal du 22 juin (2)? Je ne puis
pas même deviner ce qui a pu donner lieu à cette plaisante nouvelle. Ne pourriez-vous pas dire que je continue à travailler à la
publication de mon voyage et que, si je quitte la France, ce sera
probablement plutôt pour aller au Thibet ou en Cochinchine,
que pour acheter un *couvent en Bavière à douze lieues de Munich?*

Si peut-être ce que je vous demande n'est pas de votre ressort,
j'oserai vous prier de montrer ces lignes à M. Etienne, qui voudra
bien faire insérer quelques mots à ce sujet. La nouvelle est d'ailleurs très innocente en elle-même...

Bon Dieu! que d'éloges vous avez donnés à mes *tableaux* (3)!
Un journal les accuse aujourd'hui de métaphysique allemande.
C'est un reproche bien singulier, qui sent *le couvent de Mu-
nich* (4)...

VII

A AIMÉ BONPLAND (5)

Paris, ... novembre (?) 1809.

Je suis peiné de ne t'avoir pas vu, cher Bonpland, je suis rentré

(1) La Roquette, *Corresp. inédite*, t. II, p. 35.

(2) « M. Alexandre de Humboldt, était-il écrit de Francfort, célèbre voyageur,
va, dit-on, quitter la Prusse pour se fixer en Bavière. Il a acheté un couvent
à douze lieues de Munich. » (*Gaz. de l'Emp.*, 22 juin 1808.)

(3) Malte-Brun avait consacré aux *Tableaux de la Nature* que Eyriès venait de traduire un article très élogieux dans le *Journal de l'Empire* du
lundi 15 juin.

(4) Löwenberg, qui reproduit un fragment de cette lettre, rapproche ce passage d'un autre emprunté à une lettre à Berghaus, où Humboldt qualifie Munich de « spelunca maxima des deutschen Ultramontanismus. » (Löwenberg,
loc. cit., p. 416.)

(5) *Bibl. de La Rochelle*. Ms. n° 617, f° 234.

un instant après toi. Je suis plus peiné encore de ne pas pouvoir
déjeûner chez toi, ce n'est pas le chien de tems qui m'empêche, ce
sont les libraires. Le 1ᵉʳ vol. de l'ouvrage sur les *Monumens* (1)
doit être au jour le 15 décembre. Je te ferai relier un bel exemplaire qu'il me paraît décent que tu présentes *en ton nom* à l'Impératrice (2). L'ouvrage est dédié par nous deux à M. Visconti sur
une planche gravée. Je te prie aussi de m'écrire le nombre
d'exemplaires que tu veux de toute la statistique et de la zoologie...

VIII

A M. LE BARON DE FORELL. (3)

A Paris, rue de la Vieille-Estrapade, n° 11,
Ce 16 novembre 1809.

Monsieur le Baron,

Je n'ai pas osé me présenter chez vous, parce que je puis concevoir quelle doit être la multiplicité des affaires, dans laquelle
vous vous trouvez. Mais j'aime trop la Saxe, qui a été ma seconde
patrie, parce que je lui dois une grande partie de mon éducation,
pour ne pas avoir ressenti la joie la plus vive en apprenant la
nouvelle marque de confiance que le Roi vient de donner à Votre
Excellence. Daignez agréer mes félicitations respectueuses.

Il est de mon devoir (et c'est un devoir doux à remplir) de présenter mes hommages à Leurs Majestés de Saxe. J'ai des raisons
(que le Baron de Senff (4) dira au plus secret Cabinet du Roi!), par
lesquelles je ne désire pas me présenter sous les auspices de
M. de Brockhausen (5). Auriez-vous la grâce de me procurer les

---

(1) *Vues des Cordillères et monumens des peuples indigènes de l'Amérique.*
Paris, Schoell, 1810, 2 vol. in-f°, 63 pl.

(2) Bonpland est intendant de la Malmaison depuis décembre 1808.

(3) Le même baron de Forell qui était à Madrid au moment du départ de
Humboldt et Bonpland pour l'Amérique (Voy. plus haut, p. 8, etc.). Il a
suivi à Paris le roi de Saxe, Frédéric-Auguste Iᵉʳ, à la fin de 1809.

(4) Friedrick-Christian-Ludwig Senfft von Pilsach (1774-1854), diplomate
allemand. Il a écrit des *Mémoires* publiés par von Rochow.

(5) Karl-Christian von Brockhausen (1766-1829), homme d'État prussien,
dont l'influence avait décidé, en 1806, l'alliance de la Saxe avec la Prusse
contre la France.

moyens de voir ces Souverains, auxquels j'ai eu l'honneur d'être présenté à Dresde, il y a douze ans? On ignore à l'Estrapade (1) à quel Chambellan je dois écrire. Auriez-vous l'extrême bonté de me fixer une heure ; ou serait-ce bien d'attendre quelques jours?

J'ai quelque espoir que l'envoyé du Roi pourrait tirer mon frère et moi de l'affreux embarras pécuniaire dans lequel nous nous trouvons. Nous possédons, dans le Grand-Duché de Varsovie, près de 95,000 écus de Prusse hypothéqués. D'après la loi du 6 janvier 1809, nous ne pouvons à termes indéterminés jouir ni du capital ni des intérêts. Partie de ces capitaux est sous mon nom seul, partie sous celui de mon frère. Sa Majesté m'a exempté par décret du 14 mars 1809 de la mesure générale pour un seul capital de 33,000 écus placé à Rodzawie, dép. de Posen. La guerre m'a empêché de tirer parti de cette grâce. Je n'ai pas reçu d'intérêts depuis trois ans. Votre Excellence ne croirait-elle pas que je pourrais hasarder, vers la fin du séjour du Roi à Paris, de lui présenter une pétition dans laquelle je demande une exemption totale pour les capitaux inscrits sous mon nom et celui de mon frère? Ayant une fois obtenu cette grâce, une recommandation de Votre Excellence suffira pour me faire entrer dans la jouissance des intérêts. J'ai préparé ces ruses que je trame en laissant dans la lettre à Sa Majesté la phrase : « *Dass ich mit meinem Bruder noch einmal gezwungen sein würde, Seine Huld anzuflehen.* » Un mot de Votre Excellence au Roi me préparera les moyens. Le comte Marcolini m'a toujours témoigné beaucoup de bienveillance, mais je crois qu'il ne voudra pas se mêler d'affaires particulières. J'ose en appeler à vos bontés parce que je connais les sentimens dont vous m'honorez. Le malheureux séquestre est la plus grande entrave à la publication de mes ouvrages (2)...

(1) C'est son adresse à Paris.
(2) Cette lettre, en français, trouvée aux archives de Dresde (*Konigl. Sachsische Staatsarchiv zu Dresden*), par M. Robert Avé-Lallemant, est donnée *in extenso* dans le mémoire intitulé *Alexander von Humboldt, sein Aufenthalt in Paris*, 1808-1816), qui ouvre le tome II de la grande publication de M. Bruhns (*Alexander von Humboldt, eine wissenschaftliche Biographie*, Leipzig, Brockhaus, 1872, in-8°. Bd. II, s. 7-9.).

IX

A CONRAD MALTE-BRUN (1)

Paris, ce lundi...., 1810.

... J'ai l'honneur de vous transmettre, monsieur, le dernier cahier de mon ouvrage sur les *Monumens des peuples indigènes de l'Amérique*. Je sais que par la négligence des personnes que j'avais chargées de vous offrir la suite de mes travaux, il vous manque plusieurs des cahiers précédens. Je vous supplie, monsieur, de vouloir bien, lorsque vous aurez un moment de loisir, m'indiquer le numéro de ces livraisons. Je désirerais que cet ouvrage fût en entier dans votre bibliothèque (2)...

X

AU MÊME (3)

Paris, ce vendredi..... 1810.

Je voudrais de nouveau mettre à l'épreuve l'amabilité de M. Malte-Brun. Je suis à finir une carte de la partie des Andes qui se rapproche de l'isthme de Villabella et qui comprend le pays des Chiquitos et des Moxos. Je sais que vous possédez un manuscrit de M. Francisco Fernandez (déc. 1804), qui traite des limites et renferme une carte manuscrite des Chiquitos. Serait-ce une grande indiscrétion, monsieur, de vous demander cette communication, si toutefois le manuscrit est resté entre vos mains ? Je citerai dans mon ouvrage cette nouvelle marque de votre intérêt pour le progrès des sciences géographiques.

Mon domestique repassera à votre hôtel samedi ou dimanche.

(1) *Soc. de Géogr.* — Cf. La Roquette, t. II, p. 38-39.
(2) Cette lettre est signée : Humboldt. Quai Malaquais, 3.
(3) *Soc. de Géogr.* — Cf. La Roquette, t. II, p. 38.

XI

AU MÊME (1)

Paris, ce samedi..... 1810.

Tous les privilèges doivent être accordés à votre nom ; ma forteresse s'ouvrira toujours pour vous, monsieur, mais pour ne pas
vous incommoder à monter sous mon toit, permettez d'abord que
je puisse vous offrir mes remercîmens chez vous demain dimanche à midi.

Le ms. espagnol me paraît curieux (2) sous le rapport historique, mais la carte est plus médiocre encore que celle d'Azara et
nous avons mieux dans la carte manuscrite de Jid. Sancíro et
surtout dans la carte des Jésuites des Moxos et Chiquitos.

Je n'ai pas été, comme dit aujourd'hui le *Courier*, à Liége entendre un cours de minéralogie ! !

Je n'ai pas quitté la France depuis deux ans.

XII

A AIMÉ BONPLAND (3)

Paris, ce 7 septembre 1810.

.. Tu ne m'écris pas un mot de la botanique, je te supplie
cependant de t'en occuper à la fin, car depuis le départ de madame
Cauvain je n'ai vu qu'une demi-page de manuscrit. Je suis très
décidé de ne pas laisser enfouir les résultats de notre expédition
et si en huit mois il ne paroissait que dix planches, c.-a.-d. autant

(1) *Soc. de Géogr.* — Cf. La Roquette, t. II, p. 37.
(2) C'est le manuscrit de Francisco Fernandez, dont il est question dans la
lettre précédente.
(3) *Bibl. de la Rochelle.* Ms. n° 617, f° 238. — Cf. La Roquette, *Corresp.
inéd.*, t. I, p. 42.

que tout botaniste en Europe en finit en quinze jours, il n'y a pas
de raison que le second volume des plantes équinoxiales finisse
en trois ans et cependant il est de fait que M. Stone a déclaré ne
pas vouloir imprimer les *species* avant que ce second volume ne
soit fini. Je te prie donc de nouveau, mon cher Bonpland, de t'occuper de la fin d'un objet qui est d'une haute importance pour
les sciences, pour ta réputation morale et pour les engagemens
que tu as contractés avec moi en 1798. Je te prie de nous transmettre du manuscrit, car quant aux assurances que tu en as de
tout fait chez toi, tu sais qu'ils n'avancent en rien cette affaire.
Je suis engagé de te faire de nouveau ces prières parce que je
viens de payer à M. Willdenow 3,000 francs en avance pour les
species et parce que le public, qui croit que tu ne t'occupes plus de
sciences depuis deux ans, ne voudra pas d'un nouvel ouvrage de
botanique avant que le premier ne soit achevé. M. Willdenow
est en chemin, à ce que je suppose ; je ne sais pour sûr qu'[une
chose], qu'il s'est fait payer l'argent à Berlin. J'espère que nous
te verrons bientôt ici, mon cher Bonpland, je t'embrasse de cœur
et d'âme et je saurai dans un mois si tu m'aimes encore un peu,
pour faire ce que je te prie.

Gay [Lussac] te salue.

XIII

A M. A. PICTET

Paris, 30 décembre [1810.]

Je reçois en ce moment les feuilles de la *Bibliothèque Britannique*. Au faire, à la délicatesse du sentiment, à celle de l'envoi,
à l'impression que cela m'a causé, je me suis dit que ces feuilles
venaient de vous, mon digne et excellent ami. Je sais que je pourrais faire beaucoup mieux ; j'ai même l'espoir que ce mieux paraîtra bientôt ; mais aussi vous m'en imposez l'obligation. Car je
commence à devenir un homme célèbre, et je sens journellement
que d'autres ne le sont pas devenus à si peu de frais.

J'ai été singulièrement bien portant depuis deux mois, et j'ai donné un bon coup de main à mes ouvrages. Je dis *de main*, car dans ces choses dont on fait tant de cas, il y a souvent plus de bras que de tête.

Mon ouvrage sur le Mexique est vers la fin. Vous vous souvenez de ce libraire léopard (1) qui ne voulant pas de mon astronomie, parce qu'il assurait que ce ne serait que quelque *Mexican-guide* réchauffé, s'extasiait sur la statistique du Mexique, qu'il regardait comme la pierre philosophale. Hé bien ! dans ce dernier cahier, ses yeux seront ravis de l'aspect de tant de chiffres, qui tous expriment de l'argent (2) !

Trente feuilles d'astronomie sont imprimées : j'y ajoute le nivellement barométrique, 4 à 500 hauteurs calculées d'après Laplace. A chaque hauteur, je donne le gisement des roches, de sorte que cela fera connaître la géologie des Andes.

Ramond a lu de nouveaux mémoires sur ses éternels baromètres. Il y a des méchants qui croient aux coups d'épaules : il trouve des millimètres de hauteur et finira par mesurer les conscrits au moyen du baromètre, ce qui rendra la méthode très recommandable, sans doute.

J'imprime aussi un cahier zoologique, dans lequel M. Latreille décrit nos insectes et moi des singes barbus (3). Voilà nos exploits.

Et vous, mon bon et digne ami, quand nous viendrez-vous ? J'ai passé des soirées délicieuses chez madame Gautier ; je hasarde même d'aller en pays ennemi. Car le principe frigorifique a déclaré son ennemi mortel tout individu qui s'approche du principe calorifiant. Mais il a beau prêcher : le thé, les glaces et surtout la satire (arme des places détestables ! !) l'emportent sur la vertu et sur le dualisme.

Adieu, mon cher ami ; agréez les expressions de ma reconnaissance éternelle, et présentez mes respects à votre belle et intéressante famille. Gay [Lussac] me charge de mille choses pour vous.

(1) C'est-à-dire *anglais*. Humboldt répète volontiers cette plaisanterie héraldique.

(2) Les livres IV, V et VI de l'*Essai politique* sont en effet consacrés en grande partie aux mines, à la production métallique, au Trésor royal, etc., etc.

(3) Ces travaux de Latreille et de Humboldt occupent la seconde moitié du premier volume du *Recueil d'observations de zoologie et d'anatomie comparée*, qui forme le t. XXIII du *Voyage aux régions équinoxiales*.

Nous vivons sous le [même] toit comme Bruys et Palaprat (1), mais trouvant un public plus indulgent.

P.-S. — Vous aurez reçu les feuilles du Mexique. Biot, plus vaillant encore que les héros d'Homère, a attaqué deux puissances à la fois, Hérodote et Malte-Brun, les muses de l'histoire et de la géographie. Quelle imprudence! C'est un homme qui, arrivant à la campagne, demande s'il n'y a pas de nids de guêpes dans les environs pour y fourrer les mains.

Nous avons demain notre séance publique. Nous ferons une partie en bateau avec l'abbé Rochon (2), promenade de deux heures sur des canaux projetés en Bretagne. On dit qu'après le *mucus animal*, il n'y a rien de plus d'intéressant. Mais après cela ne ressemblera-t-il pas à un *auto-da-fé*? Car, convenez-en, l'idéologie a été traitée *sans cérémonies*.

XIV

A CONRAD MALTE-BRUN (3)

Paris, mercredi matin, rue Saint-Dominique-d'Enfer, 20.

Monsieur,

Vous seriez bien aimable si vous pouviez bientôt dire un mot sur l'existence de mon ouvrage sur le Mexique. Une entreprise de ce genre, qui n'est soutenue par aucun gouvernement, ne peut se soutenir que par le soin que l'auteur met à son travail et par la bienveillance du public. J'ai envoyé le 2 de ce cahier à M. Étienne. Ainsi les libations ont été faites.

Je me flatte que la carte de Russie est entre vos mains (4) : elle

(1) Bruys et Palaprat, associés dans une longue et fidèle collaboration à laquelle le théâtre a dû le *Grondeur*, l'*Avocat Pathelin*, le *Muet*, etc. — La lettre est signée Humboldt. A Paris, le 30 décembre, rue Saint-Dominique d'Enfer, n° 20.

(2) Alexis-Marie-de-Rochon (1741-1817), astronome et navigateur, membre de l'Institut.

(3) *Soc. de Géogr.* — Cf. La Roquette, *Ibid.*, t. II, p. 45.

(4) Humboldt devait cette carte au colonel de Saint-Aignan, beau-frère de Caulaincourt qui la lui avait donnée. Il n'y en avait qu'un autre exemplaire à Paris appartenant à l'Empereur (La Roquette, *Correspond. inédite*, t. II, p. 36.)

a été donnée à votre ancienne portière. Il n'est d'ailleurs pas juste que vous ne me disiez pas où vous demeurez à présent.

J'ai à vous faire une prière.

Je fais une carte sur le flux et le reflux de l'argent de l'Amérique par l'Europe en Asie. Il ne me faut que des approximations. Je désirerais des nombres pour :

1) L'exportation de l'argent de Russie en Chine, je crois 2 ou trois millions de roubles. Je le trouverais dans Hermann.

2) L'exportation d'argent d'Europe en Asie. a) Égypte, Asie Mineure. b) Indes-Orientales. c) Chine... Je vois dans Macartney, V. p. 80, que la valeur du thé n'est que de 34 millions de francs. Avec cela les Anglais exportent des marchandises en Chine, et, toute considération faite, il m'a paru, d'après Macatorey et Barrow, que la Chine n'absorbe pas annuellement plus de 22 millions de francs ou 4-5 millions de piastres.

Comptons même deux tiers pour le reste de l'Asie, nous n'aurons qu'une perte métallique de l'Europe en Asie de 15 millions de piastres, et cependant l'Amérique portugaise et espagnole donne à l'Europe en or et en argent au delà de 30 millions de piastres. Il n'y a pas de doute que l'argent s'accumule dans les pays du Nord où les cuillers d'argent étaient plus rares autrefois. Il est certain qu'une petite accumulation individuelle sur 90 millions d'habitants qui vivent dans le Nord et l'Est de l'Europe devient insensible. Cependant l'idée que 15 millions restent en Europe a quelque chose d'invraisemblable. Je connais à peu près l'argent qui est venu depuis 1520 en Europe depuis l'Amérique ; il faut que je traite la question de l'accumulation. Vous seriez bien bon si, en fouillant dans vos riches matériaux, vous m'instruisiez sur la masse qui s'écoule en Asie. L'Afrique fournit 74 mille nègres qui valent au moins 7-8 millions de piastres sur les lieux, mais je crois que plus des deux tiers se payent avec des marchandises ; ainsi cette perte n'est pas considérable. Ma carte, placée au centre, désigne le voyage de l'argent, comme les voyages de Cook.

Les nombres sont des pirates qui s'embarquent à Vera-Cruz, Carthagène, Lima, Acapulco, Buenos-Ayres. Je n'aime pas les enfantillages de M. Playfair, mais je crois que le mien est plus sérieux. Voyez si en quinze jours vous pouvez me donner quelques nombres pour le courant à l'Est.

Agréez les assurances de ma considération et de mon attachement inviolables.

Vous ai-je envoyé ma *Géographie des Plantes?*

XV

A G. MALTE-BRUN (1)

Paris, ce samedi... février 1811.

Monsieur,

Pourrais-je obtenir par votre bonté une annonce de quelques
lignes dans le *Journal de l'Empire?* (2).

« On va mettre en vente, le 1er mars un ouvrage de M. Humboldt
portant le titre d'*Essai politique sur le Royaume de la Nouvelle
Espagne*, cinq volumes in-8°, chez Schœll, libraire, rue des Fossés-
Saint-Germain-l'Auxerrois, n° 29. »

Si vous le jugez nécessaire, veuillez bien le demander en mon
nom à M. Etienne, que j'ai eu le plaisir de voir autrefois souvent
chez le duc de Bassano (3) et qui m'a témoigné de l'intérêt...

C'est d'ailleurs à M. Oltmans (4) qu'est dû le mérite d'avoir
donné les premières et les meilleures tables barométriques; celles
de M. Birot sont imprimées d'un type plus petit, elles ont quelques
milliers de chiffres de plus, mais elles ne donnent pas la hauteur
rigoureusement exacte et offrent un calcul plus long.....

(1) La Roquette, *Correspond. inéd.*, t. II, p. 55.
(2) « Il n'y a de salut sur cette terre de douleur, dit ailleurs Humboldt, que
jusqu'à ce qu'un ouvrage a été annoncé par le *Journal de l'Empire* qui parle
à trente mille personnes à la fois. » (*Correspond. inéd.*, t. Ii, p. 56.)
(3) Hugues-Bernard Maret, duc de Bassano (1763-1827), ministre, secrétaire
d'Etat.
(4) Iabho Oltmans avait calculé, je l'ai déjà dit, les observations astronomiques qui forment les volumes XXI et XXII du grand ouvrage de Humboldt.

XVI

A M. A. PICTET (1)

Paris, 17 avril 1811.

Je me flatte, mon cher et illustre confrère, que vous aurez reçu les tables hypsométriques de M. Oltmanns et sa réponse plaisante à M. Biot qui s'était *imaginé* avoir construit des tables plus courtes. Les tables de Biot nécessitent douze opérations pour le Chimborazo : il est vrai qu'il y a des soustractions, mais il y a en outre, aussi, quelques multiplications et quelques divisions. Les tables de M. Oltmanns n'offrent que cinq opérations au plus. Comme cette affaire a coincidé avec la dispute violente entre Biot et Malus, à l'Institut, ce dernier ayant eu la *faiblesse* de réclamer sa *propriété*, cela a un peu indisposé le grand machiniste des cieux (2) contre le jeune savant. Vous voyez que les sciences ne gagnent pas beaucoup à ce manège. M. Biot a voulu forcer M. Malus à déc'arer, dans le *Moniteur* même, que la *polorisation par réfraction* appartient à Malus, qui avait raconté sa découverte chez M. Laplace même, en présence de Biot. Mais le dernier a trouvé qu'il valoit mieux laisser la chose dans l'incertitude. Le vague est la source du beau. En attendant M. Laplace a fait faire une réclamation dans le *Bulletin de la Société Philomatique*.

Comment vous remercier assez, mon cher et respectable ami, des extraits que vous avez faits de mon *Mexique*. Cela me fait beaucoup de bien dans un tems où mes libraires sont dans un état très *asthénique*. Comme je crains que vous n'ayez pas vu une note que j'ai insérée dans le *Moniteur* sur le produit de l'or et de l'argent en piastres et que la feuille 80, p. 631-634, sera remplacée par un carton, je vous envoie ce carton pour la petite édition. Vous y trouvez les vrais chiffres et je désire que vous les imprimiez, afin que l'erreur de calcul ne se propage pas, puis aussi l'honneur de

(1) A. Rilliet, p. 194-196.
(2) Laplace, auteur de la *mécanique céleste*.

vous offrir ma 6ᵉ livr. ; vous y trouverez, p. 767, de la physique et un morceau très soigné sur la fièvre jaune.

Ne voudriez-vous pas me renvoyer les deux cahiers que vous avez en doubles pour vous les échanger contre le nᵒ 4 qui vous manque à ce que vous me dites? La traduction de mon ouvrage m'a été donnée pour vous par M. Widmer (1). J'y suis assez maltraité, mais aussi l'homme parait d'une bêtise amère. Il a fait des notes, à ce qu'il dit, pour s'amuser ; il assure qu'en Angleterre personne ne peut lui dire ce que c'est que *moffette ;* le mot *race du Caucase* (nom d'une variété de Blumenbach) lui parait une élévation de style. Des fautes d'impression (vol. I, p. 56 ; et II, p. 356) que tout enfant devine le font enrager. La note II, p. 15, est délicieuse surtout. M. Widmer m'assure que malgré les imperfections de cette traduction l'ouvrage fait beaucoup d'effet, et M. Banks m'écrit d'une manière qui prouve que tout le monde là-bas ne pense pas sur moi comme M. Black...

XVII

A C. MALTE-BRUN (2)

Paris, le 3 juin 1811.

Je vous fais une prière avec la franchise naturelle de mon caractère. Je n'ai aucun intérêt direct dans la vente de mes ouvrages, mais je m'intéresse beaucoup à des libraires qui ne font que des avances trop considérables pour mes publications. Une annonce de votre main peut faire un grand bien à la vente de l'ouvrage. Oserais-je vous prier, monsieur, de donner dans votre journal un petit extrait de mes trois ouvrages : *Statistique du Mexique* (3), *Astronomie* (le mémoire physique vous fournira des matériaux), *Etudes de la nature.*

(1) Il s'agit de la traduction anglaise qui a paru sous ce titre : *Political Essay on the Kingdom of New-Spain, with Physical section and Maps founded on astronomical Observations and trigonometrical and barometrical measurements.* Translated by John Black, London 1811-1812. 4 vol. in-8°.

(2) Soc. de Géogr. — Cf. La Roquette. *Correspond. inédite,* t. II, pp. 34-35.

(3) C'est l'*Essai politique sur le Royaume de la Nouvelle-Espagne,* suivi d'un tableau physique, publié en 1811, ce sont aussi les *Tableaux de la Nature,* édités en 1808.

Vous ne me supposez l'indiscrétion de vous prier de louer mes
ouvrages, cela serait une niaiserie au lieu d'une franchise.

Agréez l'expression de mes sentiments d'attachement. J'espère
que vous avez reçu la petite note sur le Mexique que vous me
demandiez le jour où j'ai eu l'honneur de vous voir.

Il paraît que mes *Ansichten* (1) sont bien traduits. J'ai entendu
beaucoup louer la traduction par l'abbé Delille.

XVIII

AU MÊME (2)

Paris, ce vendredi..... 1810.

... Je ne vous ai point remis, monsieur, la suite des *Monuments*
parce que, terminant cette semaine l'ouvrage par un discours
préliminaire qui renferme quelques idées sur les langues et l'origine des Américains, j'ai désiré que le tout vous fût présenté à
la fois...

XIX

A A.-P. DE CANDOLLE (3)

Paris, 24 mars 1812.

Il y a quelque tems, mon excellent ami, que M. Bonpland vous
a importuné d'une prière : je vais aujourd'hui suivre son exemple
et vous ennuyer pour la dernière fois par mes doutes sur les
plantes des Canaries. Je fais en ce moment un travail géogra-

---

(1) C'est l'ouvrage *Vues des Cordillères*, etc., paru en allemand en 1810 sous
le titre : *Pittoreske Ansichten der Cordilleren*, etc.

(2) *Soc. de Géogr.* Extr. — La Roquette (t. II, p. 75) avait vaguement daté
le billet dont ceci est extrait *entre 1815 et 1826*. L'achèvement des *Vues des
Cordillères* permet d'assurer qu'il est de 1811 (Cf. *Moniteur* du 13 déc.).

(3) L'original est conservé à Genève chez son petit-fils, qui a bien voulu
m'en donner communication. — Cf. La Roquette, t. I, p. 193.

phique sur les arbres à feuilles acéreuses, et je regrette de n'avoir
pas de certitude sur les deux espèces de pin de Ténériffe. J'avais
pris l'une pour le pin *Halepensis*, mais vous m'avez fait l'honneur
de m'écrire que cette espèce ne se trouve pas dans les herbiers
des Canaries. Broussonnet m'écrivait : « Nos pins de Ténériffe
sont voisins des pins d'Écosse ! » Si les cônes manquent, je conçois
qu' vous ne pouvez me dire rien avec certitude, mais vous qui
avez une si grande habitude de reconnaître les végétaux par leur
physionomie, vous jugerez toujours de quels pins ces espèces se
rapprochent le plus.

Gay[Lussac], avec lequel je demeure à présent pour être plus
rapproché du centre de Paris, rue d'Enfer, n° 67, MM. Berthollet
et Laplace me chargent de mille amitiés pour vous. Nulle part
vous ne trouverez de plus justes appréciateurs de la profondeur
et de la variété de vos connaissances, de l'amabilité de votre caractère et de la pureté de votre amour pour les sciences, que dans
le sein de notre petite société. Que ne pouvez-vous venir bientôt
au milieu de nous ! L'Institut a été très orageux depuis quelques
semaines, à cause de la lutte inégale de Poisson (1) avec la
nymphe de l'Ourcq (2).

Cette personne, peu poétique, a manqué l'emporter sur les
triangles et les cornues d'Arcueil. Pensez que Poisson ne l'a emporté que de quatre voix ! Toutes les passions ont été en jeu et
j'ai regretté que le spectacle ait été de si courte durée. Depuis
que l'Institut ne s'occupe plus de la théorie de la morale, les
membres en sont réduits à la simple pratique.

Ma santé est très bonne, au bras près, dont je ne suis pas maître.
Je travaille toujours à cet interminable voyage qui m'ennuie furieusement. Je vous prie, mon cher ami et confrère, de présenter
l'expression de mes sentimens respectueux à madame de Candolle et de faire mille amitiés à Provençal (3).

(1) Siméon-Denis Poisson (1781-1840, professeur à l'École Polytechnique
et la faculté des Sciences, élu membre de l'Académie des Sciences le
23 mars 1812.

(2) Pierre-Simon Girard (1765-1836), qui fut nommé à la vacance suivante
(12 juin 1825), avait publié entre autres travaux, de 1803 à 1810, cinq volumes
in-4° sur le canal de l'Ourcq. Il était depuis 1805 directeur des eaux de Paris.

(3) Jean-Michel Provençal (1781-1845), correspondant de l'Institut depuis 1810.

XX

A FRANÇOIS GÉRARD

Paris, 29 mars 1812.

Je vous ai parlé hier, mon excellent ami, de nos *plantes équi-noxiales* (1) ; c'est de nos ouvrages celui qui offre le plus d'ensemble d'exécution. Je vous demande la faveur d'en agréer l'hommage ; j'y tiens d'autant plus que la plupart des détails anatomiques, comme aussi plusieurs planches (p. 118), ont été dessinés par moi au milieu des forêts, dans des canots étroits, dans des circonstances assez pénibles. J'espère pouvoir vous offrir sous peu la grande édition de mon *Itinéraire* (2) que l'on imprime en ce moment. En m'honorant de votre amitié, vous l'avez placée en celui qui sent le plus profondément cette admirable réunion du génie et de l'élévation du caractère, des dons de l'esprit et des qualités du cœur dont la nature a embelli votre existence.

J'ai un rhume énorme, de la toux et beaucoup de chaleur à la tête. Mon style et mon écriture se ressent de cet état. Je viendrai pourtant dans la journée demander de vos nouvelles (3).

XXI

A MADEMOISELLE GODEFROID

1812.

J'ai les *pains* en mains. J'ai commencé un nouveau portrait de

---

(1) C'est le titre des volumes I et II du *Voyage aux régions équinoxiales* parus en 1808 et 1809.

(2) Le premier volume de la *Relation historique*, publié en 1814.

(3) Correspondance de François Gérard, peintre d'histoire, publiée par M. Henri Gérard, son neveu. Paris, 1867, in-8°, p. 234. — Le billet à Mademoiselle Godefroy est emprunté au même recueil.

mon jeune botaniste (1). Je suis dans les souffrances de l'*dere* et du *dur*. Vous, mademoiselle (2), qui me traitez toujours avec tant de bonté, me permettez-vous de vous demander un petit bâton de votre sublime *pierre d'Italie?* Ma reconnaissance en sera éternelle. De grâce ne m'en voulez pas de vous déranger, et agréez l'hommage de mon respectueux attachement.

Votre élève de quarante-trois ans.

XXII

A DONOW (3)

Décembre 1812.

... Je dois faire paraître dans peu de jours trois cahiers de zoologie et de plantes; je suis surchargé d'épreuves, je travaille dans un quartier éloigné, la mort de Willdenow (4) m'a mis dans d'autres embarras ; de là seulement ma disparition absolue ces jours-ci. Excusez-moi de ne pas être venu hier. Mon travail excessif et rebutant et mon humeur triste me font souvent éviter la société.

(1) Carl-Sigismond Künth (1788-1850), âgé alors de 24 ans, nommé quelques années plus tard correspondant de l'Institut.

(2) Marie-Éléonore Godefroid, qui fut pendant plus de trente-cinq ans l'aide le plus constant et le plus fidèle des Gérard. « Elle n'était pas seulement, dit Viollet-le-Duc, une artiste habile, qui s'était identifiée au talent de son maître, elle devint aussi son amie dévouée... M. de Humboldt l'appelait sa *protectrice* (p. 298). » Elle est morte en 1849, douze années après Gérard, ayant consacré l'espace de temps qu'elle lui avait survécu à mettre en ordre ses notes, ses dessins, ses croquis et à rassembler les documents qui ont servi à M. Henri Gérard pour éditer *l'œuvre* de son oncle, à M. Ch. Lenormant pour rédiger sa notice.

(3) Avé-Lallemant. *Alexander von Humboldt, sein Aufenthalt in Paris* (1808-1826). (K. Bruhns, *Alexander von Humboldt. Eine wissenschaftliche Biographie*, II Bd., s. 65, Leipzig-Brokhaus, 1872, in-8°.

(4) Willdenow était mort à Berlin le 10 juillet 1812, à l'âge de quarante-sept ans seulement.

XXIII

A JOMARD (1)

Paris, le 26 juillet 1813.

... Je voudrais bien que vous fissiez insérer la majeure partie de ce Mémoire (2) dans *le Moniteur*. C'est le seul livre in-folio qu'on est parvenu à faire lire au public.

Je sens moi-même les désavantages qui résultent de la forme des livres. On réimprime en ce moment mes *Vues des Cordillères* en deux volumes in-8° ornés de 20 planches sous le titre de *Recherches sur les monumens des peuples indigènes de l'Amérique*. J'ai tâché de rétablir l'ordre des objets, en décrivant successivement les monumens mexicains, péruviens... Je me flatte que sous peu je pourrai vous présenter cet ouvrage que vous avez honoré d'un intérêt si flatteur et qui gagnera un peu par la nouvelle forme qu'on lui donne...

XXIV

A AIMÉ MARTIN (3)

Paris, ce vendredi 19 novembre 1814.

Je connais toute votre amitié pour moi, monsieur, et je n'ai qu'une prière à vous faire, c'est celle de ne pas vous livrer à toute votre indulgence. Il est dangereux aussi d'être trop heureux. J'ai deux autres prières à vous adresser, l'une est de nom-

(1) On trouvera la lettre complète dans La Roquette. (*Correspond. inédite*, t. II, p. 63.) L'original appartient à madame Boselli, fille de Jomard.

(2) Le Mémoire *sur les hypogées*. — Edme-François Jomard (1777-1862), attaché à l'expédition d'Égypte, était, depuis 1819, commissaire impérial pour la publication du grand ouvrage de la Commission.

(3) Louis-Aimé Martin, professeur à l'Athénée, et plus tard à l'École Polytechnique, était, à l'époque où Humboldt lui écrit ce billet, un collaborateur très actif du *Journal des Débats*.

mer mon ami et compagnon de voyages M. Bonpland, et la seconde de vouloir dire que les trois quarts des ouvrages que j'avois annoncés lors de mon retour ont paru et sont tous terminés. Ces ouvrages qui sont déjà publiés sont :

1) *La Géographie des Plantes;*

2) *Essai politique sur le royaume de la Nouvelle-Espagne;*

3) *Recueil d'observations astronomiques et nivellement des Cordillères;*

4) *Observations de zoologie et d'anatomie comparée;*

5) *Plantes équinoxiales;*

6) *Monographie des mélastomes;*

7) *Monumens des peuples indigènes de l'Amérique.*

Ces sept ouvrages distincts forment, sans le premier volume de l'*Itinéraire,* six volumes in-4° et cinq volumes in-folio. Il est d'une haute importance pour l'ouvrage d'apprendre au public quelles parties sont terminées. Il ne reste plus à publier que les trois volumes de l'*Itinéraire,* la fin de la *Zoologie* et des *Mélastomes.*

XXV

A FRANÇOIS GÉRARD

Paris, [.....] 1815.

Dans un excès de zèle, je me présente de trop bonne heure chez vous, mon respectable ami. Je laisse à votre porte cet admirable monument de votre amitié pour moi ; ce sera aussi un monument de ma reconnaissance et de celle de toute ma famille. Dire que vous ordonnerez ce que vous désirerez de plus de *vos* épreuves de *votre* planche, c'est vous engager à disposer de votre propriété. Je m'arrête à vingt-trois ; la vingt-quatrième vous sera présentée encadrée. Je n'ai pas d'expression pour les sentimens divers qu'inspire ce frontispice (1).

J'y crois lire les événemens extraordinaires au milieu desquels vous avez eu le noble courage de travailler pour un ami.

(1) Ce frontispice, dessiné par Gérard, gravé par Roger, pour le grand ouvrage de Humboldt et Bonpland, a pour titre : *Humanitas, Litteræ, Fruges* (Plin. jun., l. VIII.)

XXVI

A CORDIER (1)

Paris, 1816 (2).

Je me prends bien tard à offrir à M. Cordier l'expression de ma vive reconnaissance pour son excellent Mémoire *sur les roches volcaniques*. Je n'ai pu m'en occuper que dans cette semaine ; mais la lecture m'en a causé la plus vive satisfaction. J'ai revu depuis mes pauvres petits échantillons des Andes et j'ai vu (avec M. de Buch) que nous nous étions presque toujours trompés, que la partie qui domine est la pyroxène et non l'amphibole. Outre cette belle idée d'analyse mécanique, votre mémoire renferme nombre d'idées lumineuses sur les prétendus passages et les formations volcaniques. Vous verrez, dans le travail que je publierai bientôt sur les dolérites et les trachytes des Andes, combien j'ai profité de vos idées et combien je me fais un devoir de le dire. Je me flatte toujours que dans les beaux jours du printems vous permettrez que j'aille vous prier de me faire voir votre manipulation...

Quelques basaltes dans ma Patrie, ceux de Bohême et de Fulda, renferment de l'amphibole, mais ils sont rares et vous citez vous-même des exceptions.

XXVII

A AIMÉ BONPLAND (3)

Paris, 28 janvier 1818.

Je profite, mon cher et excellent ami, du départ de M. Thomson

(1) L'original de cette lettre appartient à mademoiselle Read, petite-fille de Cordier.

(2) La Roquette (*op. cit.*, t. I, p. 201) a daté ce billet de 1817 ; il est cependant antérieur, très certainement, au 16 mars 1816. A cette date, en effet, Humboldt a écrit à Cordier un autre billet publié aussi par La Roquette et dans lequel il fait directement allusion à celui-ci.

(3) *Bibl. de la Rochelle*, ms. n° 617, f° 00. — Cf. La Roquette, *op. cit.*, t. I p. 206.

pour te donner de nouveau signe de vie et te renouveler l'expression de mon constant et affectueux attachement. Je t'ai déjà écrit cette même semaine par la voie de M. Charles de Vismes. Je ne connais pas personnellement M. Thomson, mais on m'en a dit beaucoup de bien et on m'a engagé à te le recommander. Hélas ! mon cher ami, toutes les personnes autour de moi, MM. Delillo, Lafon, Delpech, ont des lettres de toi, dans lesquelles tu leur parles de ta situation et de ton bonheur domestique, et moi, depuis ton départ jusqu'aujourd'hui, je n'ai que le seul petit billet qu'a porté M. Alvarez. C'étoit une simple lettre d'introduction qui ne dit pas un mot de ce qui m'intéresse si vivement, de tes travaux, de ton contentement, de la considération dont tu jouis à si justes titres. Ceci n'est pas un reproche, mon excellent ami, cette lettre unique m'annonce même que tu m'en as écrit d'autres. Peut-être ne me sont-elles pas arrivées, justement parce qu'elles portaient mon adresse. Il y a tant de personnes qui se croient payées pour lire les lettres des autres. L'idée ne me vient pas que tu pourrais m'oublier, mais c'est une privation pour moi que de ne pas avoir tes lettres.

M. Thomson veut bien se charger de ta lettre de nomination à l'Académie des sciences comme correspondant (1). A cette énorme distance tu y mettras peut-être quelque prix. Tu l'as emporté dès le premier scrutin sur M. Smith, ce qui n'était pas facile à cause de la sotte question d'âge si importante pour les vieux académiciens.

Premier tour de scrutin : M. Bonpland, 24 voix ; M. Smith, 21 voix.

Second tour, majorité absolue pour M. Bonpland. Je crois 40. Les personnes qui nous ont le plus soutenus dans cette lutte honorable sont : Arago, Gay, Thénard, Chaptal, M. Laplace, Berthollet. Les botanistes penchaient comme toujours pour M. Smith. M. Laplace a parlé de ton mérite avec beaucoup de chaleur, ce qui a produit d'autant plus d'effet qu'il y a généralement beaucoup d'économie de chaleur dans ce noble père.

Mais je parle trop longuement d'une académie ; ce n'est pas un objet bien important lorsqu'on a, comme toi, le bonheur d'être

---

(1) Cette nomination avait eu lieu le 15 décembre précédent.

environné de la nature majestueuse des tropiques. J'ai eu le plaisir de voir M. Alvarez à Londres, où j'ai passé six semaines pour y visiter mon frère et trouvé, conjointement avec Arago et Biot (aujourd'hui amis), les expériences du pendule à Greenwich. J'ai vu MM. Lambert, Salisbury, Brown, Baraja, beaucoup de personnes qui te sont tendrement attachées. M. de Vismes te portera le deuxième volume (la deuxième partie du deuxième volume in-4°) de ma *Relation* et les deux cahiers du deuxième volume des *Nova Genera* imprimé en même tems à mes frais, tout le volume des composées. Il y en a dix-huit feuilles achevées et cela avance beaucoup. M. Thomson te porte le volume d'Arcueil, qui renferme mon mémoire sur la distribution de la chaleur ou ma nouvelle théorie des lignes isothermes qui a beaucoup fixé l'intérêt du public. Tu l'auras bientôt imprimé séparément. Je te conjure, mon cher Bonpland, de nous envoyer les plantes que tu as promis[es] pour les *Nova Genera* et qui ont été placées dans tes caisses, même contre ta volonté : tu sens combien elles nous manquent, nous espérions que tu les enverrais dès ton arrivée à Buenos-Ayres. Tu peux adresser ces plantes ou à Londres, à mon frère ministre de Prusse, ou à M. Park ou à moi à Paris, ou au Président de l'Institut.

Je mets beaucoup de prix à cette prière. Adieu, mon cher et ancien ami, présente les expressions affectueuses de mon souvenir et mes respects à madame B[onpland]. Künth me charge de mille choses pour toi. Je te renouvelle ma tendre amitié (1).

Je ne parle pas de politique, cependant il est agréable de donner un aperçu général à cette distance. Je dirai donc qu'il n'est pas à prévoir que quelque chose puisse de longtemps troubler ce repos de l'Europe, que le régime constitutionnel fait des progrès en France, que probablement les souverains se réuniront en septembre à Manheim pour décider la question si, dès à présent, on doit retirer les troupes et que l'on pense qu'un vrai soulagement pour la France sera la suite de cette réunion sur laquelle on a répandu tant de sots bruits.

(1) La lettre, signée *Al. de Humboldt*, est datée : *Paris, 28 janvier 1818.*
Quai de l'École, n° 26.

XXVIII

AU BARON D'ALTENSTEIN (1)

Paris, 29 février 1818. Quai de l'École, n° 26.

Monsieur le baron,

Je reçois aujourd'hui même la lettre que Votre Excellence a daigné m'adresser en date du 23 février. Je ne saurais dire combien ce souvenir bienveillant m'a été précieux. Rien n'effacera dans mon cœur les sentimens de reconnaissance que vous m'avez inspirés à un âge où je ne faisais qu'entrer dans le monde et où vous m'avez traité avec tant d'indulgence. Je serais heureux de rendre à M. le Prince de Neuwied (2), et à l'éditeur de son important ouvrage, tous les faibles services que je suis en état de leur offrir. J'ai eu le plaisir de voir le Prince avant son départ (3) ; il m'a charmé par sa modestie, la variété de ses connaissances et ce zèle courageux sans lequel on ne peut exécuter un voyage lointain et pénible. Le Prince a eu l'extrême bonté de m'envoyer des *Melastomes* et [des] *Rhexias* du Brésil, et je vais demander la permission de lui offrir mon œuvre publiée avec Mr. Künth et qui formera cinq volumes in-fol. renfermant 3.000 nouvelles espèces. Ce sont là les seuls cadeaux qu'un pauvre voyageur de l'Orénoque peut offrir.

Je ne parle pas à Votre Excellence de mon dernier volume de *Relation historique* renfermant les missions, quelques vues sur les langues parlées des peuples sauvages et sur l'état politique des partis en Amérique ; je sais que vous daignez lire ma *Relation historique*. Je vous demande plutôt si vous avez vu mon petit traité des *Lignes isothermes* ou ma nouvelle théorie de la distribution

(1) Karl Freier von Stein zum Altenstein (1770-1840) ; c'est le grand ministre qui a joué un rôle si important dans les événements qui se sont déroulés en Prusse de 1807 à 1815.

(2) Max, prince de Wied-Neuwied (1782-1867), voyageur, naturaliste et ethnographe, allait publier son voyage au Brésil : *Reise nach Brasilien in den Jahren 1815 bis 1817*.

(3) En 1815.

de la chaleur sur le globe. C'est un exposé de climatologie qui a
eu quelque succès ici et en Angleterre. Je vous enverrai ce petit
livre si vous daignez me dire qui est chargé ici de vos commissions, car cela ne vaut pas les frais de poste...

Voilà une lettre bien longue et bien indiscrète. Daignez excuser
mon importunité et agréez l'hommage de mon respectueux attachement et de ma reconnaissance (1).

XXIX

A A.-P. DE CANDOLLE (2)

Paris, ce 10 avril 1818.

Mon cher ami et respectable confrère,

Nos communs amis, MM. Delessert, avec lesquels je m'entre-
tiens toujours de vous et de vos excellens travaux, m'avoient fait
espérer votre arrivée à Paris. On disoit que vous passeriez chez
vous pour vous rendre à Londres, où je comptois vous voir aussi.
J'apprens que cet espoir est plus éloigné, que vous n'arriverez qu'à
la fin de l'été. Tout ce qui est au delà de trois mois me paroît un
siècle dans le monde agité où nous vivons. Il n'y a de stable et de
fixe que ces monumens de la nature que vous êtes assez heureux
de contempler journellement. Je ne veux plus attendre pour vous
offrir comme un hommage de notre vive admiration, en mon nom
et en celui de mes collaborateurs, MM. Bonpland et Künth, les cinquième, sixième et septième cahiers de notre *Nova genera;* daignez
les agréer avec indulgence. Dans un ouvrage de si longue haleine
tout ne peut pas être travaillé avec le même soin. Ne le comparez
pas à vos travaux, c'est tout dire en un mot. Je suis assez heureux de voir la fin de cet interminable ouvrage. Sous peu de jours
le deuxième volume sera terminé. J'imprime en même tems, à

---

(1) Cette lettre en français, dont je ne donne qu'un extrait, est reproduite *in
extenso* dans le recueil de Brühns (Leipzig, Brockhaus, 1872, Bd. II, s. 74-72)
bien des fois cité plus haut. Cf. Pertz, *Das Leben des Ministers Freihen von
Stein* (Bd. VI. s. 197.)

(2) Voy. plus haut, p. 265.

mes frais, le quatrième volume des *Composées* (huit cents espèces)
dont trente feuilles sont tirées. M. Schoell a déjà commencé le
troisième volume et je ferai encore le cinquième, ainsi tout est
achevé. Il a fallu quelque courage pour achever un ouvrage de botanique dont les deux éditions coûteront 180.000 francs de frais de
fabrication. Si peut-être il vous manquoit quelque cahier de ceux
qui sont déjà publiés, daignez m'en avertir. J'ai été présent, en
Angleterre, de l'effet qu'a produit le premier volume de votre
magnifique *Species*. Je n'ai pu en lire à Londres que la préface et
j'ai été touché des expressions de bienveillance que j'y ai trouvées pour moi et mes travaux. Puissiez-vous, mon cher ami, tout
en avançant ces monographies de familles, rédigées dans les principes d'une philosophie nouvelle, gagner sur vous-même de publier un petit *synopsis*. C'est le vœu de tous vos amis en Angleterre, de ceux qui aiment votre gloire littéraire comme moi et qui
pensent comme moi qu'elle ne peut péricliter. Vous feriez à la fois
un ouvrage excellent et utile, ce seroit une œuvre de charité !
Vous retrouverez Paris plus éloigné des études et de l'activité littéraire que jamais. Je ne sais si les agitations politiques sont la
cause de cette stagnation, mais pour ne pas plus avancer dans la
carrière de la liberté, il vaudroit encore mieux s'occuper des
sciences. Si dans l'Institut on travaille peu, on ne s'en querelle
pas moins. L'étude de la nature adoucit tellement les mœurs !

Adieu, mon excellent ami, venez me voir ; votre présence nous
feroit tant de bien. Offrez mes hommages à l'aimable madame de
Candolle et parlez à M. Pictet de mon constant attachement.

XXX

A M. A. PICTET (1)

Paris, 11 juillet 1819.

Vous connoissez, mon cher et respectable ami, le nom du jeune
professeur qui vous porte ce signe de vie et de mon attachement

---

(1) A. Rilliet, *loc. cit.*, pp. 197-198.

constant et affectueux. M. Künth, correspondant de l'Institut, est mon collaborateur. C'est lui qui publie mes *Nova Genera et Species* ; ouvrage de cinq volumes in-folio dont trois sont achevés. Il est l'ami de la maison Delessert et de M. Decandolle. J'ai souvent entendu dire à MM. de Jussieu, Richard et Robert Brown, que bien jeune M. Künth, s'étoit déjà élevé à être un des premiers botanistes du continent. Il est avec cela doux, modeste et de mœurs excellentes. Il va rester quelques semaines dans vos montagnes, non autant pour y chercher des plantes, mais parce que je désire qu'avant de voir les montagnes de l'Ararat de la Perse et de l'Inde il puisse voir végéter vos plantes alpestres dans leur site natal. Ce sera un bonheur pour mon bon ami de recevoir des conseils du maître dans l'art d'observer les phénomènes du monde alpin.

Daignez agréer, mon respectable ami, l'hommage de mon ancien et affectueux dévouement.

P.-S. — On s'est *disputé* dernièrement beaucoup dans les cercles d'Arcueil sur la couleur primitive de l'eau. On m'a chargé de vous demander si l'eau de neige blanche, par transparence, est plutôt *bleue* que *verte ;* si elle montre cette couleur dans des ruisseaux peu profonds, si le Rhône est bleu d'indigo lorsque le ciel n'est pas bleu ; si vous ne croyez pas aussi que les eaux les plus pures ne sont pas blanches ? Le Rio Negro en Amérique est un peu jaunâtre par transmission et brun de café par réflexion. Il me semble que vous avez aussi de ces eaux noires en Savoie. En faisant bouillir les eaux du Rio-Negro, elles ne brunissent pas davantage, cependant je pense qu'elles renferment un léger carbure d'hydrogène, comme les eaux de fumier. J'ai vu que, dans les inondations, au pied du Chimborazo, les eaux de la Savane deviennent [d'un] brun noirâtre par réflexion.

XXXI

A W. DE HUMBOLDT (1)

Paris, 1er avril 1820.

... Je n'ai point oublié ta question sur l'x mexicain, comme les Indiens prononcent les noms des villes à peu près comme les Blancs, et que ceux-ci ont cru peindre la prononciation mexicaine non par *ks* mais par un *iota* ou *x*; je penserais que les Aztèques auraient dit *méjico*, si le mot avait existé de leur tems. J'avoue que malheureusement je n'y ai pas réfléchi dans le pays, mais avec le courier prochain, je te donnerai quelque notion plus exacte. Je vais consulter madame de Souza qui est mexicaine et doit avoir eu des domestiques indiens. Que Dieu veuille qu'ils n'ayent pas été Otomites (2).

Avec le courier prochain, tu recevras aussi ce précieux livre sur les langues de l'Amérique sept[entrionale], le meilleur qu'on ait fait et dont j'ai tant de peine à me séparer (3). Aujourd'hui, je t'envoye un livre très curieux que j'ai acheté d'après tes ordres pour 24 francs. (Tu m'as écrit d'acheter tout ce qui a rapport aux langues). C'est un des livres les plus savans et des plus sûrs qui aient paru depuis trente ans. Il est judicieusement fait et prouve qu'outre les langues, il n'y a pas grand'chose à recueillir sur ce prétendu plateau. Je t'ai placé des signets, et quoique les idées générales soyent peu philosophiques (beaucoup de conventionnel), je pense que ce livre feuilleté par toi, te fera naître beaucoup d'idées... (4).

(1) Cette lettre et les suivantes, adressées à son frère Guillaume par Alexandre de Humboldt de 1820 à 1824, font partie du recueil de lettres (*Briefe an Seinen Bruder*) déjà souvent cité. Nous remercions les successeurs de Gotta à Stuttgard de nous avoir autorisé à les leur emprunter.

(2) Les Otomites sont un peuple qui habite les montagnes aux confins de l'Anahuac et fournit un contingent considérable aux classes les plus infimes de la population de la capitale. Ils parlent une langue tout à fait à part et ne comprennent pas le nahuatl.

(3) Je suppose qu'il s'agit ici des *Untersuchungen* de Vater, publiées à Leipzig en 1810 et dédiées à Alexandre de Humboldt.

(4) *Briefe*, s. 74–75.

XXXII

AU MÊME

Paris, 21 avril 1820.

... Künth est aux anges, quoique encore dans le purgatoire. Voilà la lettre qui lui a fait du tort, dis-tu. Il ne l'avait pas écrite pour être imprimée. D'ailleurs le fait est vrai et la plainte est forte. Nous avons ajouté — au troisième volume des *Nova Genera* — une plainte semblable contre Schlechtendal qui, sans ma permission, donna mes plantes avec de mauvaises descriptions à MM. Römer et Schultes, qui publient mes *Species*. Il en résulte que les mêmes plantes sont publiées deux fois sous différens noms. Ne parle pas de cette dernière plainte, qui relève quelques bévues de Willdenow, si on ne l'a pas vu à l'Académie (1).

XXXIII

AU MÊME (2)

Paris, 6 mai 1820.

... Je ne puis pas apprendre du sùr par madame d'Asouza sur l'x mexicain; p. e. *xoloil* doit, selon les Espagnols, être prononcé comme *iota*. Si, dit-on, les Espagnols n'avaient cru entendre ce son, pourquoi auraient-ils employé l'x qui si rarement en espagnol est prononcé *ks*. J'ai oublié d'y penser dans le pays. Quand je me rappelle que les Espagnols on fait de la province de Xoconochco, Soconusco; [d'] Atlixco, Atlisco; de Tlaxcallan, Tlascala; [de] Huaxtepec, Hustepec; je commence à croire qu'il y a du *s* dans ce x. D'un autre côté, on dit Chochimilco et on a écrit dès la conquête Xochimilco, comme dès la conquête on a écrit Cholula et

(1) Briefe, s. 76.
(2) Briefe, s. 78.

non Xolula. Je crois, cher ami, qu'il serait bon que j'écrivisse moi-
même au Mexique, cela ne doit pas t'arrêter à publier, mais il
est toujours bon d'éclaircir cela et je voudrais que tu me misses en
français d'autres questions qui t'intéressent et que l'on peut résoudre sur les lieux...

XXXIV

AU MÊME (1)

Paris, 15 mai 1820.

... Je t'envoie le reste de ce qui a paru de mes *Nova Genera
plantarum*. Il existe une édition en couleur ; ne pense pas que
c'est par économie que je ne [te] la donne pas. C'est au contraire
parce que tu dois avoir de mes ouvrages ce qu'il y a de plus beau.
Ces enlumineurs de plantes qui n'étaient pas préparées à cela,
étant au simple trait, sont abominables. C'est un artifice de Schöll
pour faire payer plus cher des exemplaires que prend la Sainte-
Alliance...

XXXV

AU BARON D'ALTENSTEIN (2)

Paris, 1er juin 1820.

Très noble baron, très honoré ministre d'état (3),

J'ai l'honneur de rendre compte à Votre Excellence, d'après vos
ordres du 28 avril de cette année, de l'emploi et du remboursement de l'argent qui m'a été confié par le Roi (une somme de
24.000 francs) pour la publication de mes travaux d'histoire naturelle et de géographie.

(1) Briefe, s. 79.
(2) Cf. Avé-Lallemant *ap.* Brühns, *op. cit.*, Bd II, s. 88-93. Leipzig, Brockhaus,
18, in-8°.
(3) Voy. plus haut, p. 274.

Son Excellence le chancelier d'état et le ministre des finances
d'alors, M. le comte de Bülow, s'était, lors de son séjour à Paris à
la fin de 1815, informé avec un intérêt bienveillant de l'état de
mon travail sur l'Amérique, qui compte actuellement 8 volumes
in-folio et 11 volumes in-quarto, avec 800 gravures, à peu près.
Je ne me serais jamais cru autorisé à m'adresser moi-même à Sa
Majesté le Roi, pour lui demander d'acheter quelques exemplaires
complets ou pour me donner une subvention, en dépit de l'espoir
que j'aurais pu avoir du succès d'une pareille requête, car je suis
complètement étranger à la vente de mes ouvrages, et cela ne
pouvait me procurer aucun avantage pécuniaire. Je ne pouvais,
qu'en général, exprimer le souhait de voir avancer l'achèvement
d'une entreprise, qui dépasse en grandes dépenses de beaucoup
toutes les œuvres du même genre, publiées aux frais de l'auteur.
Le gouvernement qui a fait des sacrifices considérables pour les
sciences dans des temps plus malheureux, a prévenu mes vœux ;
et l'avance de 24.000 francs, qui m'a été promise le 23 septembre 1815, par Son Excellence le ministre d'état de Bülow, a
été l'année dernière d'un grand secours pour la publication de
mon travail. J'ai cru, d'après le contenu de la lettre, pouvoir employer l'argent royal, de la même manière que je l'avais fait jusqu'ici pour le reste de ma petite fortune. On a fait des dessins
botaniques, géologiques et géographiques, on a payé des cuivres
et les frais d'impression, que les libraires rendront peu à peu, à
mesure que les différentes parties de mon travail seront finies. De
cette façon le quatrième volume in-folio des *Nova Genera et Species
plantarum æquinoctialium*, a pu être publié plus tôt que le troisième volume, grâce aux frais du roi. J'ai envoyé ce quatrième volume, qui doit sa publication à la générosité royale, il y a quelques
semaines, à Son Excellence le Secrétaire d'Etat. Mes ouvrages sont
à présent entre les mains de deux libraires. Les *nova genera* (les
3 volumes parus coûtent in-quarto 460 francs ; in-folio, avec gravures noires 1.270 francs ; in-folio, avec gravures coloriées
2.280 francs) appartiennent avec la « monographie des mimosas »,
à M. Maze, successeur de la librairie grecque-latine, rue Gît-le-
Cœur, 4. Tous les autres travaux appartiennent à M. Smith, rue
Montmorency, 16. Le prospectus donne leur contenu en détail, il
y a un exemplaire in-folio, un autre in-quarto (car jamais on n'a

employé l'argent royal à une édition in-octavo). Il coûte jusqu'ici
3.800 francs. M. Smith est successeur de MM. Stone et Vendregras.
Pour faciliter la publication des ouvrages, vu mon prochain
voyage en Perse et dans les Indes, j'ai renoncé à 48.000 francs,
que l'on m'avait promis comme honoraire par le traité du 12 février 1820. Jusqu'à présent on a employé l'argent comme suit :

1° Pour les *nova genera* :

Pour les cuivres d'après la quittance de Maze du 5 mai 1799	7.613 fr.
Pour papier et pour frais d'impression du quatrième volume	6.512 fr.
Quittances de d'Hautel 12 janvier, 18 juin, 27 oc-tobre 1818 et quittances de Degrange du 12 mars et du 12 juin 1818	
Pour les dessins de Turpin d'après la quittance de Maze du 12 mai 1820.	1.385 fr.
	15.510 fr.

2° Pour l'atlas géographique et les dessins zoolo-giques d'après une facture détaillée ci-jointe :	
géographiques	2.235 fr.
zoologiques.	548 fr.
3° Il y a en ce moment en caisse et non employé. .	5.707 fr.
Total.	24.000 fr.

Si Son Excellence le désirait on pourrait lui envoyer les quit-
tances originales. En administrant cette somme, je n'ai pas employé d'autres mesures de sûreté que celles pratiquées pour les
grandes sommes de ma fortune particulière dans les affaires avec
les libraires. Le remboursement ne pourra être demandé des
deux libraires, je pense, qu'avec l'avancement de la publication.
Si je me suis trompé dans la forme. Votre Excellence voudra
bien l'attribuer à mon inexpérience en affaires.

Que Son Excellence ait l'extrême bonté de décider :

Si je dois rendre immédiatement l'argent non employé, ou si je
puis, d'après l'avis exprimé dans la lettre de M. le comte de Bü-

low, l'employer à la publication du cinquième volume des *nova genera* que je voulais précisément donner à l'imprimerie ?

Quelle que soit la décision de Votre Excellence, je garderai toujours une reconnaissance profonde de la générosité du roi qui a, jusqu'à présent, facilité la publication de mon ouvrage, qui est montée, petit à petit à 6 ou 700.000 francs. Un exemplaire complet de toutes les parties astronomiques, géographiques, botaniques, zoologiques et physiques de mon ouvrage coûtera de 9.000 à 10.000 francs, et il ne manque plus à son achèvement que deux ou trois volumes des *nova genera*, un demi-volume, à peu près, de zoologie et deux volumes de récits de voyage. Vu l'état paisible actuel de l'Europe et l'intérêt que les événements espagnols donnent à l'Amérique, l'affaire avance avec ordre, et, je l'espère, avec sûreté. Les gouvernements russe, autrichien et français prennent tous les ans un certain nombre d'exemplaires pour les distribuer dans les bibliothèques des universités et des écoles. J'ai à peine le droit d'espérer que ma patrie demande quelques exemplaires en langue latine, pour faciliter aux libraires le remboursement total ou partiel des 24.000 francs.

Votre Excellence a bien voulu, dans une occasion semblable, montrer un intérêt bienveillant à mes travaux littéraires. Vous m'aviez engagé jadis à demander une augmentation de cette subvention. Je suis loin de vouloir pour le moment cette augmentation, puisque j'ai déjà abusé de la générosité royale pour mon prochain voyage. Votre Excellence aura la bonté de décider si je pourrai employer les 5.707 francs d'après la première décision, et si je puis continuer d'employer l'argent qui rentrera pour acheter de nouveau des dessins et des cuivres, et pour hâter ainsi la publication de mon travail. J'exécuterai le plus ponctuellement possible vos ordres. Si, grâce à l'intervention de Votre Excellence, on permet aux libraires de rembourser l'avance royale par des exemplaires latins, je pourrai envoyer un compte rendu exact de l'argent, que les trois gouvernements, mentionnés plus haut ont donné, et qui monte tous les ans, à 40.000 francs. Votre Excellence me pardonnera certainement ces explications et ces espérances, me sachant complètement étranger à la vente de mes livres, sans aucun intérêt pécuniaire et ne désirant que la terminaison et la vulgarisation de ces livres.

Agréez l'assurance de la profonde vénération avec laquelle j'ai l'honneur d'être

Votre bien dévoué,

A. v. H.

Paris, 1er juin 1820.

Sur une feuille de papier jointe à la lettre, on lit :

Le gouvernement a donné à M. le professeur Klaproth plus de 40.000 francs, non comme subvention, mais pour la publication de ses travaux (du vocabulaire chinois, « de ses cartes du Tibeth, » et de sa « chrestomatie de la Mantchourie »), de sorte que les livres et les cuivres lui restent et qu'il rend les 40.000 francs en livrant un certain nombre d'exemplaires. J'ajoute cette note, si par hasard Son Excellence trouvait moyen de faciliter à mes libraires le remboursement. Je n'ai pas osé mentionner ce détail dans mon rapport.

A. v. H.

XXXVI

A W. DE HUMBOLDT (1)

Paris, 5 janvier 1821.

... Dans un paquet adressé à l'Académie, cher ami, tu trouveras tout le quatrième volume des *Nova Genera* (2) et des Mimoses (3) pour toi. Ma santé est très bonne malgré le froid cannibale, — 8° R. J'avance beaucoup dans mes travaux. Mon volume va paraître et je te l'enverrai sous peu. J'ai encore un in-12 à faire car je pense très sérieusement au départ. J'en entrevois la possibilité (4)... Je te prie de faire mille et mille amitiés au bon Künth

(1) Briefe, s. 83.
(2) *Nova Genera et Species Plantarum...* digessit C. S. Künth, etc. — Ce recueil en 7 volumes in-f°, commencé en 1815, fut achevé en 1825.
(3) *Monographie des Mimoses et autres plantes légumineuses du Nouveau Continent*, etc., par C. Sigism. Künth, Paris, 1819-1824, in-f° 14 livre.
(4) Il s'agit du départ pour l'Orient dont il était déjà question dans la lettre précédente.

et de te concerter avec lui, combien d'argent je pourrais faire venir ici du mien... Les 625 francs que j'ai ici par mois ne me suffisont pas avec le jeune Kûnth et il faut de tems en tems me rafraîchir et payer mes dettes...

XXXVII

AU MÊME (1)

Paris, 24 avril 1821.

... Je travaille tout doucement; je suis assez avancé dans mon 3º volume et j'espère t'envoyer avec le prochain courrier à la fois les nouveaux *Cahiers de Zoologie.* Nous avons eu ici un gymnote vivant, il est mort parce qu'on l'a trop tourmenté. Il s'est épuisé, il n'a pas agi sur les boussoles, mais la commission de l'Académie a trouvé exact tout ce que j'avais annoncé...

XXXVIII

A M. A. PICTET (2)

Paris, 7 septembre 1821.

Je prends la liberté, mon respectable ami et confrère, de vous recommander un jeune Américain qui a fait d'excellentes études de philologie et d'histoire philosophique en Allemagne M. Bancroft (3) est bien digne de vous voir de près; il est l'ami de mon frère et il appartient à cette noble race de jeunes Américains qui trouvent que le vrai bonheur de l'homme consiste dans la culture de l'intelligence.

(1) Bricfc, s. 25.
(2) A. Rilliet, *loc. cit.*, p. 200.
(3) George Bancroft (1800-1891) devait bientôt justifier la bonne opinion de Humboldt en publiant sa célèbre *History of the United States* (12 vol.)

XXXIX

A J.-B. BOUSSINGAULT (1)

Paris, 31 juillet 1822.

Voici, mon cher Boussingault, les petits instrumens que je place sur votre table ; j'y ajoute des notes horriblement rédigées, mais qui vous seront peut-être utiles.

Quoique notre connoissance ait été bien courte, elle m'a laissé des souvenirs bien agréables ; j'espère que mon espoir se réalisera et qu'établi où vous savez (2) : je pourrai vous recevoir dans ma maison et vous offrir tout ce que peuvent les soins de l'amitié

Mille et mille amitiés.

Joudi [1er août.]

Si par le plus grand hasard vous ne partiez pas demain, venez encore me voir.

XL

AU MÊME (3)

Paris, 5 août 1822.

Comme vous l'avez désiré, mon cher et excellent ami, je suis

(1) *Mémoires de J.-B. Boussingault.* Paris, 1892, t. I, p. 270. — M. Jacob Holtzer, petit-fils de Boussingault, a bien voulu m'autoriser à emprunter au premier volume de cette très intéressante publication, un certain nombre d'extraits de lettres écrites par Humboldt à son élève et ami, au moment de son départ pour le Nouveau-Monde : je lui en exprime ici toute ma reconnaissance.

(2) Voy. pp. 287 et 294.

(3) Adresse : *à M. Boussingault, chez M. Porish-Agis et C°, Anvers.*

allé chercher M. Roulin (1) pour le prier de vous porter les obsidiennes, le *perlstein*, la syénite et le grès rouge que je renferme dans une petite botte. Je n'ai pas eu le plaisir de trouver hier M. Roulin, mais j'espère le voir aujourd'hui. Une personne pour laquelle vous avez de l'amitié et qui partagera votre isolement doit m'intéresser. Les échantillons sont tout petits, mais ils peuvent vous être utiles. J'avais placé la veille de votre départ (2) dans votre chambre, rue Trainée, une lettre (3), le petit niveau dans un étui rouge et l'horizon ; j'espère que tout cela est venu entre vos mains. Ayez la bonté cependant de me le dire dans votre lettre. J'espère que votre trajet à Anvers aura été heureux : je crains que les baromètres vous aient causé bien de l'embarras (4). Adieu, encore une fois adieu, mon cher Boussingault. Puissiez-vous être aussi heureux que vous le méritez à tant de titres. M. Gay-Lussac sort de chez moi. Il revient de Limoges ; il m'a parlé de vous et de vos travaux avec les plus grands éloges. Il se souvient d'avoir eu le plaisir de vous recevoir et il regrette de n'avoir pas été ici ces derniers jours pour vous offrir un de ses thermomètres. Quoique l'avenir soit couvert d'un nuage, je crois pourtant avoir la certitude de vous revoir dans cet autre monde, je dis plus, de vous posséder dans ma maison et de partager vos travaux, un établissement dans une grande ville des Cordillères, une belle collection d'instrumens, des appareils météorologiques, magnétiques, distribués à grandes distances, une centralisation des observations, une correspondance active établie depuis la Plata jusqu'à Santa-Fé-de-Bogota, une réunion de jeunes gens instruits, courageux, actifs, propres à être employés par les différens gouvernemens et à agir d'après les mêmes vues, beaucoup d'indépendance, des facilités de la part des hommes puissans, quelque bienveillance en Europe pour se procurer tout ce qu'il y a de mieux — cela ne peut rester un rêve. Il n'y a pas de position qui puisse être plus importante pour le progrès des sciences. Pourquoi

(1) François Désiré Roulin (1796-1874) médecin, voyageur et naturaliste, principal collaborateur de Boussingault, plus tard sous-bibliothécaire, puis bibliothécaire de l'Institut et membre libre de l'Académie des Sciences.

(2) Le 2 août, par conséquent.

(3) C'est le n° XXXIX.

(4) Voyez plus loin, p. 306.

ne passeriez-vous pas, mon cher Boussingault, quelques années de plus dans une maison où vous trouveriez toujours de l'amitié, l'estime due à votre rare mérite et cette indépendance morale sans laquelle il n'y a pas de bonheur. Si par des accidens imprévus vous étiez en droit de quitter plus tôt la Nouvelle-Grenade, vous sauriez où l'on serait heureux de vous posséder.

Agréez l'expression de ma sincère et constante amitié.

Donnez-moi vos commissions et écrivez-moi avec cette confiance affectueuse que j'ai en vous. Mille choses au bon M. Rivero (1).

XLI

AU MÊME

Paris, le 13 août 1832 (2).

Je vous adresse, mon cher ami, le dernier cahier des *Annales*. Nous avons pensé, M. Arago et moi, que cela pourrait vous intéresser avant mon départ, et nous avons voulu vous prouver que nous nous sommes occupés de vous. J'ajoute, si la poste veut le recevoir, sous bande, l'ancien mémoire de M. de Fleurieu-Bellevue sur les volcans; il est sans doute bien ancien, mais rempli de bonnes choses, bien dignes d'être rappelées à un excellent esprit comme le vôtre en face des volcans de Sotara et de Paracé. J'espère que vous avez reçu par M. Roulin les obsidiennes...

M. Roulin m'a laissé de lui une impression très agréable. Je lui ai bien recommandé le soin de votre santé. Je me réjouis de le savoir avec vous. Il y a quelque chose de touchant dans le courage de cette jeune femme ! (3).

... Tâchons d'arranger notre vie de manière à nous retrouver l'un l'autre. Les nouvelles du Mexique me désolent, mais je ne

(1) Mariano Eduardo de Rivero, qui faisait partie de la commission et avait publié dès lors plusieurs mémoires sur le guano du Pérou, les eaux minérales, etc.

(2) *Ibid.*, p. 273.

(3) Marie Blin, épouse de Désiré Roulin, décédée le 17 novembre 1837.

suis pas homme à perdre courage, je ne crains point pour Bolivar.

Si toutefois des événemens avaient lieu qu'on ne peut prévoir, que cela ne vous empêche pas de faire usage de mes lettres. Vous ajouterez simplement « que je les avais écrites avant de connaître les événemens ». C'est un homme très spirituel et je puis compter sur son affection pour moi...

Il y a une erreur typographique sur mon profil de Santa-Fé. Vous y trouverez la *température moyenne* de Santa-Fé indiquée 11° 34 cent. Elle est, au contraire, près de 16° 2 cent., comme le dit ma *Géographie des Plantes*, p. 103. Caldas la croyait même de 17° 4 cent. (*Semanario de Santa-Fé*, t. I, p. 50, 83, 290).

XLII

AU MÊME (1)

Paris, Quai de l'École, n° 26, le 14 août 1832.

... Les départs d'Europe sont toujours comme cela, mon cher Boussingault ; vous vous souvenez comment j'ai été pendant deux mois à la vigie de Marseille, pour voir arriver un bâtiment qui devait me conduire à Alger (2). Une fois embarqué, tout est oublié, et quoi que je sache que vos instrumens vous donneront encore bien de l'embarras entre Caracas et Santa-Fé, vous en serez dédommagé par la vue des palmiers, des roches, dés montagnes couvertes de neige (3)...

(1) *Ibid*, p. 276.
(2) Voy. plus haut, p. 242.
(3) Humboldt envoyait généreusement, avec la lettre dont ce passage est tiré, une lettre de crédit de 1.000 francs qu'il s'était fait faire par MM. Delessert sur Parish et Agiss d'Anvers. « Je vous conjure, disait-il... de prendre cet argent pour emporter une somme un peu plus forte en Amérique... et de ne pas penser à me le rendre avant le Mexique ». (*Ibid.*, p. 277-278.)

XLIII

AU MÊME (1)

Paris, ce 21 août 1822.

Je vous tourmente de mes lettres, mon cher et excellent ami, mais j'aime à vous donner, avant de vous embarquer, ce dernier signe de mon amitié et de mon souvenir. J'ai reçu hier une lettre du général Bolivar, dont j'ai l'*impudeur* de vous envoyer une copie. Elle est on ne peut plus flatteuse ; elle l'est d'autant plus que je n'avais jamais écrit au général depuis quinze ans et que je pouvais être incertain sur l'effet que produiraient les lettres que je vous ai données. Vous verrez que cette incertitude a cessé entièrement. L'homme qui m'écrit spontanément ces lignes vous recevra comme je le désire. C'est un grand point pour moi que d'être rassuré à ce sujet, car cela contribuera, je l'espère, à l'agrément de votre existence dans cet autre monde.

Rivero m'a écrit une lettre très aimable et remplie d'affection pour vous. J'ai vu par sa lettre que vous lui avez parlé de la précaution que j'ai prise de vous offrir quelques misérables fonds à Anvers (2). Pour éviter tout malentendu, tout soupçon de plaintes de votre part, j'ai répété à M. Rivero, ce qui est l'exacte vérité, que cette démarche a été toute spontanée de ma part, que votre lettre ne disait pas un mot de plus que l'incertitude de vous voir longtemps seul dans une ville où vous ne connaissiez personne. J'espère bien, mon cher ami, que vous avez pardonné à mon zèle et mon dévouement pour vous la démarche que j'ai faite en vous envoyant des fonds. Vous savez combien je vous suis attaché et combien j'étais tourmenté de la possibilité seule de vous voir un instant dans la gêne.

Nous enterrons aujourd'hui M. Delambre. M. Fourier sera sans doute secrétaire perpétuel, parce que M. Arago, qui réunissait le plus de voix, ne s'en soucie pas. Il est possible que vous li-

(1) *Ibid.*, p. 278.
(2) Voy. plus haut, p. 289.

siez bientôt dans les gazettes, que j'accompagne le roi de Prusse
au Congrès de Vérone et dans son voyage à Naples. Cela ne m'éloi-
gnera de mes travaux que quelques mois et ne changera rien dans
les projets qui doivent me réunir à vous dans l'autre monde (1)...

XLIV

AU MÊME (2)

Paris, le 22 août 1822.

... Je n'ai que peu de momens encore, puisque le courier va
partir et que je crains déjà que cette lettre ne vous trouve plus.
Vous vous êtes engagé pour quatre ans. Mon cher ami, si vous ne
vous mariez pas à Bogota, ce qui pourrait vous arriver parce que
vous êtes jeune, spirituel et aimable, et ce que je n'aurais pas le
courage de blâmer, vous passerez d'autres longues années avec
moi, sous mon toit : voilà mon espoir.

Si l'on ne m'avait pas dépeint à vos yeux comme un homme peu
accessible, j'aurais eu le bonheur de vous connaître *cinq mois
avant*, nous aurions modifié de loin nos projets l'un et l'autre. Il
ne faut pas se plaindre de ce qui est fait, il ne faut penser qu'au
parti que l'on peut tirer de l'avenir. Il n'y a que la mort qui peut
changer mes projets, j'ai cinquante-deux ans et j'ai l'esprit très
jeune encore. Je suis fixé dans ma résolution de quitter l'Europe et
de vivre sous les Tropiques dans l'Amérique Espagnole, dans un
endroit où j'ai laissé quelques souvenirs et dont les institutions
sont en harmonie avec mes vœux.

Je me suis si souvent trompé dans mes pronostics sur le tems
de mon départ que je tremble de prononcer ; mais j'espère pouvoir partir dans quinze ou dix-huit mois. Vous voyez que je serai
tout établi pour vous recevoir.

Je compte d'abord aller au Mexique, y faire mon établissement

---

(1) M. Holtzer, l'éditeur des *Mémoires de Boussingault*, donne à la suite de
cette lettre dont je ne reproduis qu'une partie, la lettre de Bolivar à Humboldt,
dont il est question plus haut (p. 281).

(2) *Ibid.*, p. 285.

et mon entrée. Vous savez que des sommes considérables m'ont été données pour l'*Inde;* pour combiner ce *devoir,* j'irai peut-être pour un an de Acapulco aux Philippines, mais je reviendrai à Mexico pour y rester, ou, si les institutions ne me plaisent pas, dans l'Amérique du Sud, plus près de vous. Ainsi j'espère toujours que nous serons réunis...

Si vous allez à Panama, et moi par Guatemala à Costa-Rica, nous pourrions nous voir avant. Vous verrez que le général Bolivar se prêtera à tout ce qui peut m'être agréable et bientôt je lui écrirai pour vous directement.

Quoique j'aie assez de plaisir de revoir le Vésuve et que le voyage avec le roi de Prusse à Naples me paroisse comme un voyage à Saint-Cloud, cela me contrarie un peu. Ce sera de peu de mois et il n'y avait pas moyen de refuser. C'est un témoignage très public de la bienveillance du Roi, témoignage important pour ma famille et la situation politique de mon frère.

Ne craignez pas d'ailleurs que cela contrarie l'essentiel de mes projets. La vie est compliquée à cinquante-deux ans, on ne fait pas toujours comme on veut, mais on reste ferme dans le plan général.

Vous pouvez dire là-bas, mais avec doute, que je viendrai dans l'Amérique espagnole. Cela peut contribuer à vous faire mieux soigner et c'est un grand point pour moi.

XLV

AU MÊME

Paris, le 31 août 1822 (1).

Comme votre lettre m'a rendu heureux, mon cher ami ! J'étais tout triste, car je craignais que vous soyez parti sans avoir reçu mon envoi, et sans avoir eu le tems de me donner encore une fois de vos nouvelles avant de quitter l'Europe. M. Bourdon (2),

(1) *Ibid.,* p. 287.

(2) Le docteur Bourdon, l'un des membres de l'expédition, ancien chirurgien militaire, entomologiste. Boussingault n'en avait pas gardé bon souvenir. (*Mémoires,* t. I, p. 191.)

qui a été très affairé, m'a dit que vous étiez plein de santé, et
aussi plein de bons souvenirs de moi. Je vous en veux presque
de ce que vous ne m'avez pas donné une partie des commissions
dont vous l'avez chargé. Comment pouvez-vous jamais craindre
d'user de trop de familiarité avec moi? Vous savez combien je
vous suis attaché pour la vie.

Je vous envoie de méchantes épreuves de ma *Géognosie*. Vous
avez tout le terrain primitif, tout le terrain de transition, et tout
le gros houiller. Voilà, à présent, tout le reste du terrain secondaire, et tout le terrain tertiaire. Il ne manque plus que le terrain
volcanique qu'on imprime.

Il faut avoir l'abandon de l'amitié que j'ai pour vous, pour oser
vous envoyer cette épreuve, mais ces méchantes feuilles renferment beaucoup de gisemens de la Nouvelle-Grenade, beaucoup
de localités qui pourront servir à vous orienter et sous ce point de
vue je suis sûr que cet envoi vous sera agréable. Je ne man-
querai pas de vous adresser plusieurs exemplaires de l'ouvrage
entier. La traduction de M. Rivero me sera très agréable. Vous
pouvez, l'un et l'autre, ajouter beaucoup de rectifications et de
notes. Je le répète à vous, cher ami, comme je l'écris aujour-
d'hui à M. Rivero, toute rectification qui me viendra de vous me
sera agréable.

Si mon ouvrage a quelque mérite, c'est dans l'ensemble des
vues qui embrassent les formations des deux hémisphères ; c'est
le premier essai de ce genre ; mais un ouvrage qui embrasse tout
ne peut être en harmonie avec les idées de chacun. Cela est tout
naturel et plus vous vous éloignerez un jour de mes idées d'aujour-
d'hui, plus j'en conclurai, mon cher Boussingault, que vous avez
consulté la nature, et vu de vos propres yeux. Ne vous laissez,
de grâce, pas influencer par mes gisemens; appelez *dessus* tout ce
que je dis *dessous*, c'est le véritable moyen de découvrir la vérité...
Quant à M. Zéa (1), j'aime sa personne et ses ouvrages, et je lui
en veux presque de ne m'avoir pas procuré votre connaissance.
Que nous aurions débattu de choses sur les Cordillères, si
j'avais eu le plaisir de vous posséder cinq mois dans ma société!

Les nouvelles du Mexique sont meilleures, on écrit de Cadix

(1) Voyez plus haut, p. 190, n. 3,

que l'empereur Iturbide (1) avait résigné son titre et « s'était fait homme » ; on assure qu'il ne s'appelle plus que Consul, mais la nouvelle n'est pas certaine.

On réunit ici une société qui doit envoyer un fonds de quatre millions pour relever les mines. Il parait que M. Hamon sera à la tête de l'entreprise. Cela donnera beaucoup d'activité à ce pays.

Je tiens ferme à mon projet et, comme vous le devinez très bien, si le Mexique ne me parait pas tranquille, j'irai vous rejoindre à Quito ; mais hélas ! ce pays me laisse de cruels souvenirs !

. . . .

Vous êtes bien adroit si vous pouvez lire mon griffonnage. Peut-être ne savez-vous pas que j'ai le bras droit très malade, d'un mal pris à l'Orénoque en couchant sur des feuilles. Je pars le 15 ou 18 septembre pour Vérone. J'espère que ce ne sera pas long... Je n'oublie pas votre balance de Fortin. J'ai donné à M. Bourdon le dessin de la carte de la Magdalena.

XLVI

A W. DE HUMBOLDT

Vérone, 17 octobre 1822.

... J'ai un grand projet d'un grand établissement central des sciences à Mexico, pour toute l'Amérique libre. L'Empereur du Mexique que je connais personnellement va tomber, il y aura un gouvernement républicain et j'ai l'idée fixe de terminer mes jours d'une manière la plus agréable et la plus utile pour les sciences dans une partie du monde où je suis extrêmement chéri et où tout me fait espérer une heureuse existence. C'est une manière de ne pas mourir sans gloire, de réunir auprès de soi beaucoup de personnes instruites et de jouir de cette indépendance d'opinions

---

(1) Augustin de Iturbide (1784-1824) dont le règne éphémère datait seulement de cinq mois (18 mai 1822). Il abdiqua le 20 mars 1823, et rentré au Mexique pour reprendre le pouvoir le 14 juillet 1824, il fut fait prisonnier et exécuté le 19 suivant.

et de sentimens qui est nécessaire à mon bonheur. Ce projet d'un établissement au Mexique en explorant de là 19/20 du pays que je n'ai pas vu (les volcans de Guatemala, l'Isthme...) n'exclut pas une tournée aux Philippines et au Bengale. C'est une excursion très courte, et les Philippines et Cuba feront vraisemblablement des États confédérés du Mexique. On réunit en France 4 à 5 millions pour réorganiser le travail des mines au Mexique. Je n'aurai aucune responsabilité dans cette grande affaire d'argent, mais elle me sera utile, parce que les hommes les plus distingués dans les sciences, et qui désirent comme moi de quitter l'Europe seront employés par ceux qui avancent ces fonds et qui suivent mes conseils chaque fois que j'ose les leur donner. Je compte dans cet établissement sur Künth et sur Valenciennes (1). Je pourrais immensément enrichir dans ce voyage les cabinets du Roi ; la zoologie du Mexique est toute inconnue et combien de plantes dont on peut introduire la culture en plein air dans nos forêts ! Tu riras peut-être de voir que je m'occupe si ardemment de ce projet américain, mais quand on n'a pas de famille, pas d'enfants, on doit penser à embellir sa vieillesse... (2).

XLVII

AU MÊME

Florence, 17 décembre 1822.

... Je n'ai, hélas ! pu me tirer au clair sur les *quippos* (3). Je n'ai jamais pu en voir, parce que je n'ai pas été au Couzco. Je pense cependant qu'ils ne contenaient aucun élément syllabique, pas plus que nos rosaires, qui sont des quippos ou cordelettes aussi. La

(1) Achille Valenciennes (1794-1865), zoologiste, ami et client d'Humboldt, qui l'a très efficacement protégé dans sa longue carrière.

(2) Briefe, s. 99.

(3) On nomme *quippos* ou *quippus* les systèmes de cordelettes de diverses couleurs diversement nouées qu'employaient les anciens Péruviens en guise d'écriture mnémonique.

découverte que tu as fait de l'imperfection de la langue qquichua
est très remarquable. Sans doute que le gouvernement de l'Incas
était plus doux et réglé que le despotisme du Sultanat mexicain ;
mais ces États qui n'ont qu'une civilisation en masse, où les individus ne sont rien, arrêtent sans doute plus les progrès de l'espèce
humaine que le despotisme le plus sanguinaire. Le pire est la
stupidité d'un couvent, le despotisme force du moins quelquefois à
la réaction. On ne doit pas oublier aussi que nous ne connaissons
pas le langage de la Cour de l'Incas ; celui de la famille royale
diffère du qquichua.

Sur tout cela je me procurerai les renseignemens les plus précieux, quand j'aurai fait mon grand établissement dans les colonies
espagnoles et lorsqu'une correspondance active sera établie
depuis Buenos-Ayres et le Chili [jusqu']en Californie... (1).

XLVIII

AU MÊME

Paris, le 4 juin 1823.

Nous avons vu pour quelques jours l'archevêque de Mexico, qui
est parti de la Nouvelle-Espagne parce qu'il s'était refusé de couronner l'Empereur. Celui-ci qui est déjà un ex-empereur (on dit
qu'il va augmenter la liste des rois-citoyens des États-Unis) a
suppléé par le nombre ; il s'est fait couronner, à défaut d'archevêque, par quatre évêques qui s'y sont prêtés le plus agréablement
du monde. L'archevêque que j'avais connu très jeune, à Mexico,
comme *Provisor*, est un homme éclairé et qui n'aime guère l'armée
de la Foi ; il tient au parti constitutionnel en Espagne et n'ira à
Madrid que lorsque tout sera tranquillisé. Il a fait un long voyage
dans la Huasteca et m'a promis de faire venir pour toi, mon cher
frère, une grammaire huastèque de 1775 et quelques pages de manuscrit mexicain sur l'histoire : il est homme à tenir parole,
quoique je craigne que tu possèdes déjà la grammaire huastèque.

(1) Briefe, s. 111.

En attendant, j'ai tourmenté mon Mexicain de Cholula de race pure, sur la prononciation du mexicain, sur *ch*, *x*, *tl*. J'espère que tu seras content de ses réponses, surtout sur le morceau de prose que je l'ai forcé de composer pour toi. Ce M. Tequanhuey est un Indien très spirituel, il a été député, mais ce n'est pas le même qui t'a donné les premières réponses par la voye de M. Aleman. Tu pourras confronter les deux témoignages. M. T. est parti ce matin pour Mexico par les États-Unis. Il va de suite se mettre lui-même à copier quelques pages historiques pour toi, en y ajoutant une traduction.

Mille tendres amitiés (1).

XLIX

AU MÊME

Paris, 15 octobre 1824.

... Au Mexique, le gouvernement fédératif républicain va à merveille. Mon ami intime, M. Alman, est à la tête du ministère. Le pouvoir exécutif m'a fait écrire, au nom de la Nation, une belle lettre de remerciement pour les services que j'ai rendus en faisant connaître au monde les sources de leur grande prospérité intérieure. Il n'y a pas de doute que sans mon courage il n'aurait pas trouvé en Angleterre, pour les mines seules, trois millions de livres sterling. Aussi, pour compléter ces actions, les compagnies ont fait imprimer *Selections on Mexico* von Humboldt's Werken, et ont annoncé qu'ils me nommeraient directeur, ce que, pour de bonnes raisons, je n'ai pas accepté. C'est une chose bizarre qu'avoir quelque gloire extérieure ; elle met toujours dans le cas de ne jamais pouvoir tirer un profit matériel de sa position. La vertu est bien peu utile à la vie !

(1) Briefe, s. 118-119.

I.

A MADEMOISELLE GODEFROID

Paris, [   ] 1825.

... Je m'adresse à ma protectrice pour la supplier d'offrir en mon nom les deux exemplaires du charmant frontispice à son auteur. Je suis honteux de voir que la douzaine ne soit pas complète, mais il a fallu prendre des exemplaires anciennement tirés, la planche appartenant à M. Spooner, un de mes *tyrans libraires*, qui se trouve actuellement à Londres...

LI

A FRANÇOIS ARAGO (1)

Paris, [....   1825.]

J'ai examiné de nouveau le livre de Hansteen qui a paru en 1819, et je crois lui avoir rendu pleine justice quand j'ai dit (*Rel. hist.*, t. III, p. 489) que mes observations sont devenues d'une grande importance par les lois que M. Hansteen a fixée le premier. M. Hansteen a dit lui-même (*Untersuchungen uber den Magnetismus de Erde*, p. 17): « Quant au système des lignes isodynamiques, c'est M. de Humboldt qui en a fourni les premiers élémens. » J'avais certainement dit longtemps avant M. Hansteen que l'intensité ne changeait pas du tout comme l'inclinaison; qu'elle changeait même *en sens inverse*. J'avais trouvé l'inclinaison à Mexico, 46° 85, quand à Paris elle était 77° 62 et dans le mémoire du *Journal de Phys.*, t. LIX, p. 431, je dis expressément « la boussole *a donné à Mexico des oscillations aussi rapides qu'à Paris.* » J'ai rappelé (p. 446) qu'à Cumana le tremblement de terre avait changé l'incli-

(1) Les originaux de ces trois lettres appartiennent à M. Pierre Laugier, petit-neveu d'Arago, qui a bien voulu me les communiquer.

naison et que l'intensité était restée *la même*. Dans le *Mém. d'Auteuil*, p. 17-19, nous avons longuement déduit que les inten-sités suivent d'autres lois que l'inclinaison, que Naples, *avec une plus petite inclinaison*, avait plus d'intensité. Dire en 1805 que Mexico et Paris ont une *même force magnétique* quand les inclinai-sons diffèrent de 30° cent., c'est certainement reconnaître que les lignes d'égale intensité ne sont pas parallèles aux lignes d'égale inclinaison. Mais M. Hansteen a le premier déterminé les lois par lesquelles la force varie sur un même parallèle magné-tique de l'Amérique vers l'Asie. Une observation que j'ai pu faire dans la Mer du Sud (lat. 3° 12' bor. lg. 87° 36') par un calme parfait et après avoir eu beaucoup de carrés de distances lunaires, est devenue très importante sous ce rapport. (*Relat. hist.*, t. III, 490.)

Mille tendres amitiés.

HUMBOLDT.

LII

AU MÊME

Paris, samedi...

... Tu sais que j'ai trouvé très clairement dans mes manuscrits, que l'aiguille à Lima marche à l'est et non à l'ouest. Je t'envoie la dernière carte de Hansteen qu'il regarde comme sûre à 1° près et dans laquelle il prétend retracer la véritable position de l'équateur magnétique dans la mer du Sud.

Tu n'oublieras pas, cher ami, d'examiner la température de l'eau de mer et comment par les 3°-4° de latitude ouest, le courant d'eau froide va à l'ouest, de sorte que l'eau qui était à la surface à Truxillo, septembre 1802, à 12° 8 R. (air, 14° 3) et au Callao 12° 6-12° 9 R. (air, 17°-18°), se trouvait déjà par latitude 3° 29 australe, longitude 92° 37', de 21° 7 R., l'air étant à 16°.

J'ai trouvé : Mer du Sud, décembre 1802 :

CALLAO sept.-déc.	LATITUDE australe.	LONG. à l'O. de Callao	EAU à sa surface 59°-83-61°9 Fahr.	AIR 66°-73° Fahr.	
25 déc. (pleine mer.)	11°19'	0°93'	71°,2	74°	
26	9°55'	1°47'	68°,9	72°	Il vente.
26	9°50'	1°50'	72°,1	73°	Calme.
27	8°48'	2°40'	72°	74°,7	Calme.
28	7°99'	3°20'	71°,7	76°	Sud-Ouest frais.
28	7°24'	3°27'	72°,5	72°	
29	6°26'	4°9	73°	73°,5	
30	4°47'	4°43'	63°,7	78°	Près de Pº Farina.
30	4°39'	4°14'	69°,9	70°	A 9 lieues, mer très
31	3°95'		77°,4	80°	Calme. (profonde.
31	3°46'		82°	70°	A l'Ouest de Muerto.

Il paraît qu'il y a plusieurs filets d'eau chaude et froide l'un près de l'autre et que le courant d'eau froide décline vers l'ouest en se portant au nord du Cap Blanc. J'ai trouvé qu'au seizième siècle Acosta dit déjà (lib. II, c. n, 70) que pour rafraîchir la boisson au Callao, on n'a qu'à la plonger dans l'eau de mer. Dans la navigation de Guayaquil à Acapulco j'ai trouvé par 15° nord de latitude la mer de 22° 6-23° 5 R., quand elle était au Callao et à Truxillo 12° 8. Les saisons, il me semble, agissent bien peu sur une grande masse d'eau. (*Relat. hist.*, I, p. 235.) Ce courant d'eau froide me paraît un phénomène très curieux lié au froid du Pérou et totalement inconnu jusqu'alors.

Mille amitiés.

HUMBOLDT.

Je t'envoye une carte qui te sera utile, je pense.

LIII

AU MÊME

A l'Institut, vendredi...

Mon cher ami,

Essai politique, t. III, p. 277 (éd. in-8°) : « Ces amas de mercure et de *schlich* qui renferment un grand nombre de substances mé-

talliques hétérogènes et humectées par des solutions salines, sont
composés d'une infinité de petites *piles galvaniques* dont l'action
lente, mais prolongée, favorise l'oxydation du mercure et le jeu des
affinités chimiques. »

Cette idée de ce qui se passait dans les amas pendant l'amalga-
mation *del patio* m'était venue en 1810 lorsque je faisais à l'Ecole
polytechnique des expériences tendant à prouver l'immense avantage que l'on peut tirer du contact du fer. J'ai prouvé que par le
seul contact de la limaille de fer avec de l'argent sulfuré on sépare
le soufre (t. III, p. 576). Comme je ne suis aucunement bête, dans
toutes les sciences par lesquelles j'ai passé, j'ai entrevu quelque
chose. J'ai même figuré et discuté des piles de Volta en signalant
les véritables conditions de l'action, cependant je n'ai eu aucune
idée de l'accumulation de l'électricité. J'ai entrevu vaguement bien
des choses dans ma vie et je n'ai rien trouvé.

Humboldt.

LIV

A LATOUR-ALLARD (1)

Paris, 28 juillet 1826.

Je ne puis vous remercier assez vivement, monsieur, du plaisir
que m'a causé la vue des objets que vous avez recueillis au
Mexique, et qui répandent un nouveau jour sur une partie presque
inconnue de l'histoire du genre humain. C'est la collection la plus
complète qu'on ait faite en ce genre (2) et qui se lie à l'idée si heureusement conçue de suivre les progrès des arts chez des peuples
à demi barbares. C'est par des comparaisons aussi qu'on parviendra peut-être à éclaircir le fait mystérieusement curieux de l'image
d'une croix et même de l'adoration d'une croix dans les ruines de

(1) *Archives du Musée du Louvre.*
(2) La célèbre collection Latour-Allard, après avoir formé le premier noyau
du Musée d'Antiquités américaines du Louvre, est venue se fondre dans
la grande collection d'archéologie mexicaine du musée du Trocadéro.

Palenque (1) à Guatémala. Il serait digne de la munificence d'un monarque de faire déposer dans une bibliothèque les dessins de M. Dupaix, dont j'ai connu la scrupuleuse exactitude ; la naïve simplicité de ces dessins même atteste la vérité du témoignage.

Je ne doute pas que la masse métallique ne soit du fer météorique, je vais la faire analyser pour voir si l'on trouve du nickel ; c'est un objet de prix que vous possédiez de plus, presque sans vous en douter.

Agréez, monsieur, l'expression renouvelée de ma considération distinguée.

HUMBOLDT.

LV

A GUIZOT

Paris, dimanche [...] 1826,

Permettez, monsieur, que quittant bientôt la France où pendant dix-huit ans j'ai joui d'une si noble hospitalité et où vous avez daigné vous-même honorer d'un suffrage public (2) mes premiers essais littéraires, je vous offre mon *Essai politique sur l'île de Cuba.* C'est un faible hommage d'admiration et d'affection. J'ai placé quelques signes là où la pensée a pu se faire jour à travers les chiffres. J'ose vous prier de jeter les yeux sur le morceau qui retrace l'état de la société humaine aux Antilles et sur les inspirations poétiques de Christophe Colomb (t. II, p. 13), qui vous étaient peut-être inconnues. Je profite de cette occasion pour vous offrir au nom de mon frère un mémoire très remarquable sur la métaphysique des Indous. Les traductions poétiques que mon frère a intercalées offrent quelquefois de rares beautés. Comme je m'intéresse beaucoup plus au succès des travaux de mon frère qu'à ceux que je pourrais ambitionner moi-même, je vous serais bien

---

(1) *Las Casas de Piedras* de Palenque, à 150 kilomètres au N. de Chiapas, dans l'État de ce nom.

(2) Guizot avait rédigé pour le *Moniteur* des 3 mars et 1er décembre 1814 des comptes rendus des *Vues des Cordillères.*

reconnaissant si, sous vos auspices, le *Globe* (le seul journal qui est rédigé d'après des vues élevées et avec une noble indépendance) voulait bien s'occuper du *Bhagavad-Gita.* Daignez excuser cette naïve expression de l'amour fraternel et agréez l'hommage renouvelé de ma haute et affectueuse considération...

(La Roquette, Corresp. inéd., t. II, p. 76.)

IX

NOTES SUR ALEXANDRE DE HUMBOLDT
PAR J.-B. BOUSSINGAULT (1821-1822)

... Humboldt s'intéressait vivement à notre expédition (1). Nous devions non seulement parcourir les contrées qu'il avait visitées il y avait vingt ans, mais surtout y résider, bien des observations faites par lui devaient être complétées, étendues.

En géologie, en géographie, les progrès accomplis depuis son mémorable voyage exigeaient une revision attentive de terrains qu'il avait étudiés en passant trop rapidement. Des positions géographiques n'avaient pas été déterminées avec une précision suffisante. On peut affirmer que c'est à lui que nous dûmes d'exécuter des travaux qui n'ont pas été jugés défavorablement en Europe.

Humboldt voulait d'abord me connaître, me toiser. Il parlait beaucoup et bien. Je l'écoutais comme un élève écoute un maître, aussi se plut-il à me reconnaître comme possédant « le grand art d'écouter. » Il me témoigna bientôt cette vive amitié qu'il m'a conservée jusqu'à sa mort. Il me fit présent de plusieurs instruments dont il s'était servi en Amérique : un surtout de poche, un horizon artificiel, une boussole à prisme, une planisphère céleste de

---

(1) Boussingault avait été enrôlé par le botaniste Antonio Zea (voy. plus haut, p. 190), envoyé en Europe par Bolivar avec une mission politique. Zea devait, entre autres choses, réunir des jeunes gens instruits et entreprenants pour fonder à Santa Fé de Bogota, capitale de la nouvelle République, des établissements scientifiques particulièrement destinés à former des ingénieurs civils et militaires. Boussingault partait avec Roulin, Rivero et quelques autres.

Flamsteed, précieuses reliques dont je tirai le plus grand parti et que je laissai à mon camarade l'infortuné colonel Hall (1).

Humboldt fit plus ; il voulut absolument m'enseigner l'usage de ces instruments, nous prîmes jour pour nous revoir à cet effet. Il demeurait sur le quai Napoléon, au quatrième (2), dans un appartement ayant vu sur la Seine, à peu près vis-à-vis la Monnaie.

Humboldt avait alors cinquante-cinq ans (3), taille moyenne bien prise, cheveux blancs, regard indéfinissable, physionomie mobile, spirituelle, marquée de quelques grains de petite vérole, maladie qu'il avait contractée à Carthagène des Indes. Son bras droit était paralysé des suites d'un rhumatisme gagné en couchant sur les feuilles mouillées dans les forêts des bords de l'Orénoque. Quand il voulait écrire, lorsqu'il voulait vous offrir sa main droite, il relevait avec sa main gauche l'avant-bras infirme à la hauteur nécessaire. Son costume était resté le même depuis l'époque du Directoire : habit bleu, boutons jaunes, gilet jaune, culotte en étoffe rayée, bottes à revers, les seules qui se trouvaient à Paris en 1821, cravate blanche, chapeau bossué, éreinté.

Je m'attendais à trouver le chambellan du roi de Prusse dans un splendide appartement ; mon étonnement fut grand quand j'entrai chez le célèbre voyageur : une petite chambre à coucher, un lit sans rideaux, dans la pièce où il travaillait, quatre chaises en paille, une grande table en sapin, sur laquelle il écrivait ; elle était recouverte de calculs numériques et de logarithmes. Lorsque la table était remplie de chiffres, il faisait venir un menuisier pour la raboter. Presque pas de livres : les *Tables* de Callet, la *Connaissance des Temps*.

Il dînait aux *Frères Provençaux ;* dans la matinée, il passait toujours une heure ou deux au Café de Foy, où il s'endormait, après avoir déjeuné.

Nos exercices du sextant commencèrent aussitôt près mon arrivée, nous mesurions l'angle compris entre la flèche des Invalides

---

(1) Hall, colonel d'état-major au service de la Colombie, avait quitté ce poste pour se faire journaliste de l'opposition. Paez l'avait expulsé de Venezuela et il avait transporté son imprimerie dans l'Equateur où il fut assassiné. (Boussingault, *Mémoires*, t, V, p. 189-191, 1903.)

(2) Quai de l'Ecole, n° 26.

(3) Cinquante-trois ans en réalité.

et le paratonnerre de l'église Saint-Sulpice, nous prenions aussi une hauteur du soleil. Il n'omit rien dans mon instruction pratique, moyens de vérification, de constater l'erreur de colimation, tous les calculs étaient faits en écrivant sur le bois de la fameuse table. Je fus bientôt familiarisé avec l'usage du sextant et de l'horizon artificiel.

Tel était Humboldt avant mon départ... tel je le retrouvai à mon retour d'Amérique. Alors il était occupé à faire son interminable ouvrage. Son projet était de se fixer à Mexico, avec une société de jeunes travailleurs dont je devais faire partie.

Ce projet ne s'est pas réalisé à cause des révolutions, mais sans révolution, j'ai la conviction que son auteur n'aurait pas pu vivre toujours au Mexique. Il y serait mort d'ennui, malgré son amour pour la science.

Humboldt était lié d'une étroite amitié avec Gay-Lussac et Arago. J'ai vu ces trois hommes réunis, je me suis trouvé à la même table avec eux ; leur union était touchante, malgré leurs opinions si différentes sur bien des points. Ils se tutoyaient comme au temps de leur jeunesse et l'un de mes meilleurs souvenirs, l'une des jouissances de mon existence, est d'avoir été aimé, apprécié par ces esprits éminents.

Humboldt et Gay-Lussac avaient visité ensemble le Vésuve en 1804, en compagnie de Bolivar. C'est au retour d'Arago, venant d'exécuter, au péril de sa vie, la mesure d'un arc de la méridienne, que le triumvirat se compléta et l'intimité de ces hommes éminents dura tant qu'ils vécurent...

Humboldt fut infatigable. Pour m'être utile, il rédigea une *Instruction* dont j'ai tiré grand parti. Il voulait absolument que j'emportasse une petite collection de roches trachytiques de la Hongrie. Il alla chez Beudant (1), conservateur de la collection du comte de Bournon, détacha des échantillons, passa chez un layetier, fit faire séance tenante une boîte pour les caser et à dix heures du matin, il me remit la collection.

Il me donna une lettre de recommandation pour le général Bolivar, dans laquelle il faisait de moi un personnage, exagération

_____

(1) rançois-Sulpice Beudant (1787-1850), nommé un peu plus tard professeur à la Faculté des Sciences de Paris et membre de l'Académie des Sciences.

dictée par un bon sentiment. La lettre commençait ainsi : « En m'adressant au premier magistrat d'une République dont vous êtes le fondateur... » et puis arrivaient les éloges. Je fis une copie de cette lettre que je laissai à ma sœur ; cette copie a été perdue à mon grand regret.

J'ai oublié de dire que, pendant que nous étions à l'Observatoire, Humboldt avait fait présent à l'expédition de deux baromètres portatifs, construits à Genève, ayant la forme et l'apparence de cannes à pommeaux. Arago soutenait que c'était une idée malheureuse que d'habiller en un bâton de voyage un instrument aussi délicat, aussi fragile qu'un baromètre, et, pour preuve, il raconta que le célèbre physicien anglais, Leslie, voyageant en France, coucha à Mâcon ; le jour suivant il prit le bateau à vapeur allant à Lyon. On allait partir : il s'aperçut avec terreur qu'il avait oublié son baromètre-canne à l'hôtel. Ce fut bien pis lorsqu'il vit accourir sur le quai un garçon criant : « Monsieur, vous avez oublié votre canne, attrapez. » Leslie le suppliait par signes de ne pas la lui jeter... « Ne craignez rien ! disait le garçon, je ne manque jamais mon coup, attrapez ! » Il jeta la canne, qui tomba aux pieds du physicien. Le baromètre était brisé.

... Nous donnions un dîner d'adieu, chez Véry, à plusieurs savants. Voici les noms que je n'ai pas oubliés : de Rivero, Roulin, Bourdon, Goudot, faisant partie de l'expédition. Invités : de Humboldt, Alexandre Brongniart, Adolphe Brongniart, Audouin, Bory-Saint-Vincent.

Le dîner fut intéressant. On remarqua que Humboldt n'avait pas ses bottes à revers. Il était en bas de soie et portait un chapeau neuf...

FIN

TABLE DES MATIÈRES

Introduction VII
Notice d'un voyage aux tropiques exécuté par MM. Humboldt et Bonpland en 1799, 1800, 1801, 1802 et 1803, par J.-C. Delamétherie XXI
Carte du Voyage XL

LETTRES AMÉRICAINES D'ALEXANDRE DE HUMBOLDT

I. A M. A. Pictet, *Salzbourg*, 3 avril 1798 1
II. Au baron de Zach, *Paris*, 3 juin 1798 2
III. A M. A. Pictet, *Paris*, 22 juin 1798 4
IV. Au même, *Marseille*, 7 novembre 1798. 7
V. Au baron de Forell, *S. l. n. d* 8
VI. Au même, *Madrid*, 26 mars 1799 9
VII. Au même, *Madrid*, 1er avril 1799 10
VIII. A Willdenow, *Aranjuez*, 20 avril 1799. 11
IX. Au baron de Zach, *Madrid*, 12 mai 1799. 17
X. A Freiesleben, *La Corogne*, 4 juin 1799 18
XI. A de Moll, *La Corogne*, 5 juin 1799 18
XII. A Willdenow, *La Corogne*, 5 juin 1799 19
XIII. A W. de Humboldt, *Puerto Orotava*, 20-23 juin 1799 19
XIV. Au baron de Forell, *Puerto Orotava*, 24 juin 1799 22
XV. A Suchfort, *Ténériffe*, 28 juin 1799 24
XVI. A W. de Humboldt, *Cumana*, 16 juillet 1799 25
XVII. Au baron de Forell, *Cumana*, 16 juillet 1799. 28
XVIII. A Delamétherie, *Cumana*, 18 juillet 1799 31
XIX. Au baron de Zach, *Cumana*, 1er septembre 1799 35
XX. Au même, *Cumana*, 17 novembre 1799 44
XXI. A Jérôme Lalande, *Cumana*, 19 novembre 1799 47
XXII. Au même, *Caracas*, 14 décembre 1799 55
XXIII. A Fourcroy, *La Gayra*, 25 janvier 1800 58
XXIV. Au baron de Forell, *Caracas*, 3 février 1800 64
XXV. A José Clavijo Fajardo, *Caracas*, 3 février 1800 73

XXVI. A Fourcroy, *Cumana*, 16 octobre 1800. 79
XXVII. A W. de Humboldt, *Cumana*, 17 octobre 1800 86
XXVIII. A Delamétherie, *Cumana*, 15 novembre 1800 90
XXIX. A Delambre, *Nouvelle-Barcelone*, 24 novembre 1800 91
XXX. A Guevara Vasconcellos, *Nouvelle-Barcelone*, 29 décembre 1800. 97
XXXI. A Willdenow, *La Havane*, 21 février 1801 107
XXXII. A W. de Humboldt, *Carthagène*, 1er avril 1801. 115
XXXIII. A Baudin, *Carthagène*, 12 avril 1801. 118
XXXIV. A W. de Humboldt, *Contreras*, 21 septembre 1801 120
XXXV. Au même, *Lima*, 25 novembre 1802. 127
XXXVI. A Delambre, *Lima*, 25 novembre 1802. 139
XXXVII. A Cavanilles, *Mexico*, 22 avril 1803 148
XXXVIII. A Willdenow, *Mexico*, 29 avril 1803. 151
XXXIX. A l'Institut de France, *Mexico*, 21 juin 1803 156
XL. A Delambre, *Mexico*, 29 juillet 1803. 164
XLI. A Freiesleben, *Bordeaux*, 1er août 1804 168
XLII. A Kunth, *Bordeaux*, 3 août 1804. 170
XLIII. Au *Journal de Bordeaux*, *Bordeaux*, 12 août 1804 172
XLIV. Au roi Frédéric-Guillaume III, *Paris*, 3 septembre 1804 . . . 173
XLV. Aux professeurs du Muséum, *Paris*, 18 décembre 1804. . . . 175
XLVI. A J. Fr. Cotta, *Paris*, 24 janvier 1805. 177
XLVII. A Delille, *Paris*, [. . .] 1805 179
XLVIII. A Willdenow, *Paris*, 1er février 1805 180
XLIX. A M. A. Pictet, *Paris*, 3 février 1805 181
L. A Friedlander, *Paris*, 16 février 1805. 184
LI. A M. A. Pictet, *Paris*, 4 mars 1805 185
LII. A Karsten, *Paris*, 10 mars 1805. 186
LIII. A Vaughan, *Rome*, 10 juin 1805. 187
LIV. A A. Bonpland, *Rome*, 10 juin 1805. 190
LV. A M. A. Pictet, *Naples*, 1er avril 1805 195
LVI. A Spener, *Heilbronn*, 28 octobre 1805 200
LVII. A Georges Cuvier, *Berlin*, 24 décembre 1805. 201
LVIII. A M. A. Pictet, *Berlin*, 3 janvier 1806 204
LIX. A Karoline von Wolzogen, *Berlin*, 14 mai 1806 211
LX. A Georges Cuvier, *Berlin*, 3 août 1806. 212
LXI. Au même, *Berlin*, 11 septembre 1806 213
LXII. Au baron de Zach, *Berlin*, 19 septembre 1806 216
LXIII. A François Gérard, *Berlin*, 12 février 1807 217

APPENDICES 219
I. Autobiographie d'Alexandre de Humboldt (1798). 219
II. Lettres inédites de W. de Humboldt relatives au voyage de son
frère (1799-1803) 223
A A.-L. de Jussieu, *Paris*, 1799 223
A Georges Cuvier, *Rome*, 28 mai 1803 224
Au même, *Rome*, 27 septembre 1803. 226
III. Lettre de Delambre accompagnant l'envoi au Muséum d'une lettre
de Humboldt (1803). 228
IV. Documents inédits relatifs aux Collections rapportées au Muséum
par Humboldt et Bonpland 229

V. Réponse du Roi Frédéric-Guillaume III à Alexandre de Humboldt (1804).   235

VI. Mes confessions (1805).   236

VII. Note sur le voyage de Humboldt et Gay-Lussac en Italie (1805) .   244

VIII. Extraits de diverses lettres d'Alexandre de Humboldt relatives à ses études américaines (1808-1826) . . . .

    A M. A. Pictet 248, 249, 252, 258, 263, 276,   285

    A Conrad Malte-Brun 250, 253, 256, 257, 260, 262, 264,   265

    A Aimé Bonpland 253, 257,   271

    Au baron de Forell   254

    A A.-P. de Candolle 265,   275

    A François Gérard 267,   270

    A Mademoiselle Godefroid 267,   298

    A Dorow.   268

    A Jomard   269

    A Aimé Martin.   269

    A Cordier.   271

    Au baron d'Altenstein 274,   280

    A W. de Humboldt . . . 278, 279, 280, 284, 285, 294, 295, 296,   297

    A J.-B. Boussingault. 286, 288, 289, 290, 291,   292

    A François Arago 298, 299,   300

    A Latour-Allard.   301

    A Guizot   302

IX. Notes sur Alexandre de Humboldt par J.-B. Boussingault. . . .   303

ÉMILE COLIN ET Cᵢₑ — IMPRIMERIE DE LAGNY

LIBRAIRIE ORIENTALE ET AMÉRICAINE

ACHILLE VIALLATE

Professeur à l'École des Sciences politiques.

Essais d'histoire diplomatique américaine. Le développement territorial des États-Unis. — Le canal Interocéanique. — La Guerre hispano-américaine.

Un volume in-8°, broché **7 50**

E. J. P. BURON

Avocat au Barreau du Manitoba.
Ancien Élève de l'École Normale supérieure.

Les Richesses du Canada, Préface de M. GABRIEL HANOTAUX,

de l'Académie française. Un volume in-8°, broché **7 50**

Bon M. DE VILLIERS DU TERRAGE

Les dernières années de la Louisiane française.

Un volume grand in-8°, broché ; avec 64 illustrations tirées d'archives ou de collections privées, et 4 cartes . . . . . . **15 »**

PIERRE MARGRY

Mémoires et Documents pour servir à l'Histoire des Origines françaises des pays d'outre-mer.

TOME I. Voyages des Français sur les grands lacs, Découverte de l'Ohio et du Mississipi (1614-1684). — TOME II. Lettres de Cavelier de la Salle et correspondance relative à ses entreprises. — TOME III. Recherches des Bouches du Mississipi et voyage de l'abbé Jean Cavelier à travers le continent, depuis les côtes du Texas jusqu'à Québec (1669-1678). — TOME IV. Découverte par mer des Bouches du Mississipi et Établissements de Lemoyne d'Iberville sur le golfe du Mexique (1694-1703). — TOME V. Première formation d'une chaîne de postes entre le fleuve Saint-Laurent et le Golfe du Mexique (1683-1724). — TOME VI. Exploration des affluents du Mississipi et découverte des Montagnes rocheuses (1679-1754).

Six volumes grand in-8°, brochés, avec cartes et portraits à l'eau-forte. . . . . **105 »**

CHARLES LECLERC

Bibliotheca Americana. Catalogue raisonné des ouvrages

intéressant l'Histoire, la Géographie, les Voyages, l'Archéologie et la Linguistique des deux Amériques et des Iles Philippines. Un volume in-8° broché, avec ses deux suppléments . . . . **21 »**

HENRI CORDIER

Professeur à l'École des Langues Orientales.

Bibliotheca sinica. Dictionnaire bibliographique des ouvrages relatifs à l'Empire chinois.

Deuxième édition, revue, corrigée et considérablement augmentée.

FASCICULE III. Grand in-8°, broché. . . . . Net. **25 »**

9917. — Paris. — Imp. Pennuerlé et Cie.

Défauts constatés sur le document original

Contraste insuffisant ou différent, mauvaise qualité d'impression

Under-contrast or different, bad printing quality